玉米主食专用粉改良技术

刘亚伟 主编

河南科学技术出版社

·郑州·

图书在版编目（CIP）数据

玉米主食专用粉改良技术/刘亚伟主编．—郑州：河南科学技术出版社，2017.1
ISBN 978－7－5349－8466－2

Ⅰ.①玉…　Ⅱ.①刘…　Ⅲ.①玉米粉－粮食加工－改良技术　Ⅳ.①TS211.4

中国版本图书馆 CIP 数据核字（2016）第 301459 号

出版发行：河南科学技术出版社
地址：郑州市经五路 66 号　　邮编：450002
电话：（0371）65737028　65788613
网址：www.hnstp.cn
策划编辑：孙　彤
责任编辑：孙　彤
责任校对：柯　姣
封面设计：胡越尧
责任印制：朱　飞
印　　刷：河南新华印刷集团有限公司
经　　销：全国新华书店
幅面尺寸：185 mm×260 mm　印张：12.5　字数：328 千字
版　　次：2017 年 1 月第 1 版　2017 年 1 月第 1 次印刷
定　　价：39.00 元

《玉米主食专用粉改良技术》编委名单

主　编　刘亚伟

副主编　刘　洁

参　编　刘亚伟　刘　洁　王海洋　王香丽
安　飞　吕　宁　王瑞娟　汤培培
谢军红　王亚丹　卢二帅　尚佳萃
刘晓杰　刘晓峰

前 言

玉米食品曾是我国的传统主食，由于其口感粗糙，食味欠佳，加上稻谷和小麦产量的提高，玉米食品退出了主食餐桌。玉米粉作为主要的食物原料的应用较少，这是受到玉米粉加工品质的限制，而随着科技的发展，玉米食品的加工也得到了长足的发展，各种别具风味的玉米食品又逐渐融入人们的生活，从而使玉米又重新获得人们青睐。

《粮食加工业发展规划（2011—2020年）》，提出到2020年，形成安全营养、优质高效、绿色生态、布局合理、结构优化、协调发展的现代粮食加工体系。其中，在玉米产业发展中，强调要重点发展玉米营养健康方便食品、传统主食品。

玉米主食品的加工首要解决的问题是在加工过程中如何有效地控制物理化学变化对玉米粉性质的影响，保证其加工品质、营养品质、风味品质和感官品质。加强粮食基本分子生物学、化学、物理特征研究和基础数据建设，支撑对行业制约技术突破的应用研究，实现行业技术的战略升级。

玉米与小麦不同，其不含能形成面筋的蛋白，对于馒头、面条、饺子皮等，玉米粉不能形成具有弹性、延展性、黏结性、持水性的面团，所以玉米面团可塑性较差。另外，玉米中的蛋白包裹淀粉过于紧密，淀粉不能较好地吸水膨胀，且玉米蛋白也不能形成网络状结构，所以玉米面团的黏弹特性较差，以玉米为原料的食品受到限制。

玉米用于生产食品供人类食用已有数千年的历史，对于发酵和不发酵的各种面包、粥、大米产品、墨西哥玉米饼及玉米卷等食品而言，玉米作为一种食品原料是可行的。玉米经干法、湿法和碱化湿磨法等方法制备玉米粉，为食品行业提供原料。

开发玉米主食食品，不仅要吸收国外食品的精华和技术，最重要的是对传统玉米食品进行全面系统的调查、整理、发掘，并进行工业化改造。提高玉米的食用品质，增加玉米作为主食品的比例，可以促进主食品工业化的发展，有利于促进玉米产业发展，保证国家粮食安全。

本书重点介绍了玉米工艺品质特性、玉米主食专用粉改良评价手段和方法（热分析、流变分析、显微分析、黏度分析、红外分析、粒度分析、食品感官评价、质构分析）、玉米主食专用粉热改良技术、玉米主食专用粉碱化湿磨加工改良技术、玉米主食专用粉酶法湿加工改良技术、玉米主食专用粉生物改良技术、玉米主食专用粉复配改良技术、玉米粉主食品加工技术及品质分析、国外传统玉米食品及加工技术等。列举了大量的应用实例，对目前国际上重点开发的最新产品进行了全面介绍。本书可作为玉米精深加工企业及以玉米粉为原料的其他工业中，技术人员、管理人员、营销人员或生产工人的培训用书，企业领导者制定新产品开发决策的参考资料，也可作为各种食品加工企业的技术人员、研究人员、销售人员、检验人员，食品科研人员，农业、食品、生物和化工方向大专院校的教师和学生，农产品深加工企业技术人员的参考书。

本书是在我们多年的教学科研基础上，参考国外的先进技术，针对我国在该领域的现状，按照科学性、先进性、实用性的原则，对玉米粉改良的主要生产技术、产品特性、实用实例等内容进行介绍，做到图文并茂、中心突出。

本书是我们承担的粮食公益性行业科研专项（项目编号 201313011－2）《主食专用玉米粉粉质改良机制与评价方法研究》项目的研究工作总结，在项目研究过程中，得到国家粮食局、河南工业大学和各方面专家的支持、帮助，河南恒瑞淀粉科技股份有限公司承担了中试研究工作，在此表示感谢。在编写过程中，参考了国内外许多作者的文章和著作，部分专家给予宝贵意见和建议。同时表示感谢。

本书由刘亚伟任主编，刘洁任副主编，编写分工为：第 1 章由刘洁编写，第 2 章由刘洁、安飞、汤培培、王海洋、王亚丹、王香丽、吕宁、尚佳萃、刘晓杰编写，第 3 章由刘亚伟、卢二帅、汤培培编写，第 4 章由刘亚伟、谢军红、刘洁编写，第 5 章由刘亚伟、王瑞娟、刘洁编写，第 6 章由刘亚伟、刘晓峰、安飞编写，第 7 章由刘亚伟、刘洁、安飞、汤培培、王海洋、王亚丹、王香丽、吕宁编写，第 8 章由刘亚伟、刘洁、谢军红、王瑞娟编写，第 9 章由刘亚伟、谢军红、安飞编写。

由于经验及知识所限，书中定有不妥之处，敬请广大读者提出宝贵意见。

编者

2016 年 8 月 10 日

目 录

1 玉米的品质特性

1.1 玉米的品种类型

玉米属禾本科一年生草本植物，又称玉蜀黍。玉米生长适应性强，耐旱，种植范围很广，是一种世界性的作物。全球玉米种植面积近1.77亿hm^2，总产量近10亿t，约占全球粮食总量的37%。种植玉米的主要国家有美国、中国、巴西、南非、阿根廷、乌克兰，其中美国占比35%左右，中国占比23%。

我国的玉米种植分布很广，北起黑龙江北部的黑河，南到海南岛，东自沿海各省，西至新疆和西藏高原的广大地区均有种植。东北、华北播种面积最大，其次是山东、河南、四川、贵州和新疆。玉米也是我国主要谷物之一，自2012年玉米年产量超过稻谷，在我国粮食总产量中所占的比例高于稻谷和小麦，居第一位。2015年我国玉米产量为22 522万t；饲料、工业和食用消费分别占当年总消费量的61%、28%和9%。

1.1.1 玉米的分类

按国家标准《玉米》（GB 1353—2009）规定：我国玉米根据种皮颜色分为三类。

（1）黄玉米：种皮为黄色或略带红色的籽粒不低于95%的玉米。

（2）白玉米：种皮为白色或略带淡黄色或带粉红色的籽粒不低于95%的玉米。

（3）混合玉米：不符合（1）或（2）要求的玉米。

该标准不适用于标准分类规定以外的特殊品种玉米。

另外，根据玉米籽粒的粒型、胚乳结构、硬度及用途的不同，又可将玉米分为普通玉米和特种玉米两类。

1. 普通玉米

普通玉米可以分为以下几类：

（1）硬粒型：玉米籽粒多为方圆形，即顶部成弧形轮廓，侧面稍平，外表有光泽，多为黄色，间或有白色、红色、紫色等籽粒。硬粒种玉米籽粒坚硬，其顶部及四周的胚乳都是角质胚乳，仅中心近胚部为粉质胚乳，故外表透明，籽粒品质好，适应性较强，成熟较早，但产量较低，为我国长期以来栽培较多的类型，主要作粮食用。

（2）马齿型：玉米籽粒扁平，呈方形或长方形。籽粒两侧的胚乳为角质，中部直到顶端的胚乳都是粉质，成熟时因顶部的粉质部分失水较快，因而凹陷较深，形似马齿，故称马齿型。马齿型玉米籽粒表皮皱缩粗糙，呈黄、白、紫等色。籽粒品质较差，成熟晚，但产量高，为世界及我国栽培最多的一种类型。适于制造淀粉、乙醇或饲料。

（3）中间型：玉米由硬粒型和马齿型杂交而来，籽粒顶部的凹陷较马齿型浅，也有不凹陷仅呈白色斑点状的。顶部的胚乳粉质部分较马齿型少，但比硬粒型多。籽粒品质也较马齿型为好，产量较高，在我国栽培较多。

（4）硬偏马型：硬粒型占75%左右。

（5）马偏硬型：马齿型占75%左右。

2. 特种玉米

特种玉米是指具有特殊用途的各种玉米的总称。

（1）高赖氨酸玉米：高赖氨酸玉米是籽粒中赖氨酸含量较普通玉米有较大提高的一种玉米类型。高赖氨酸玉米的特点是籽粒蛋白质中玉米醇溶蛋白比例下降，优质的玉米谷蛋白比例相应提高，其结果使籽粒中赖氨酸含量提高。目前大田栽培的高赖氨酸玉米的籽粒中赖氨酸已达0.35%，色氨酸达0.20%，高出普通玉米1～2倍。由于玉米籽粒醇溶蛋白的减少，高赖氨酸玉米籽粒多为不透明的粉质胚乳，色泽灰暗，充实度较差，其加工品质较低。目前已有半硬粒型的高赖氨酸玉米杂交种，对上述不良性状有所改善。

（2）高直链玉米：1952年Vineyard和Bear发现了位于玉米第5条染色体上的ae基因，ae及其修饰基因的共同作用可使玉米籽粒中直链淀粉的含量提高50%～80%。此外，突变基因Sugary－1、Sugary－2与dull也能增加直链淀粉的含量。高直链玉米杂交种的平均产量只有普通玉米的65%～75%。世界上只有美国将含有ae基因的玉米杂交种商业化，目前已经培育出直链淀粉含量达100%的玉米。我国的玉米种质材料中高淀粉资源材料非常稀少，特别是缺少高直链淀粉材料（直链淀粉含量达到50%以上）。与普通玉米相比，高直链玉米的蛋白质和脂肪含量比较高，但淀粉的含量较低，为58%～66%。淀粉的颗粒较小并且形状不规则，湿法加工淀粉出率较低，胚芽产量、纤维出率较普通玉米高。如进行工业生产，需要对工艺做相应调整，尤其是浸泡和麸质分离工序。高直链玉米淀粉是抗性淀粉的最佳原料，需进行加压糊化，但其淀粉膜特性很好。

（3）高油玉米：高油玉米是籽粒具有较高脂肪含量的一类玉米的总称。高油玉米籽粒油分高达8%～15%，甚至更高，其中85%集中在籽粒胚中，因此高油玉米都具有大胚特性。

（4）甜玉米：甜玉米是指在乳熟期或蜡熟期，籽粒中含有较多可溶性糖的一类玉米。这类玉米在乳熟期采收，较普通玉米含有更多的低聚糖和水溶性多糖（WSP），因而食之较甜，加上WSP引起的黏质，构成了甜玉米的特有风味。乳熟期的甜玉米可以用来鲜食或加工成罐头，因此又称之为果蔬玉米。

（5）爆裂玉米：爆裂玉米是指那些玉米籽粒在常压条件下容易被膨爆成玉米花的玉米类型。爆裂玉米属硬粒型，籽粒较小，产量较低，角质胚乳比例很高，能够在常压下加温膨胀形成玉米花，且其膨胀倍数远远大于普通玉米。

（6）糯玉米：又称黏玉米、蜡质玉米，起源于我国，是普通玉米的突变类型。按籽粒色泽可分为白糯、黄糯、紫糯、黑糯、红糯、彩糯等，其中单一粒色的白糯、黄糯品种最多。因其籽粒较软清香、皮薄无渣，内容物多，一般含糖量为7%～9%，干物质含量达33%～38%。籽粒中的植物蛋白，各种氨基酸含量均高于普通玉米，赖氨酸含量比普通玉米高16%～74%，富含水溶性和脂溶性维生素，人体必需微量营养元素铁、锌、钙、铜、锰的含量比普通玉米高出 17% ~18%，尤其是防癌的重要保健元素硒十分丰富。由于糯玉米有着丰富的营养和良好的适口性，易于消化吸收，食用消化率比普通玉米高 20% 以上，深受人们喜爱。糯玉米经过加工储藏可全年供应，其价值是普通玉米的几倍。既可鲜食、速冻，还可以鲜穗或剥取籽粒或制浆加工成罐头食品，在工业加工中主要用于提取支链淀粉。糯玉米籽粒胚乳不透明，无光泽，外观晦暗呈蜡质状，胚乳淀粉构成中几乎 100% 是支链淀粉，支链淀粉产量为籽粒干重的 58% ~69%，湿磨糯玉米淀粉的产量约为普通玉米淀粉产量的 90%。和普通玉米淀粉相比，糯玉米淀粉容易糊化，具有较高的膨胀力（是普通玉米淀粉的 2.7 倍），淀粉糊具有良好的透明度、稳定性、黏弹性、延展性、不易老化，被广泛地应用于食品、纺织、造纸、黏合剂、铸造、建筑等工业。

1.1.2 玉米的质量标准

按国家标准《玉米》（GB 1353—2009）规定：各类玉米质量要求见表 1.1。其中容重为定等指标，3 等为中等。

表 1.1 玉米质量指标

等级	容重/（g/L）	不完善粒含量/%		杂质含量/%	水分含量/%	色泽、气味
		总量	其中：生霉粒			
1	≥720	≤4.0	≤2.0	≤1.0	≤14.0	正常
2	≥685	≤6.0				
3	≥650	≤8.0				
4	≥620	≤10.0				
5	≥590	≤15.0				
等外	<590	—				

注：“—”为不要求。

1.2 玉米的籽粒结构

1.2.1 玉米籽粒的形态

玉米籽粒的形态如图 1.1 所示，由于玉米小穗花的颖已退化，因而脱粒后的颖果是裸粒。玉米籽粒的表面较为平整，形状在同一果穗的不同部位是不相同的，果穗基部的籽粒因受到苞叶的挤压和彼此相互的挤压而呈扁平形，上部的籽粒则大多不受挤压，故近于圆形。玉米籽粒一般都是基部较窄而顶部较宽。

图 1.1 玉米籽粒的形态

玉米籽粒的颜色有黄色、白色、红色、紫色、蓝色等，因品种而异，最常见的为黄色和白色。黄色品种的色素多包含在果皮和角质胚乳中，红色品种的色素仅存在于果皮中，蓝色品种的色素则仅在糊粉层中。

玉米籽粒有一个特点，即胚部所占的比例很大，其体积可达整个籽粒的1/3。

1.2.2 玉米籽粒的结构

玉米籽粒由皮层、胚乳和胚三部分组成（图1.2）。皮层包括果皮、种皮和外胚乳，占整粒玉米重量的6% ~8%；胚乳则包括糊粉层和淀粉细胞，占整粒玉米质量的78% ~85%；胚占整粒玉米质量的8% ~15%。

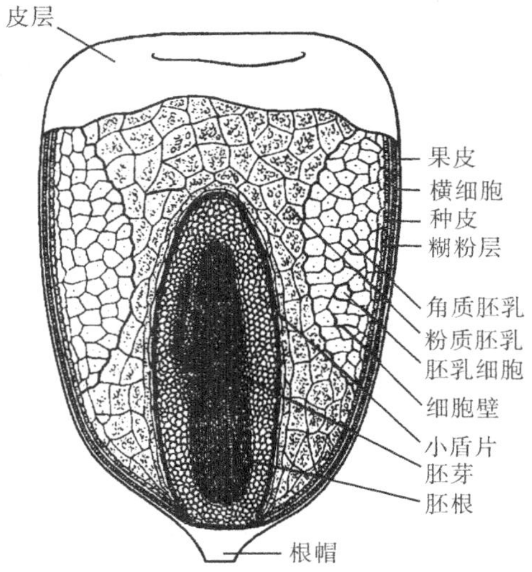

图1.2 玉米籽粒的结构

1. 果皮

果皮是籽粒的光滑而密实的外皮，由外果皮、中果皮、横细胞及管状细胞等构成。

（1）外果皮：由长而扁平的厚壁细胞组成，有孔纹，无茸毛，其外表有角质层覆盖。

（2）中果皮：由六层以上纵向排列的细胞组成，靠近外果皮的外围细胞与外果皮细胞相似，细胞壁比较厚，内侧细胞宽而扁平，为薄壁细胞。

（3）横细胞：为海绵状薄壁组织，由1~2层横向排列的细长细胞组成。因为此层细胞中含有叶绿素，故又名叶绿层，未成熟时呈绿色，成熟后叶绿素即消失。

（4）管状细胞：即内果皮，由一层纵向排列的细长细胞组成。细胞壁较薄，横断面呈环状。各细胞之间有空隙，或近或远，其引长方向与横细胞垂直。管状细胞是吸收水分的天然通道。

2. 种皮

种皮是内珠被内层细胞的残余物，成为一栓化薄膜，没有明显的组织结构，在横切面上为一条狭窄的黄线。种皮极薄，常含有色素，故又称色素层。一般认为种皮起着半透膜的作用，限制了大分子进出胚芽与胚乳的通行。种皮保护玉米籽粒免受寄生霉菌及有害液体的侵蚀。

3. 外胚乳

外胚乳由一层不甚明显的细胞组成，其细胞的内外壁挤贴在一起形成一薄膜状，极薄，与种皮和糊粉层紧密结合不易分开。个别籽粒在横切面上为一条狭窄的明线，很不容易辨别出来，多数籽粒中则不存在外胚乳。

4. 胚乳

胚乳包括糊粉层和淀粉细胞，是玉米籽粒的最大组成部分。

糊粉层由排列整齐的近乎方形的单层厚壁细胞组成，细胞内充满糊粉粒，其中主要含有蛋白质、脂肪、维生素和有机磷酸盐等，占籽粒质量的8% ~10%。有些玉米品种的糊粉层细胞液中含有花青素，这种色素在酸性条件下为红色，在碱性条件下为蓝色，中性条件下为紫色。糊粉层的营养成分较高，蛋白质含量为22.21%，脂肪含量为6.93%；在淀粉湿磨法加工中它与皮层根冠同属于“纤维”部分。糊粉层的质量约为籽粒重的3%。

在糊粉层的下面有一排坚密的细胞，称为次糊粉层或外围密胚乳，其蛋白质含量高达28%；这些小细胞在全部胚乳中的含量大致少于5%，它们含有很少的小淀粉颗粒和较厚的蛋白质基质，这些细胞在加工中不易分散开，一般要采用44 μm筛将这些物质作为纤维筛出。

淀粉细胞由近乎横向排列的长形薄壁细胞组成。细胞体比较大，而且越进入籽粒组织内部，细胞体越大。细胞横切面呈多边形，细胞中充满着一定形状的淀粉粒，越是深入胚乳组织内部的细胞，其中的淀粉粒越大。淀粉粒的间隙中或多或少地填充着蛋白质类的“基质”，如果填充的蛋白质较多，将淀粉粒挤得很紧密，则胚乳组织坚实而透明，为角质胚乳；其断面光滑平整，较像角类断面或玻璃断面。在角质胚乳中，较厚的蛋白质基质在干燥期间收缩，但不崩裂。由此产生的压力形成一种密集的玻璃状结构，其中的淀粉颗粒被挤成多角形。角质胚乳组织结构紧密，硬度大，透明而有光泽。角质胚乳的这一特性使得淀粉生产时玉米需要充分地浸泡，以保证淀粉的回收。角质胚乳的蛋白质含量为1.5%~2.0%，黄色胡萝卜素的含量也较高。如果填充的蛋白质较少，淀粉粒之间有空隙，则胚乳组织疏松，其断面粗糙呈粉状，为粉质胚乳。粉质胚乳的蛋白质基质较薄，在籽粒干燥过程中蛋白质基质的细条崩裂，产生了空气小囊，这使粉质胚乳呈白色不透明的外貌和多孔的结构，因而也使淀粉分离变得容易一些。角质胚乳多在外层淀粉细胞，粉质胚乳多在内层淀粉细胞。玉米籽粒中角质胚乳与粉质胚乳的分量因品种的不同而相差很大。玉米的成熟胚乳内含有一个由粉质胚乳构成的中心区，一直伸到谷粒的冠部。在籽粒变干时，冠部缩入，生成齿状凹陷。

5. 胚

胚位于籽粒基部的一侧。胚由胚芽、胚轴、胚根及盾片组成。胚芽外有胚芽鞘和外胚叶保护，胚根外有胚根鞘保护，延伸于胚芽之上的盾片被认为是子叶，其下部有腹鳞，玉米为单子叶植物，因此只有一片子叶。胚轴侧面与盾片相连接，其上端连接胚芽，下端连接胚根。胚是雏形的植物体，含有较多的营养成分，在适宜的条件下能萌芽生长出新的植株，一旦胚受到损伤，籽实就不能发芽。玉米的胚中除了含有大量的脂肪外，还含有淀粉，而其他禾谷类粮食籽粒的胚中一般都不含淀粉。

胚占玉米籽粒干重的10.5%~13.1%，富有柔韧和弹性，不易破碎，在加工时可以完整地分离出来。

6. 根帽

根帽又称基胚、根冠，位于玉米的底部，根帽占玉米籽粒干重的0.8%~1.1%，是将种子连接在穗轴上的果梗的残余，它由具有海绵状结构的纤维基元组成，易于吸收水分。除去根冠，就会看见一片黑色组织，称为门层，这是当玉米籽粒接近成熟时横在胚芽下面的封闭物。加工时作为渣皮去除。

1.3 玉米的物理特性

玉米的物理特性主要指物料在加工过程中反映出来的多种物理属性，如气味、表面状态、粒形、粒度、密度、容重、千粒重、散落性、自动分级、悬浮速度、吸附性、孔隙度以及导热性等。

1.3.1 气味与表面状态

玉米具有其自然的气味和表面状态，这是评定玉米商品价值的一个重要指标。

1. 气味

品质优良的新鲜玉米都能或多或少地挥发出它所固有的清香气味。如果气味不正常，则表明物料在运输或储藏过程中遭受污染或变质。例如运输、包装工具被污染，会有腥味、臭味或汽油味等；发热霉变的籽粒会产生霉味；其产品则往往会带有酸味或苦味。一般来说，陈粮气味要比新粮差。

2. 表面状态

表面状态主要是指粮粒的色泽和表面粗糙度等。

玉米因类型品种的不同而颜色各异，主要为黄、白两色，少数有黑、红等色。玉米的表面光滑且具有光泽，新玉米的色泽较鲜亮，陈玉米的色泽较暗淡。

表面状态是粮粒的固有特性，能反映出粮粒品质的好坏。例如由于储藏与处理不当、病虫害侵蚀等原因，会引起粮粒固有颜色的改变，这不仅会使粮粒失去原有的正常色泽，而且品质也变差；成熟不良的籽粒会呈现出不饱满状态，甚至成为瘪粒；转运频繁时粮粒表面也可能产生磨损现象。从加工角度讲，常常根据粮粒表面状态的差异而达到分离的目的。

总之，粮食的气味和表面状态是我们用感官来鉴定粮食新鲜度的重要依据，也是鉴定玉米品质的主要特征。

1.3.2 粒形与粒度

粒形是指玉米籽粒的形状，粒形对玉米干法清理有较大的影响。例如粒形关系到粮堆的静止角和散落性；在原粮清理工作中常常要利用粮粒与杂质在形状上的差别去除杂质；筛理机械的筛孔和筛面倾斜角度也需要根据粮粒的粒形及其表面状态来选定。因此，在进行清理前必须对玉米籽粒的外部形态有所了解，才能制定出合理的加工工艺。

粒度是衡量粮粒大小的尺度，以长、宽、厚三个尺度表示。长度通常是指从籽粒基部到顶端的距离，厚度是指腹背之间的距离，宽度则是指两侧之间的距离，一般都是粒长 > 粒宽 > 粒厚。一般玉米长 7 ~ 16mm，宽 5 ~ 12mm，厚 3 ~ 7mm。

1.3.3 密度、容重、千粒重

粮粒的密度、容重、千粒重都是表示籽粒的成熟度和饱满度的量度指标，即胚乳在籽粒中所占的分量。这些量度指标的测定对于估计加工时的出品率有很大的作用。

1. 密度

粮粒的密度是指粮粒单位体积的质量。换言之，是粮粒的质量和它的体积之比。影响密度的因素主要是籽粒的化学成分与组织结构。一般发育正常、成熟充分、粒大而饱满的籽粒的密度较发育不良、成熟度差、粒小而不饱满的籽粒要大。因此，密度也是评定玉米品质的一项重要指标。

玉米的密度一般为 1.15 ~ 1.25g/cm^3，玉米胚的密度为 0.7 ~ 0.99g/cm^3；沙石的密度

为 2.5g/cm^3 左右。淀粉的密度为 1.48 ~ 1.61g/cm^3，蛋白质的密度为 1.24 ~ 1.31g/cm^3，纤维素的密度为 1.25 ~ 1.40g/cm^3。

2. 容重

容重是指单位体积内所容纳的玉米质量，单位为 g/L 或 kg/m^3。

容重的大小取决于玉米籽粒的密度和粮堆的空隙度。很显然，粒大、饱满、坚实而密度大的粮粒，其容量也大；表面粗糙的粮粒，堆积起来粮粒之间的空隙较大，即粮堆的空隙度较大，其容重相应也较小。由于容重在一定程度上能反映籽粒的粒型、粒度和饱满度，因此，容重是评定玉米品质好坏的一项重要指标。一般来说，容重大的玉米成熟好、皮层薄、角质率高、破碎效率低；容重小的玉米相反。容重是仓容和运输设备运输量的计算依据。在相同玉米体积和流速时，容重大的仓容和运输量高；反之，容重小的仓容和运输量低。容重大小与水分也有关系，水分大的玉米，细胞组织内部含水多，籽粒膨胀，所以容重要低于水分小的玉米。玉米的容重一般为 705 ~ 770 kg/m^3。

3. 千粒重

千粒重是指 1 000 粒玉米所具有的质量，以 g 为单位。

千粒重的大小，除受水分的影响外，还取决于粮粒的大小、饱满程度及籽粒结构等。一般籽粒饱满、结构紧密、粒大而整齐的谷粒，胚乳所占比例大，角质胚乳多的玉米，其千粒重大、出品率高；反之，千粒重较小，出品率较低。

玉米的千粒重一般为 150 ~ 600 g，平均 350 g。

1.3.4 散落性与自动分级

1. 散落性

玉米籽粒群体自然下落至平面时向四周流散形成一圆锥体的性质，称为散落性。玉米散落性的大小，通常用静止角（自然坡角、内摩擦角）来表示。所谓静止角，就是玉米自然流散形成的圆锥体的斜边与水平面间的夹角。静止角大，表示散落性差；静止角小，表示散落性好。玉米的散落性的大小与玉米的水分、形状大小、表面状态和杂质的特性及含量有关。玉米的静止角一般为 28° ~ 34°。

散落性是散粒体的重要特性之一。粮食的装卸和输送工作要利用它的散落性；车间内仓柜的实际容量及自溜管的倾斜角度也需根据粮食的静止角来进行计算、确定；此外，散落性还影响到筛理设备的筛面倾斜角和一些运动参数的选定，所以散落性对加工工艺也有很大的影响。

玉米在某种材料上能自动滑下的最小角度，称为玉米粒对该材料的自溜角。自溜角与散落性有直接关系。一般玉米的自溜角对于木材为 24° ~ 28°，对于钢板为 20° ~ 24°。

2. 自动分级

自动分级不是单一粮粒所具有的特性，而是粮粒群体（粮堆）的性质。玉米有些籽粒充实饱满、光滑坚硬、密度大，有些则籽粒发育不良、种皮瘪皱、密度小，也有些籽粒受机械损伤成为破粒碎片。另外，玉米中还可能混有各种形状、大小、轻重不一的夹杂物。当玉米籽粒和杂质结合的散粒群体在有规则的移动或振动过程中，这些不同的组分受外界环境条件和本身的物理特性的影响而发生重新分布的现象，即性质相类似的组分趋向聚集于同一部分，从而失去它们原有的分布，结果引起不同部位的粮粒品质的差异性。这种现象称为自动分级。

综上所述，造成粮粒自动分级的原因，是由于组成粮堆的各组分在形状、大小、表面状态、密度等方面存在着一定的差异，因此在运动过程中，各自所受摩擦力、气流作用力等的影响也不同，在这些因素的综合作用下，粮堆各组分按其物理性质重新排列，自动分级。自动分级的结果使密度小、体积大、表面粗糙的物料在粮堆的上层，密度大、体积小、表面光滑的物料在粮堆的下层。

自动分级现象对加工过程有较大影响，如去除并肩石，只有使物料产生良好的自动分级现象，才能取得好的工艺效果。但是自动分级造成了粮堆的不均匀性，这会加速粮食的霉变，同时也影响到粮食样品的代表性，这对粮食储藏和检验工作都不利。

1.3.5 悬浮速度

悬浮速度是指玉米自由下落时在相反方向流动的气流作用下，既不被气流带走，又不向下降落，处于悬浮状态时的气流速度，为该玉米籽粒的悬浮速度。悬浮速度的高低与玉米籽粒的形状、大小、密度等有直接关系，颗粒大，密度大，悬浮速度就高；反之就小。玉米的悬浮速度为11～14m/s，玉米胚的悬浮速度为7～8m/s，玉米皮的悬浮速度为2～4m/s。

1.3.6 吸附性、孔隙度与导热性

1. 吸附性

玉米吸附各种气体和水蒸气的能力称为玉米的吸附性，玉米籽粒吸附能力的大小称为吸附能量，在单位时间内所能吸附气体和水蒸气的数量称为吸附速度。粮粒是一种多孔毛细管物质，各种气体从粮堆的孔隙进入后，吸附在粮粒的表面或通过粮粒的毛细管吸收到粮粒内部。如果将粮粒与其他有特殊气味的物质混存在一起，粮粒就会吸附各种气味。粮粒也能吸收空气中的水蒸气，从而使粮粒的水分含量增加，这一性质称为粮粒的吸湿。但当外界环境温度低于粮温或气体浓度很低时，玉米粒又会将吸附的气体散发出去，这种散发其所吸附气体的性质称为解吸。当外界环境湿度低于玉米粒的湿度时，也会将吸附的水蒸气散发出去，玉米粒散发水蒸气的性质称为解湿。因此，当玉米粒吸附异味气体或吸湿返潮后，可以通过晾晒、通风等方法解吸以去除异味，或解湿以降低水分含量。

2. 孔隙度

孔隙度表示粮堆中粮粒之间的紧密程度。粮堆孔隙体积占粮堆总体积的百分率称为孔隙度。在粮堆占据一定的容积时，粮粒并非充满整个容积，因为粮粒间的排列并非十分紧密，而是存在着大小不等的孔隙，因此粮堆的体积实际上是由粮粒本身的体积和粮粒间的孔隙的体积所构成的。孔隙度的大小主要取决于粮食的类型、品种、粒形、粒度、均匀度、表面状态、饱满程度、含杂情况和储藏环境等因素。玉米孔隙度为40%左右。

3. 导热性

物体传递热量的性能称为导热性。粮堆中热量的传递主要是通过粮粒间直接接触的传导和粮堆空隙中空气的对流两种方式进行。在这两种方式中以对流为主。

粮堆的导热性可用导热系数表示。粮堆的导热系数是指1 h通过1 m^3正方形体积的粮堆，使其上下表面温度相差1℃时所传递的热量。由于粮堆内的空隙阻力较大，空气对流缓慢，且空气和粮食的导热系数都不高，因此粮堆是热的不良导体。

粮堆的导热性能与粮堆的形式、大小、密闭情况、孔隙度、水分含量等有关，其中以水分含量的影响较大。由于粮堆内的空隙阻力较大，空气对流缓慢，以及空气和粮食的导热系数都不高，因此粮堆是热的不良导体。因为水的导热系数比粮粒大得多，所以高水分粮食的导热性能比低水分粮食强。

粮堆的不良导热性使其温度变化较缓慢，这在粮食的储藏和加工中可以起到两种不同的作用。当粮温较低时，不易受外界高温或加工温升的影响，可以保持较低的粮温，这是有利的一面；但另一方面，在储藏和加工中，如因粮堆发热或加工使粮温升高时，其温度也不容易下降，而保持较长时间的高温。

1.4　玉米的化学特性

玉米的化学组成见表1.2，玉米籽粒各组成部分的化学组成见表1.3。

表1.2　玉米化学组成（干基）/%

成分	平均	标准差
淀粉	71.6	1.5
蛋白质	9.6	1.1
脂肪	4.6	0.5
粗纤维	2.9	0.5
灰分	1.4	0.2
糖类	2.0	0.4
水分（湿基）	15.0	1.0

表1.3　玉米籽粒各组成部分化学组成（干基）/%

	占籽粒重	淀粉	蛋白质	脂肪	灰分	糖
胚芽	11.5	8.3	18.5	34.4	10.3	11.0
胚乳	82.3	86.6	8.6	0.86	0.31	0.61
根帽	0.8	5.3	9.7	3.8	1.7	1.5
皮层	5.3	7.3	3.5	0.98	0.67	0.34
籽粒	100	72.4	9.6	4.7	1.43	1.94

1.4.1　水分

水分是玉米中的一个重要化学成分，它不仅对玉米的生理有很大影响，而且与玉米加工、储藏的关系也十分密切。水分在玉米籽粒中以两种不同的状态存在，即游离水（自由水）和胶体结合水（束缚水）。游离水是存在于细胞间隙中的水分，一般化验水分含量的结果为游离水含量。胶体结合水是与细胞中的蛋白质、糖类等亲水物质相结合，形成比较牢固的胶体的水分。胶体结合水性质稳定，不易散失，不能用作溶剂，0℃时也不会结冰，应用一般的干燥方法（晾晒或通风等）不能将其去除。游离水则具有普通水的性质，能用作溶剂，0℃时结冰，籽粒中这部分水的含量，可随外界空气的相对湿度而改变，所以这部分水分含量高时，可用普通的干燥方法使其降低。

1.4.2 蛋白质

玉米中粗蛋白含量为8%～14%，平均为9.9%。其中清蛋白含量占蛋白总含量的2%～10%，球蛋白为10%～20%，醇溶蛋白为50%～55%，谷蛋白为30%～45%，非蛋白氮为0.9%。醇溶蛋白是非全价蛋白，因为它几乎不含赖氨酸和色氨酸等必需氨基酸；清蛋白、球蛋白和谷蛋白为全价蛋白。蛋白质在玉米籽粒各部位的分布不均匀。籽粒中球蛋白的70%左右存在于胚芽中，醇溶蛋白和谷蛋白主要在胚乳中。玉米的氨基酸含量见表1.4。

表1.4 玉米的氨基酸含量（干基）/%

氨基酸	含量	氨基酸	含量
蛋氨酸	0.19	胱氨酸	0.15
赖氨酸	0.25	色氨酸	0.10
苏氨酸	0.39	异亮氨酸	0.42
组氨酸	0.22	缬氨酸	0.48
亮氨酸	1.14	精氨酸	0.59
苯丙氨酸	0.50	甘氨酸	0.38
丙氨酸	0.78	天冬氨酸	0.68
谷氨酸	1.77	脯氨酸	0.84
丝氨酸	0.46	酪氨酸	0.47

玉米醇溶蛋白位于胚乳细胞中的醇溶蛋白体内，玉米醇溶蛋白体直径大约为1μm，存在于细胞的整个细胞质中，处于粒径为5～35μm的淀粉粒之间。醇溶蛋白不溶于水，可溶于醇溶液、高浓度的尿素溶液、高浓度的碱液（pH值≥11）或阴离子洗涤剂。这是由其氨基酸的组成特点所决定的（表1.5）。玉米醇溶蛋白富含谷氨酸（21%～26%）、亮氨酸（20%）、脯氨酸（10%）和丙氨酸（10%），缺乏碱性和酸性氨基酸。由于缺乏必需氨基酸赖氨酸和色氨酸，玉米醇溶蛋白的营养价值不高。高比例的非极性氨基酸残基和碱性、酸性氨基酸的缺乏决定了玉米醇溶蛋白的溶解特性。其最主要的两个组分为α－玉米醇溶蛋白和β－玉米醇溶蛋白。α－玉米醇溶蛋白能溶于95%的乙醇，约占醇溶蛋白的80%，含有的组氨酸、精氨酸、脯氨酸和蛋氨酸比β－玉米醇溶蛋白少。β－玉米醇溶蛋白溶于60%的乙醇而不溶于95%的乙醇，易沉淀和凝结。醇溶蛋白的性质见表1.6。玉米醇溶蛋白独特的结构性质和氨基酸组成决定了其营养价值低、很难被生物体利用的特点，很难直接作为食品原料使用，造成了其在食品生产领域中直接应用的局限性。但是玉米醇溶蛋白具有黏结、光亮、疏水、阻氧和易成膜等特性，所成膜具有一定韧性，而且有光滑、耐水、耐油、防腐等优点，在药物辅料、食品包装材料、生物降解塑料等领域有良好的潜在应用前景。

麸质是湿法加工玉米时提取的不溶性蛋白质的商品名称，也叫蛋白粉或黄粉。它含蛋白质 50% ~70%，质量也较好。但因为损失了有价值的氨基酸，所以一般多用于动物饲料的配制。

表 1.5 玉米醇溶蛋白的氨基酸组成（g 氨基酸/100g 醇溶蛋白）

类型	氨基酸	含量
非极性	甘氨酸	0.7
	丙氨酸	8.3
	缬氨酸	3.1
	亮氨酸	19.3
	异亮氨酸	6.2
	苯丙氨酸	6.8
	色氨酸	ND
	脯氨酸	9.0
—OH	丝氨酸	5.7
	苏氨酸	2.7
	酪氨酸	5.1
—S	蛋氨酸	2.0
	半胱氨酸	0.8
碱性	赖氨酸	ND
	精氨酸	1.8
	组氨酸	1.1
酸性	天冬氨酸	ND
	天冬酰胺	4.5
	谷氨酸	1.5
	谷酰胺	21.4

注：ND 表示未检出。

表 1.6 玉米醇溶蛋白的性质

性质	特征
重量体积	$0.085g/cm^3$
颜色	亮奶油色
介电常数，500V	4.9 ~5.0
扩散系数	$3.7\times10^{14}m^2/s$

续表

性质	特征
爱因斯坦黏度系数	25
玻璃态转化温度	165℃
等电点，pH 值	6.2（5～9）
相对分子质量	35 000
比容	0.771
物理形态	非定形态粉末
沉降系数/s	1.5
密度（25℃）/（g/cm^3）	1.25
热裂解温度/℃	320

1.4.3 碳水化合物

1. 淀粉

淀粉是玉米中主要的碳水化合物和籽粒胚乳的主要组成部分。玉米一般含淀粉 64%～78%，平均为 71.3%。淀粉主要存在于胚乳，胚芽、表皮的淀粉含量较少。

（1）玉米淀粉的颗粒结构：玉米淀粉颗粒的形状多为圆形或多边形（表 1.7），糊化后颗粒结构消失。玉米淀粉颗粒的扫描电镜图见图 1.3。

表 1.7 玉米淀粉的颗粒性质

	颗粒形状	直径范围/μm	直径平均值/μm	比表面积/（m^2/kg）	偏光类型	直链/支链比例（约）	每克淀粉颗粒数目 × 10^6	气味
玉米淀粉	圆形、多角形	5～25	15	300	黑十字	26/74	1300	低
糯玉米淀粉	圆形、多角形	5～25	15	300	黑十字	1/99	1300	低
高直链玉米淀粉	椭圆形、不规则	2～24	10		黑十字，但很快消失	大于 80/20		低

a. 普通玉米淀粉　b. 糯玉米淀粉　c. 高直链玉米淀粉

图 1.3 玉米淀粉颗粒扫描电镜图

（2）玉米淀粉的组成：普通玉米淀粉主要由直链淀粉和支链淀粉组成，直链淀粉与支链淀粉的比例随品种的不同而不同，但通常为25/75。实际上，直链淀粉的含量在0% ~73%之间以满足某些工业用途。高直链淀粉基因（ae）将直/支链淀粉的比例提高到80/20（比普通淀粉高≥50%）。而糯性基因（wx）将直/支链淀粉的比例降低到0/100，食用消化率大大提高，国产糯玉米淀粉的直链淀粉含量为5% ~8%。玉米淀粉糊化过程中的颗粒溶胀、峰值黏度、糊化过程中剪切稀化、储存中凝胶强度方面的差异主要与支链淀粉结构不同有关，回生值和最终黏度由直链淀粉决定。

普通玉米淀粉中还存在第三种成分——中间级分，与直链淀粉和支链淀粉的性质不同，其在决定淀粉的功能特性上也起到重要的作用。中间级分中存在大量短链分支，从而导致颗粒结晶度降低、糊化温度降低、焓变减少、黏度和老化程度降低，酶水解后的消化程度更高。以碘亲和力为间接证据，Lansky 等（1949）提出普通玉米淀粉中有5% ~7%的中间级分，介于完全线性部分和高分支部分之间。Banks 和 Greenwood（1975）提出尽管不同淀粉中的中间级分可以发生显著变化，但玉米淀粉中的中间级分的类型和数量主要由直链淀粉百分比决定。支链淀粉、直链淀粉、中间级分的数量和结构的变化会使淀粉颗粒的物理化学性质和功能特性差别很大，从而影响淀粉在食品工业中的应用。Baba 和 Arai（1984）发现在高直链玉米淀粉中支链淀粉的平均链长较长，比糯玉米中的支链淀粉长。50%的高直链玉米淀粉中中间级分的平均聚合度是250 ~300。

2. 纤维素

纤维素主要存在于玉米的皮层中（占玉米籽粒种皮的87%），胚乳和胚芽中也有少量存在。玉米生产淀粉时，纤维素是构成粗渣和细渣的主要成分。粗、细渣皮是生产饲料的主要原料。玉米中总纤维含量8.3% ~11.9%，平均为9.5%。皮层纤维素中含67%的半纤维素，23%的纤维素，0.1%的木质素。纤维素包括可溶性纤维和不溶性纤维。普通玉米中不溶性纤维一般为12%，可溶性纤维 ≤ 2%。对于血液胆固醇高的人作为饮食补充改善血脂水平时，与其他高纤维降脂的产品比如小麦麸皮（49%的膳食纤维，热量为8.368 kJ）相比，玉米纤维素（89%的膳食纤维，热量<2.09 kJ）是一种低热量高纤维降脂的替代品。

3. 糖

玉米中可溶性糖总含量1.0% ~3.0%，平均为2.58%；其中主要是蔗糖2.0%，其他的糖含量比较低，比如棉籽糖0.19%，葡萄糖0.10%，果糖0.07%。

1.4.4 脂肪

玉米中含有1.2% ~18.8%的脂肪，平均为5.3%。主要存在于胚芽中，其次是糊粉层，而胚乳和种皮中脂肪含量很低，只有0.64% ~1.06%。脂肪中含有磷脂1.5%，固醇1%，蜡<1%，乙醇 <1%，疏水性微量营养素 <1%。胚中的脂肪含量占玉米籽粒的80%。玉米的脂肪含量随着胚芽的增大而增加。由于 Floury -2，sugary -2 和 opaque -2 的胚芽/胚乳比例增加，其中的脂肪含量也增加。含油量大于6%的品种为高油玉米，但其产量通常比较低。玉米加工的过程中如何将胚全部提出，提高其经济效益，成为玉米加工的主要任务之一。玉米胚芽油中脂肪酸成分的含量如表1.8所示。

表 1.8　玉米胚油中脂肪酸成分的含量/%

脂肪酸	含量
棕榈酸 C_{16}	11.1
硬脂酸 C_{18}	2.0
花生酸 C_{20}	0.2
油酸 $C_{18:1}$	24.1
亚油酸 $C_{18:2}$	61.9
亚麻酸 $C_{18:3}$	0.7

玉米油中主要含不饱和脂肪酸，平均为60%的亚油酸，24%的油酸，11%的棕榈酸。尽管总脂肪含量比较低，但其亚油酸含量高，不仅是必需脂肪酸，而且有利于心脏健康，使得玉米油仍然具有市场竞争力。每天饮食摄入5～15 g的玉米油，能够满足大多数人的必需脂肪酸的需求（1%～3%饮食的热量）。玉米油还有助于其他膳食脂肪和脂溶性维生素的吸收。玉米中脂肪的含量大约是大米和小麦中脂肪含量总和的两倍，因此对于以玉米作为主食的人群建议食用整个玉米籽粒，以充分利用玉米胚芽油对人体健康的益处

1.4.5　维生素

玉米中维生素含量如表1.9所示。

表 1.9　玉米中维生素含量（干基）

	单位	范围	平均值
维生素 A	IU/g	0.11	0.11
维生素 E	mg/kg	3.0～121	25
维生素 B_1	mg/kg	3.0～8.6	4.2
维生素 B_2	mg/kg	0.25～5.6	1.25
泛酸	mg/kg	3.5～14	6.5
维生素 H	mg/kg	50～600	90
叶酸	mg/kg	100～683	426
烟碱酸	mg/kg	9.3～70	24.4
维生素 B_6	mg/kg	6.22	6.22

1.4.6　矿物质

矿物质在玉米籽粒中的分布是不均匀的，皮层、胚芽中含量较高，胚乳中含量很低。矿物质主要由钙盐、钠盐、钾盐、镁盐、铁盐等成分组成，是玉米灰分的主要组成。玉米中矿物质含量见表1.10。

表 1.10　玉米中矿物质含量（干基）/%

	范围	平均值
总灰分	1.1～3.9	1.42
总磷	0.26～0.75	0.27
无机磷	0.01～0.20	0.08
硫	0.01～0.22	0.14
硒/（mg/kg）	0.01～1.00	0.07
碘/（mg/kg）	73～810	385
钠	0.0～0.15	0.01
钾	0.32～0.72	0.38
镁	0.09～1.0	0.17
钙	0.01～0.1	0.03
铁/（mg/kg）	1～100	40
锌/（mg/kg）	12～30	22.4
铜/（mg/kg）	0.9～10	3.8
锰/（mg/kg）	0.7～54	4.7
钴/（mg/kg）	0.003～0.34	0.025
铬/（mg/kg）	0.06～0.16	0.07
铅/（mg/kg）	0.2～0.3	0.27
镉/（mg/kg）	0.04～0.15	0.07
汞/（mg/kg）	0.002～0.006	0.003

1.5　玉米的营养特性

谷物籽粒对于全世界人们的营养价值是公认的。尤其是在发展中国家作为日常饮食的重要组成部分，谷物籽粒不仅是能量来源之一，也提供了很重要的蛋白质。虽然大家都知道谷物籽粒的蛋白质含量比较低，而且蛋白质的品质由于缺少某些必需氨基酸而有所限制，主要是缺乏赖氨酸，然而事实是一些谷物籽粒所包含的一些必需氨基酸多余的量，影响了蛋白质的利用率。典型的例子就是玉米。其他的谷物籽粒也有类似的问题，但是不那么明显。

玉米蛋白的营养价值（以占酪蛋白的百分比表示）与其他 8 种谷物的蛋白质品质进行比较，列在表 1.11 中。普通玉米的蛋白质品质与其他谷物的相似（除了大米蛋白质）。高赖氨酸玉米和硬质优质玉米的蛋白质品质不仅高于普通玉米，也显著高于其他谷物籽粒中的蛋白质。

表 1.11 玉米和其他谷物籽粒中的蛋白质品质

谷物	蛋白质品质（占酪蛋白的百分比）
普通玉米	32.1
Opaque－2 高赖氨酸玉米	96.8
QPM 优质蛋白玉米	82.1
大米	79.3
小麦	38.7
燕麦	59.0
高粱	32.5
大麦	58.0
珍珠粟	46.4
龙爪粟	35.7
埃塞俄比亚画眉草	56.2
黑麦	64.8

已有大量学者广泛深入地研究玉米蛋白质品质较低的原因。Mitchell 和 Smuts（1932）将玉米蛋白饮食的 8% 补充 0.25% 的赖氨酸，会使人们的生长有明确的提高。这些结果也被后来的几位学者证实（比如 Howe，Janson 和 Gilfillan，1965）。而其他的一些学者（比如 Bressani，Elías 和 Graham，1968）的研究结果表明，添加赖氨酸到玉米中仅能对蛋白质的品质有很小的改善。不同的玉米品种所含的赖氨酸含量不同可能产生这些不同的研究结果。Mertz，Bates 和 Nelson（1964）在这个领域的工作发现了高赖氨酸的玉米，称为 opaque－2。

一些学者（Hogan et al. 1955）研究报道色氨酸是玉米中的第一限制氨基酸，而不是赖氨酸，尤其是对一些赖氨酸含量较高的玉米品种，或者对于一些经过改性的玉米产品。所有的研究者都一致认为，同时添加赖氨酸和色氨酸能够有效改善玉米蛋白质的品质，这一结果也通过动物实验得到验证。

一些研究结果显示添加赖氨酸和色氨酸，玉米蛋白质的品质改善有限，而另一些研究结果显示当其他氨基酸也同时添加，玉米蛋白质的品质改善较大。动物饲料的研究表明，明显排在赖氨酸和色氨酸之后的限制性氨基酸是异亮氨酸。大部分进行这部分研究的结果显示，添加异亮氨酸的作用是由于过量的亮氨酸干扰异亮氨酸的吸收和利用。伴随着玉米中蛋白质的消耗，亮氨酸的大量消耗增加了烟酸的需求量，而烟酸的缺乏又会部分导致糙皮病。

添加苏氨酸能够校正由添加蛋氨酸引起的氨基酸不平衡问题。如同添加异亮氨酸一样，添加苏氨酸能起到改善蛋白质品质的作用。添加缬氨酸可能被添加的异亮氨酸或者苏氨酸抵消而导致蛋白质品质下降。

不管怎样，异亮氨酸似乎比苏氨酸更有效，产生的效果也比较一致。这些结果的原因可能是玉米并不缺乏异亮氨酸或者苏氨酸。有些玉米含有较多的亮氨酸、蛋氨酸和缬氨酸，这些需要添加异亮氨酸和苏氨酸，而不是赖氨酸和色氨酸来改善蛋白质品质。添加

0.30% 的 L－赖氨酸和 0.10% 的 L－色氨酸很容易将玉米中的蛋白质品质提高 150%（Bressani，Elías 和 Graham，1968）。玉米蛋白质中限制性氨基酸的研究结果大部分受玉米中的蛋白质水平的影响。正如之前的研究结果显示，玉米中的蛋白质含量是受氮肥影响的遗传特性。蛋白质含量的增加与醇溶蛋白的含量极其相关，而醇溶蛋白的赖氨酸和色氨酸含量低，亮氨酸含量高。Frey（1951）发现玉米中的醇溶蛋白和蛋白质含量极其相关，其他研究者也证实了这一研究结果。不同的动物实验结果表明，当饮食中的蛋白质含量相同时，蛋白含量低的玉米中蛋白质的品质高于蛋白含量高的玉米中的蛋白质品质。然而以质量相比，蛋白含量高的玉米中的蛋白质的品质比蛋白含量低的玉米中蛋白质的品质稍高。饮食中蛋白质的含量影响氨基酸的补充，尤其是添加赖氨酸和色氨酸，同时还添加其他的氨基酸，比如异亮氨酸和苏氨酸。

2　玉米主食专用粉改良评价手段和方法

针对玉米主食专用粉的评价手段和方法的发展还不成熟，借鉴面粉以及面制品主食的评价方法，主要有感官评价法和仪器测定法等。感官评价是对玉米主食好坏的直接反映，是最具有权威性的食品品质评价方法，因其最接近消费者的真实感觉，而且可对样品进行整体评价。感官评价，特别是专用粉制成玉米主食之后的感官评价，在玉米专用粉评价中起着决定性作用，是决定其他方法是否可行的根本依据，也是校对其他仪器测定法的参考标准。由于感官评价有着不可避免的缺陷，即主观性强，评价人员的专业水平、嗜好、心情等对评价结果影响很大，并且由于感官评价的相对性，不同实验室难以进行横向比较，所以食品研究人员希望通过仪器等客观的评价方式弥补感官评价的不足，甚至希望以此代替感官评价。利用分析玉米中主要组分特性的仪器，以及质构分析仪的诞生与不断改进，对玉米主食专用粉进行评价的仪器测定法也逐步发展和完善起来。

2.1　差示扫描量热分析

试样和参比物在程序控温下，测量输给试样和参比物的热流量（或功率）差与温度或时间关系的方法，称为差示扫描量热法。而进行这种测量的仪器称为差示扫描量热仪（Differential Scanning Calorimeter，DSC）。DSC作为一种多用途、高效、快速、灵敏的分析测试手段已广泛用于研究物质的物理变化（如玻璃化转变、熔融、结晶、晶型转变、升华、汽化、吸附等）和化学变化（如分解、降解、聚合、交联、氧化还原等）。根据测量方法的不同可以分为两类：一种是热流型DSC，一种是功率补偿型DSC。

2.1.1　DSC的基本原理

1. 热流型DSC基本原理

热流型DSC样品池如图2.1所示，样品和参比处于温度相同的均温区，当样品没有热变化的时候，样品端和参比端的温度均按照预先设定的温度变化，温差$\Delta T=0$。当样品发生变化如熔融，提供给样品的热量都用来维持样品的熔融，参比端温度仍按照炉体升温，参比端温度会高于样品端温度从而形成温度差。把这种温度差的变化以曲线记录下来，就形成了DSC的原始数据。

DSC 关心的是热流信号，所以 DSC 需要把检测到的 ΔT 温差信号（μV）转换成热流信号（mW）。

$$q = -\Delta T/R$$

式中，q 为热流，ΔT 为样品参比温度差，R 为热阻。

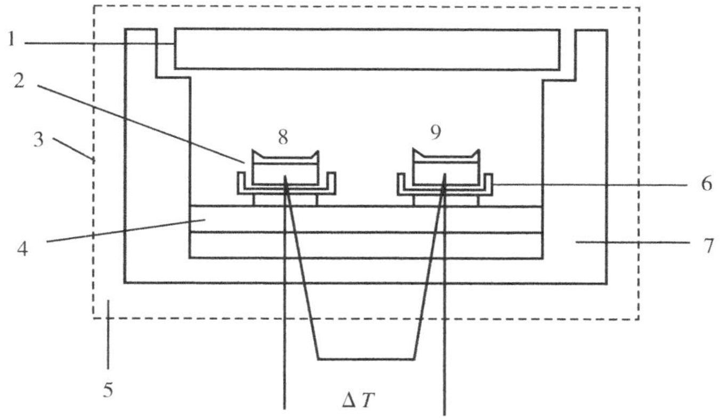

图 2.1　热流型 DSC 结构示意图

1. 盖子　2. 样品容器　3. 炉子　4. 热敏板　5. 炉温热电偶　6. 样品支持器　7. 加热均温块热电偶　8. 试样　9. 参比物

2. 功率补偿型 DSC 基本原理

功率补偿型 DSC 的主要特点是试样和参比物具有独立加热器和传感装置，即在试样和参比物容器下各装有一组补偿加热丝。当试样在加热过程中由于热反应而出现温度差 ΔT 时，通过功率补偿放大电路使流入补偿热丝的电流发生变化。功率补偿型 DSC 结构如图 2.2 所示，仪器有两个控制电路，一个用于控制温度，另一个用于补偿样品和参比物之间的温差，这个温差是由样品的吸热或放热效应产生的。

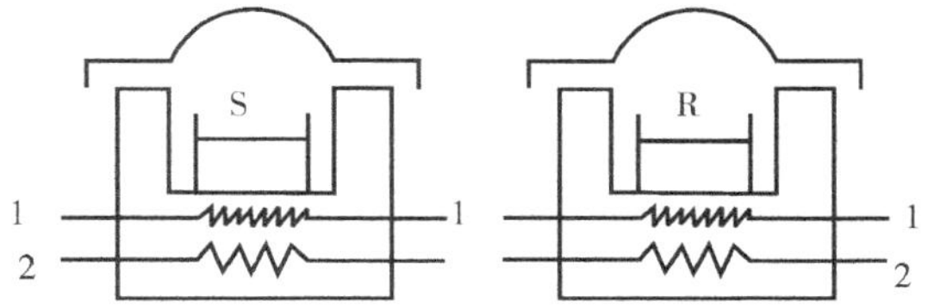

图 2.2　功率补偿型 DSC 示意图

S. 试样　R. 参比物　1. 温度敏感元件　2. 加热器

通过功率补偿电路使样品和参比物的温度保持相同，这样就可以从补偿功率直接求算出热流率，即

$$\Delta W = \frac{dQ_s}{dt} - \frac{dQ_R}{dt} = \frac{dH}{dt}$$

式中，ΔW 为补偿的功率，Q_s 为样品的热量，Q_R 为参比物的热量，dH/dt 为单位时间的焓变。

2.1.2　DSC 曲线

1. DSC 曲线相关术语

（1）准基线（Virtual baseline）：假定反应或转变热为零，通过反应或转变区画的一条推测的线。假定热熔随温度的变化成线性，利用一条直线内插或外推试样基线来画出这条线。

（2）峰（peak）：

1）吸热峰（endothermic peak）：吸热峰是指输入到试样的热流速率大于输入到参比样的热流速率，这相当于吸热转变。

2）放热峰（exothermic peak）：放热峰是指输入到试样的热流速率小于输入到参比样的热流速率，这相当于放热转变。

3）峰面积（peak area）：由峰和准基线包围的面积。

（3）特征温度及焓变：

1）玻璃化转变温度（glass transition temperature，T_g）：非晶态（或半晶）聚合物从玻璃态向高弹态的转变温度，可简称为玻璃化温度。

2）熔融温度（melting temperature，T_m）：完全结晶或部分结晶物质熔化时的峰值温度。

3）结晶温度（crystallization temperature，T_c）：物质从非晶液态向完全结晶或部分结晶时的峰值温度。

4）熔融焓（melting enthalpy）：在恒定压力下，使某种物质熔融所需的热量，以 J/g 表示。

5）结晶焓（crystallization enthalpy）：在恒定压力下，使某种物质结晶释放的热量，以 J/g 表示。

2. DSC 曲线分析

DSC 直接记录的是热流量随时间和温度变化的曲线，从曲线中可以得到一些重要的参数。如图 2.3 所示，为加热过程中样品热流量的变化全过程。

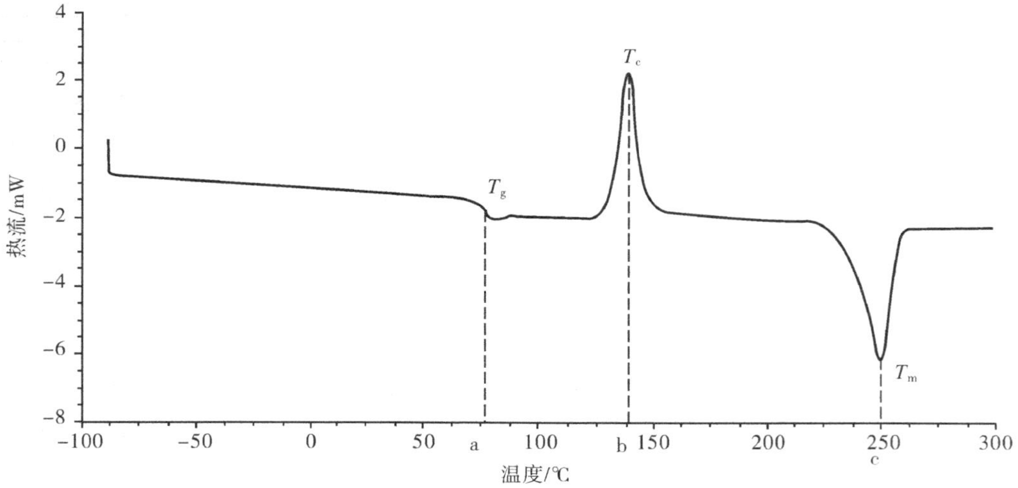

图 2.3　加热中样品热流量的变化全过程

a 过程表示物质从玻璃态转换为高弹态，比热容增加，热流形成一个台阶，对应的温度称为玻璃化转变温度 T_g。此转变不涉及潜热量的吸收或释放，仅提高了样品的比热容，这种转变在热力学中称为二次相变。二次相变发生前后，样品物性发生较大的变化，例如当温度达到玻璃化转变温度 T_g 时，样品的比体积和比热容都增大，而刚度和黏度下降，弹性增加。当样品继续加热至b时，样品中的分子已经获得足够的能量，它们可以在较大的范围内运动。由物理化学可知，在给定温度下每个体积总是趋向于达到自由能最小的状态，因此，这些分子按一定结构排列，释放出潜热，形成晶体。当温度达到c所对应的值时，分子获得的能量已经大于维持其有序结构的能量，分子在更大的范围内运动，样品在宏观上出现融化和流动现象。对于后面两个放热和吸热所对应的转变，在热力学上称为一次相变。

3. 影响DSC测量的主要因素

差示扫描量热法的影响因素与具体的仪器类型有关。一般来说，影响DSC测量结果的主要因素大致有以下几个方面：

（1）升温速率：影响实验结果的主要实验条件是升温速率，升温速率影响DSC测量的灵敏度和分辨率。一般来说，升温速率越快，灵敏度提高，分辨率下降。另外，升温速率还可能影响峰温和峰形。

（2）样品量：样品量少，样品的分辨率高，但灵敏度下降，一般根据样品热效应大小调节样品量，一般为3～5mg。另外，样品量多少对所测转变温度也有影响。随样品量的增加，峰起始温度基本不变，但峰顶温度增加，峰结束温度也提高，因此若同类样品要相互比较差异，最好采用相同的样品量。

（3）水分含量：水作为一种增塑剂，其添加量的多少可影响淀粉分子的迁移，决定淀粉分子链间的聚合速率，从而影响实验结果。

（4）样品装填情况：DSC装样要紧实，疏松时不仅有热传导，还有热扩散。此外，固体样品的厚度及与样品盘的接触面积等都会影响热阻，对测量结果也有明显的影响。为获得比较精确的结果，要增大样品盘的接触面积，减小样品的厚度，并采用较慢的升温速率。

（5）样品池在样品座上的位置：样品池在样品座上的位置会影响热阻的大小，应该尽量标准化。

2.1.3 DSC在食品中的应用

1. 淀粉糊化

淀粉糊化过程代表淀粉分子从有序状态到无序状态转变，同时也伴随着能量的变化。在此过程中伴随的能量变化在DSC分析图谱上表现为吸热峰。此时，淀粉的焓变为 ΔH，而相应的 T_0、T_p、T_c 表示变化过程中的起始温度、中间温度和最终温度。不同淀粉因其本身结构的差异性，在糊化过程中所吸收的热量及糊化温度也会有所差异。另外，淀粉水分含量不同，结果的差异也会很大。一般来讲，当水分含量较高时，所有颗粒都吸水膨胀，因此在糊化过程中只出现一个峰值（T_p）；在淀粉水分含量低时，只有部分淀粉颗粒在有限的水分下吸水膨胀出现 T_{p1}，其余的淀粉颗粒则随着温度的升高，晶体结构熔化，因而出现 T_{p2}。表2.1为不同种类淀粉在基本相同水分含量下的DSC分析结果。

表 2.1　不同种类淀粉 DSC 分析结果

品种	浓度/%（质量分数）	T_o/℃	T_{p1}/℃	T_{p2}/℃	T_c/℃	ΔH/（J/g）
豌豆淀粉	47.5	56	64	87	101	14.7
蚕豆淀粉	46.6	56	65	83	97	13.8
马铃薯淀粉	46.3	55	60	68	85	18.4
玉米淀粉	46.4	60	67	78	89	13.8
酸改性玉米淀粉	47.9	54	73	99	89	10.0
高直链玉米淀粉	48.2	71	82	105	114	17.6
糯玉米淀粉	47.6	64	71	88	97	16.7

由表 2.1 可知，不同种类淀粉的颗粒大小、紧密程度、分子聚合度、直链淀粉与支链淀粉比例不同，都可导致不同种类淀粉 DSC 特征值的差异。

2. 淀粉凝胶

糊化后的淀粉溶液，通过冷却即可得到淀粉凝胶。在凝胶陈化过程中，其流变学性质、结晶度和持水能力发生显著变化，这一变化过程就是淀粉老化。一般认为，淀粉老化包括两个相互独立的过程，一是糊化过程中可溶性直链淀粉的凝胶化，二是糊化后支链淀粉的重结晶。通常用定量 DSC 技术来研究淀粉老化过程中支链淀粉重结晶的速率和程度。利用 DSC 对糯小麦淀粉老化（回生）特性进行研究，测试条件为将糊化后的样品分别在 4 ℃下储藏 1 d、3 d、5 d、7 d 和 14 d 后重新用 DSC 进行测定。扫描范围为 20～100 ℃，升温速率为 10℃/min，结果见表 2.2。

表 2.2　糯小麦淀粉回生热力学参数

时间/d	T_o/℃	T_p/℃	T_c/℃	ΔH/（J/g）	回生度 DR/%
0（糊化）	59.99	67.10	76.49	9.639	
1	—	—	—	—	
3	47.44	56.86	67.14	0.4551	4.721
5	47.03	58.00	68.01	1.304	13.53
7	46.53	56.35	66.63	1.813	18.81
14	48.56	57.77	67.52	2.441	25.32

注：“—”代表未检测到回生现象。

糊化淀粉在 DSC 分析过程中不再有热力学过程发生，而在冷却时，随着糊化淀粉在低温下放置时间不同，老化程度也不同，时间越长，回生程度越大。因此可以用 DSC 分析手段来检测淀粉回生程度。

2.2 流变分析

2.2.1 食品流变学基础

流变学（Rheology）是研究物质在力的作用下变形和流动的科学，属于力学的一个分支。食品流变学是在流变学基础上发展起来的，是研究食品在力的作用下变形或流动的科学，它以弹性力学和流体力学为基础，主要应用线性黏弹性理论，测量食品在特定形变情况下具有明确物理意义的流变响应。因此，食品流变学的研究对象是食品及其原料的力学性质。这些力学性质与食品的化学成分、分子结构、分子内结合及分子间结合的状态、分散状态，以及组织结构有很大关系。食品流变特性在生活中随处可见，如打蛋和搅蛋过程中蛋液的流动特性、和面时面团的弹性和变形、花生酱的涂抹等。

食品物质种类繁多，为了研究方便，食品流变学把食品物质按形态简单分为液态食品、半固态食品和固态食品。即把主要具有流体性质的食品物质归属于液体食品；主要具有固体性质的食品物质归属于固态食品；把同时表现出固体性质和流体性质的食品物质归属于半固态食品。液体又可以分为两大类，符合牛顿黏性定律的液体称为牛顿流体；不符合牛顿黏性定律的液体称为非牛顿流体。在液态食品中主要研究食品的黏性，在固态与半固态食品中主要研究的是食品的弹性。然而许多食品往往既表现弹性性质，又表现黏性性质。例如，把圆柱形面团的一端固定，另一端用定载荷拉伸，此时面团如黏稠液体慢慢流动。当去掉载荷时，被拉伸的面团收缩一部分（这种现象是回弹现象，是弹性表现），但面团不能完全恢复原来长度，有永久变形，这是黏性表现，即面团同时表现出类似液体的黏性和类似固体的弹性。我们把这种既有弹性又可以流动的现象称为黏弹性，具有黏弹性的物质称为黏弹体。

在本节中主要介绍黏弹体，黏弹性是兼有固体弹性和液体黏性的一种特殊力学行为。尽管弹性和黏性是共存于一个物体的一对矛盾，任何实际物体均同时存在有弹性和黏性这两种性质，但依外界条件不同，或主要显示其弹性，或主要显示其黏性。然而弹性和黏性在大分子材料身上同时呈现非常明显。即使在常温和一般加载时间，大分子材料也往往显示有弹性和黏性。

食品的黏弹性主要表现为力学行为对外力作用时间的依赖。这个时间依赖关系不是由材料性能的改变引起的，而是由一个事实引起的，该事实即它们的分子对外力的响应达不到平衡，是一个速率过程。时间是影响黏弹体力学行为的重要参数，所以研究黏弹性体的力学物性时，掌握力与变形随时间变化的规律是非常重要的。而力与变形随时间变化的规律可以通过流变仪进行测量。流变仪测量的实验包括蠕变及其回复、应力松弛和动态力学试验，这些试验每一个都对应一个黏弹性试验测量。

2.2.2 食品流变特性测定

食品流变特性是指食品材料的应力－应变－时间之间的关系，或者说是食品物料受力后的变形、流动随时间的变化。食品流变特性主要是通过测定应力与应变对时间的函数来确定，这种特性可以用坐标图解或数学模型来表示。

1. 流变仪类型及测量原理

(1) 类型：测定食品流变特性的仪器包括流变仪和黏度计，黏度计只能测定非牛顿流体的表观黏度，而流变仪既能测定表观黏度，又能测定触变性、黏弹性和屈服应力等，所以在本节中主要介绍流变仪。流变仪通常分为两大类，一类是旋转型，一类是管式。具体分类见图 2.4。

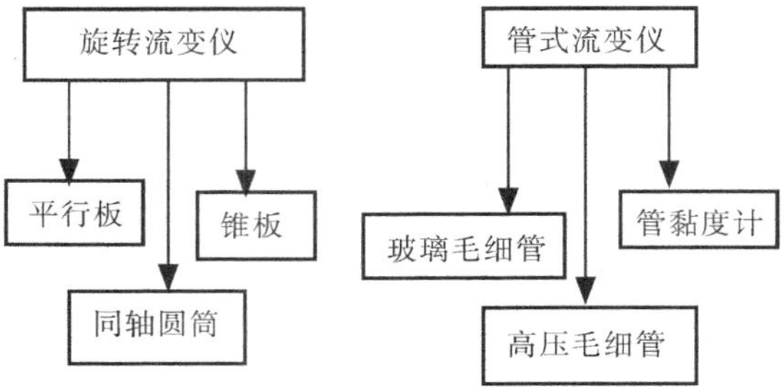

图 2.4 两种类型的流变仪

管式流变仪必须离线测量，而且一般只能测线性低黏度的样品，所以一般在食品行业大多选用旋转流变仪。旋转流变仪分为两种控制类型，一种是控制应力型，即通过采用马达带动夹具给样品施加应力，然后测量产生的应变或转速。例如 Physica MCR 系列、TA 的 DHR 系列、Haake 都是这一类的流变仪。另一种是控制应变型，这种流变仪直流马达安装在底部，通过夹具给样品施加应变，样品上部通过夹具连接到扭矩传感器上，测量产生的应力。这种流变仪只能做单纯的控制应变试验，原因是扭矩传感器在测量扭矩时产生变形，需要一个再平衡时间，因此反应时间比较慢，这样就无法通过回馈循环来控制应力。所以目前使用最多的还是控制应力型流变仪。

(2) 原理：聚合物受到外力作用时，会发生流动与变形，产生内应力。流变学所研究的就是流动、变形与应力间的关系。旋转流变仪是依靠旋转运动来产生简单剪切流动，可以用来快速确定材料的黏性、弹性等各方面的流变性能。旋转流变仪一般通过一对夹具的相对运动来产生流动，从而运用各种测量模式，最终根据测得的扫描曲线分析材料的各种特性。

2. 流变仪测量参数

(1) 应力（stress）与应变（strain）：应力是物体变形时，其内部一部分对另一部分的作用力，符号 σ，单位 Pa。从大小上看，应力是单位面积上的力，从方向上看，应力需要进行两个方向上的描述，即由于拉伸而使物体内部各部分之间产生相互作用的力和由于简单剪切而使其内部各部分之间产生的相互作用力。

$$\sigma = F/A$$

式中，F 是作用在物体截面上的力，A 是横截面的面积。

应变是相对变形量，即当物体受到外力作用而所处的条件又不允许其做惯性移动时，其几何形状和尺寸不可避免地会发生变化。当物体发生变形时，内部任意一点将产生位移。显然存在两种变形量度，一种是通过拉伸产生的直线长度上的变化，一种是由于简单剪切产生两直线间以及直线与平面间夹角的变化。为此，相应的变形量要用长度的改变或者角度的改变来描述，长度的改变用正应变表示，通常用 ε 表示，角度的改变用切应变表示，通常用 γ 表示，量纲为 1。

$$\varepsilon = \Delta L/L$$

式中，ΔL 为拉伸长度，L 为杆件的初始长度。

$$\gamma = \Delta X/Y$$

式中，ΔX 为剪切位移，Y 为物体厚度。

可见，对于受外力作用的物体，应力是应变的因，应变是应力的果。

（2）应变速率（Strain Rate）：应变速率是应变对时间的变化率。符号 $\dot{\gamma}$，单位是 s^{-1}。

（3）模量（Modulus）：模量是物质储存形变并回复原来状态的能力。它是描述物质弹性的物理量，符号 G，单位 Pa。

$$G = \sigma / \gamma$$

（4）黏度（Viscosity）：黏度是物质抵抗流动的能力，它是描述物质黏性的物理量。符号 η，单位 Pa · s。

$$\eta = \sigma / \dot{\gamma}$$

以上所述的是流变仪主要的测量参数，此外还有时间尺度（短时间内物质表现为固体行为，长时间物质表现为流体行为），温度（延长观测时间和升高温度对物质力学状态的观测是等效的）等。

3. 夹具选择

旋转流变仪主要有三种夹具类型，分别是同轴圆筒、锥板和平行板。

（1）同轴圆筒：一般同轴圆筒间的流场是不均匀的，即剪切速率随圆筒的径向方向变化。当内、外筒间距很小时，同轴圆筒间产生的流动可以近似为简单剪切流动。因此同轴圆筒是测量中、低黏度均匀流体黏度的最佳选择，但它不适用于聚合物溶体、糊剂和含有大颗粒的悬浮液。

（2）锥板：锥板结构是黏弹性流体学测量中使用最多的夹具，不仅适用于线性黏弹性能测试，还可以应用于非线性黏弹性能测量。但由于热膨胀效应的存在，锥板夹具不适合用于变温测试。而且使用锥板进行测量时要注意校正测量间距。

（3）平行板：平行板与锥板结构相同，平行板结构也可用来测量流体流变性能，平行板夹具由于间距可以调到最小，所以平行板结构可以在更高的剪切速率下使用。

表 2.3 是常用夹具比较，在测量时不仅要考虑所选夹具类型，还要注意夹具测量的有效范围。

表 2.3 不同夹具对比表

夹具	优点	缺点	应用类型
锥板	测量时所需样品少；传热和控温能力极好；末端效应可以忽略	只能测量很小的剪切速率范围；不适合多相体系	静态流体测量；适用于稀少样品测试
平行板	更易进行精度检查；可以系统地研究表面和末端效应；可以研究在不同剪切速率下的表现；夹具表面易清洗	应变、剪切速率不恒定；要求分散相粒子大小远远小于平行板间距	高温测量；多相体系测量；聚合物

4. 旋转流变仪测量模式

如图 2.5 所示，旋转流变仪能执行的测量变形模式包括扭摆、弯曲、剪切、拉伸、压缩。

旋转流变仪的测量模式一般可以分为稳态测试、瞬态测试和振荡测试，区分它们的标准是应变或应力施加的方式不同。

（1）稳态测试：稳态测试用连续的旋转来施加应变或者应力以得到恒定的剪切速率，

在剪切流动达到稳态时，测量由于流体形变产生的扭矩。稳态测试主要是剪切速率扫描，剪切速率可以是对数变化、线性变化或离散的。实验中所要确定的参数为：温度，扫描模式（对数、线性或离散），测量延迟时间（从施加当前的剪切速率到测量之间的时间间隔），数据采集模式（自动、手动），旋转方向和每次测量的旋转方向。这些参数的设置在不同的流变仪中可能会有一些差异，但基本原理都相同。稳态速率扫描可以得到材料的黏度和法向应力差与剪切速率的关系。从图 2.6a 和图 2.6b 可以看出稳态测试的应力范围和恒定的剪切速率，从图 2.6c 可以看出样品随着剪切速率的增加黏度逐渐下降。

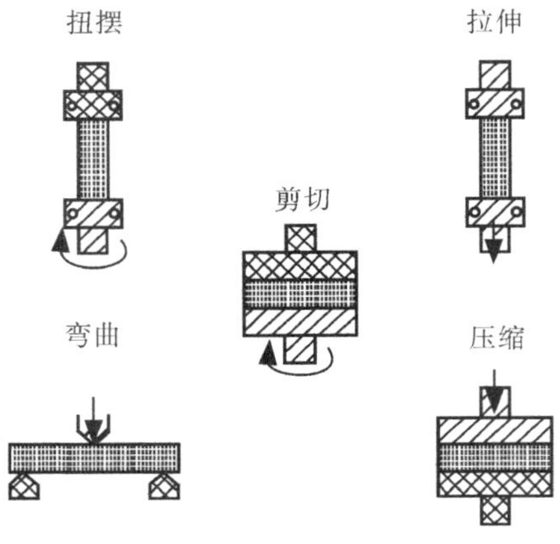

图 2.5　旋转流变仪变形模式

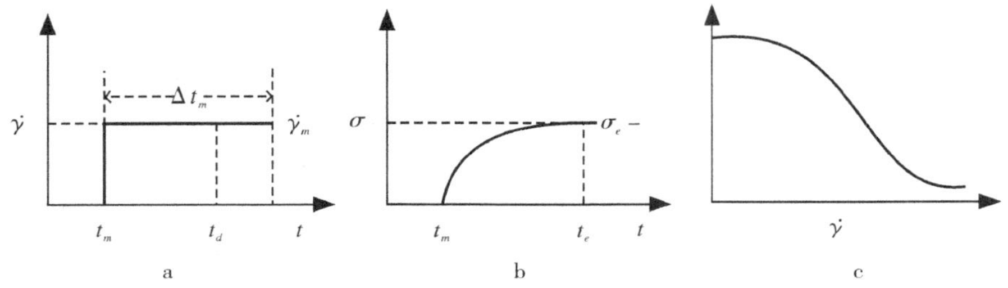

图 2.6　稳态测试图

（2）瞬态测试：瞬态测试包括阶跃应变速率测试、应力松弛测试和蠕变测试。

阶跃应变速率测试是对样品施加恒定的剪切速率，测量材料应力的响应随时间的变化。实验中所需要确定的参数有：剪切速率，温度，取样模式（关于时间为对数或线性）和数据点的数目以及剪切速率的方向（对于应变控制流变仪，表示在正应变下驱动电机的旋转方向）。一般允许有多个连续的测试区间，可以连续地进行不同阶跃应变速率的测试，若剪切速率为零，则在数据采集时驱动电机不转动，可以用来研究稳态剪切后的松弛过程。阶跃应变速率测试可以用来确定：①恒定温度下的应力增长和松弛过程（图 2.7a）；②稳态剪切后的松弛过程（图 2.7b）。

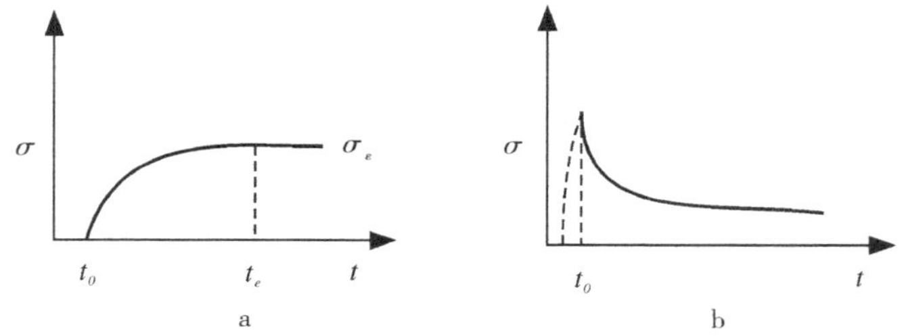

图 2.7　阶跃应变速率扫描

应力松弛实验是施加并维持一个瞬态形变（阶跃应变），测量维持这个应变所需的应力随时间的变化。实验中所需要确定的参数有：应变，温度，取样模式（关于时间为对数或线性）和数据点的数目以及方向（对于应变控制流变仪，表示在正应变下驱动电机的旋转方向）。应力松弛模量 $G(t)$ 可以通过测量得到的应力除以常数应变得到。应力松弛实验可以快速获得具有较长松弛时间材料的松弛时间谱。此外，应力松弛实验获得的松弛时间与频率扫描中储存模量 G' 和损耗模量 G'' 交点对应的松弛时间有类似意义。应力松弛实验还可以用于判断材料的零剪切黏度。进行应力松弛实验时，首先要找出试样的应力与应变的线性关系范围，然后在这一范围内使试样达到并保持某一形变，测试其应力与时间的关系曲线，根据测试结果绘制松弛曲线并建立其流变学模型。

从图 2.8 的应力松弛扫描曲线中可以看出随着时间的增长样品所受的应力在逐渐地减小，并且减小的幅度由大到小。

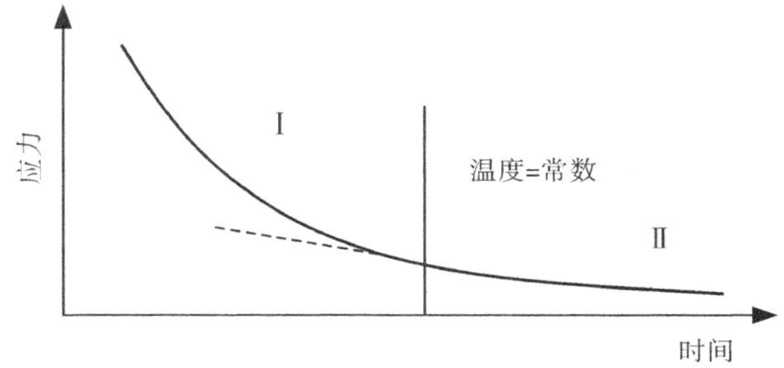

图 2.8 材料应力松弛扫描曲线

蠕变试验正好与应力松弛相反，它是给样品施加恒定的应力，测量样品的应变随时间的变化。实验中所要确定的参数有：应力，温度，取样模式（关于时间为对数或线性）和数据点的数目。测得的应变除以施加的应力可以得到蠕变柔量 $J(t)$。一般允许有多个连续的测试区间。蠕变/恢复实验可以通过两个连续的区间完成；第一个区间施加恒定的非零应力，第二个区间施加的应力为零。将可恢复的应力除以施加的应力得到可恢复柔量。这些数据可以用来预测材料在负载下的长期行为，若应力足够小，应变为线性响应，这一点可以得到的柔量为平衡可恢复柔量 J_t^0，图 2.9 显示了蠕变测量的主要结果，J_t^0 对相对分子质量分布，特别是高相对分子质量的部分很敏感。它提供了关于末端松弛时间的重要信息。J_t^0 可以看成是储存能量的一种表达，因此它对挤出和模压过程很重要，如储存能量可以使挤出物扭曲，或者若模压件在玻璃化温度以下冷却而不做韧化处理，储存能量会引起残余应变。此外，蠕变实验也可以用来测量材料的黏度，即将施加的应力除以剪切速率（应变 - 时间曲线线性部分的斜率）。这种确定黏度的方法的优点是它可以得到比动态或稳态方法更低的剪切速率，这就可以方便地测量材料的零剪切黏度。

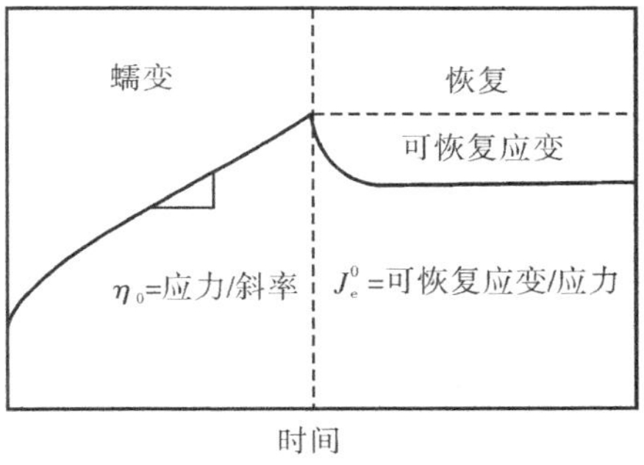

图 2.9 蠕变扫描曲线

（3）振荡测试：振荡测试就是传统的动态测量模式，在振荡测试中流变仪可以控制振动频率、振动幅度、测试温度和测试时间。在典型的测试中，将其中两项固定，而系统地变化第三项。应变扫描、频率扫描、温度扫描和时间扫描是基本的测试模式，扫描就是在所选择的步骤中，连续地变化某个参数。

应变扫描是在恒定的频率下进行的，应变幅度可以不断改变，应变的变化可以递增或递减，方式可以是对数的或线性的。实验中所确定的参数有频率、温度和应变扫描模式

(对数或线性)。一般来讲，黏弹性体材料的流变性质在应变小于某个临界值γ^t时与应变无关，表现为线性黏弹性行为；当应变超过临界应变时，材料表现出非线性行为，并且模量开始下降。因此材料储存模量和损耗模量的应变幅度的依赖性往往是表征黏弹性行为的第一步：应变扫描确定了材料线性行为的范围，动态应变扫描可用来：①确定线性黏弹性范围；②对非线性行为明显的材料进行表征，往往填料的存在降低了临界应变的值，另外，应变扫描应在不同的频率下进行，因为临界应变γ^t具有一定的频率依赖性。图 2.10 是典型的应变扫描图谱，从图中可以看出材料的储能模量、损耗模量和复数黏度随应变的变化。

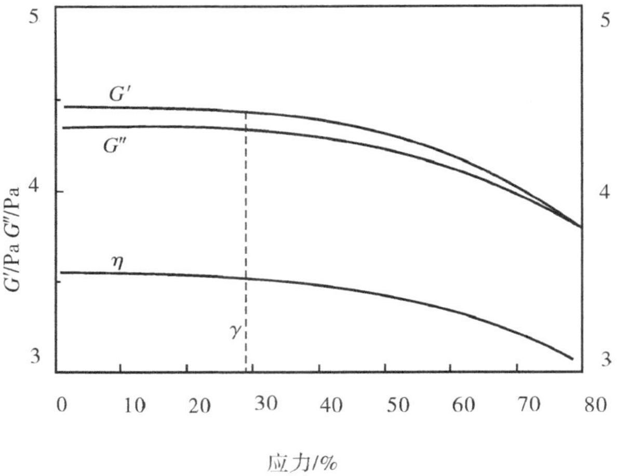

图 2.10 应变扫描曲线

频率扫描测试在应变控制型流变仪中是以一定的应变幅度和温度，施加不同频率的正弦形变，在每个频率下进行一次测试。对于应力控制型流变仪，频率扫描中设定的是应力的幅度。频率的增加或减少可以是对数的和线性的，或者产生一系列离散的频率。在频率扫描中，需要确定的参数是：应变幅度或应力幅度，频率扫描方式（对数扫描、线性扫描和离散扫描）和实验温度。从频率扫描可以得到的信息包括：①与相对分子质量密切相关的黏度数据；②从相对分子质量数据和相对分子质量分布，可以检测到长支链的含量；③零剪切黏度从损耗模量求得，平衡可恢复柔量从储存模量求得，平均松弛时间从平衡可恢复柔量和零剪切黏度的乘积求得。动态频率扫描结果可以用来分析材料的时间依赖性。图 2.11 是材料的频率扫描结果。通过研究在很宽温度范围内的储能模量和损耗模量的频率依赖性，并利用时温叠加原理，可以得到超出测量范围很宽的数据。

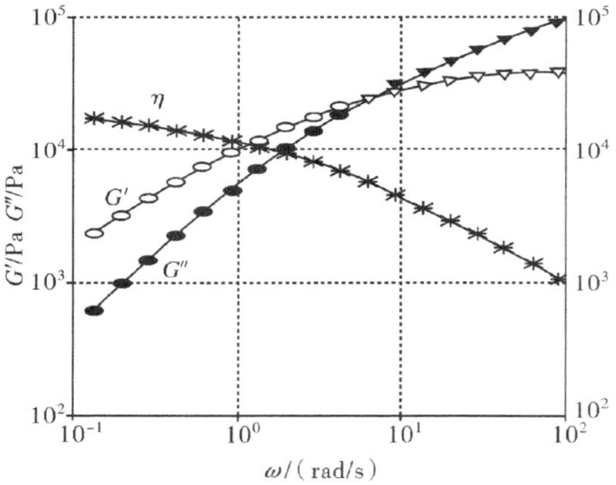

图 2.11 频率扫描曲线

温度扫描测试表征了材料流变参数的温度依赖性。实验中需要确定的参数有：扫描频率，每个扫描区间的初始温度、最终温度和温度扫描速率，每个扫描区间扫描结束后在其最终温度保持的时间，每两次测量之间的时间间隔，施加的应变或应力。温度扫描可以用来确定：①结构的破坏和重建；②热机械性能。对于固体来讲，结晶度和其他形态特征可以用这种方法确定，动态温度扫描可能是确定玻璃化转变和其他二次转变最灵敏的方法，还可以确定诸如软化点和其他对固体材料有用的温度范围。这些转变可以通过在温度扫描模式下，在给定频率测量材料的动态模量和损耗角正切随温度的变化来确定，玻璃化转变可以用储存模量的突变和 tanη 曲线的转变峰来确定。对于很硬的材料，当频率增加，转变发生在更高的温度，而且一些转变也发生不同程度的位移，这取决于它们的频率依赖性。因此在多组分体系中，不同组分的转变对频率的依赖性不同，这可以帮助确定一些多组分体系中的转变。图 2.12 是材料的温度扫描曲线，从图中可以看出各种转变随扫描频率的变化。

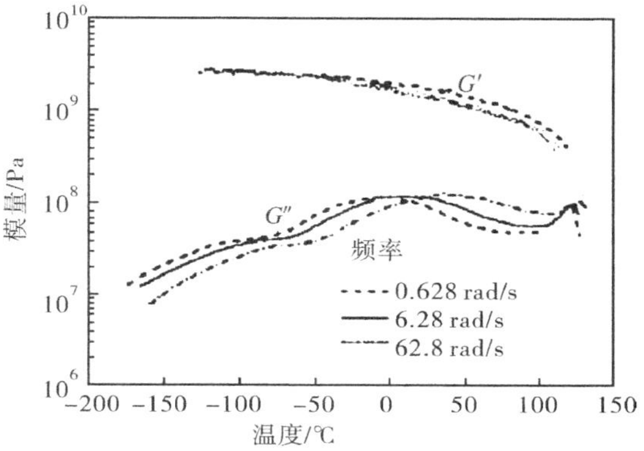

图 2.12 温度扫描曲线

时间扫描是在恒定的温度下，给样品施加恒定频率的正弦形变，并在实验者选择的时间范围内进行连续测量。实验中所要确定的参数有频率，应变或应力，实验温度，测量间隔时间，测量总时间（依赖于频率）。动态时间扫描可以用来监视网络结构的破坏和重建，即研究测量的化学、热以及力学稳定性。由图 2.13 的样品时间扫描曲线可知，稳定性好的样品可以在很长时间内保持性质的恒定，而稳定性差的样品的性质就有可能随着时间发生变化。

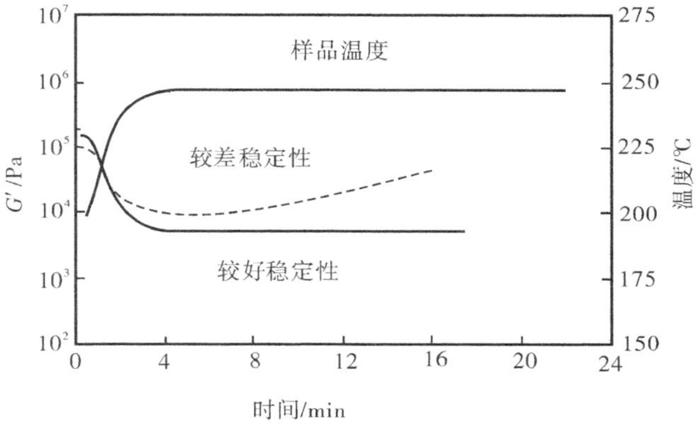

图 2.13 时间扫描曲线

2.2.3 流变仪的应用

流变学测量是观测高分子材料内部结构的窗口，通过高分子材料不同尺度分子链的响应，可以表征高分子材料的相对分子质量和相对分子质量分布，流变测量在高聚物的相对分子质量、相对分子质量分布、支化度与加工性能之间构架了一座桥梁，所以它提供了一种直接的联系，帮助人们进行原料检测、加工工艺设计和预测产品性能。旋转流变仪测量应用主要在油漆、涂料、化妆品、食品中，本节主要介绍在食品中的应用。在食品中主要是通过测量图谱来分析食品材料的相关特性和产品的品质特性。以下主要介绍应用流变仪分析物质相对分子质量的大小，以及不同的处理方式对食品品质的影响。

1. 分析物质相对分子质量大小

由于聚合物的相对分子质量及其分布与聚合物的黏弹性质有密切的关系，因此就有了利用聚合物黏弹性质来确定相对分子质量大小的流变学方法，与传统方法相比，流变学方法可以做到快速测量，而且不需要溶剂来溶解聚合物，因而从理论上将对任何聚合物都适用。流变学方法的另一个优点就是对高相对分子质量尾部的灵敏度高。

2. 对食品品质的测定

流变仪在主食品的品质测定方面应用广泛。例如根据流变仪的测定参数可以看出馒头的品质变化。流变仪参数不仅能反映馒头食用品质的优劣，还可以反映原料面粉的相关性质。流变仪参数松弛弹性和黏度数值越小，馒头弹性越好，黏性越小，感官评价总分相应越高，面粉吸水性越低；而当松弛弹性越大，黏度越小时，面粉蛋白质含量和沉降值越低，延伸性也减小。

2.3 显微分析

2.3.1 光学显微镜

在光学显微镜的发展中形成了多种显微技术，按光学原理可分为偏光、相衬和微分干涉对比显微镜等，按光源类型可分为普通光、荧光、紫外光、红外光和激光显微镜等，将普通光改变为偏振光进行观察即是偏光显微镜，在此着重介绍普通光学显微镜和偏光显微镜。

1. 基本原理

图 2.14 是显微镜成像原理。物镜和目镜均以单块透镜表示，物体 *AB* 位于物镜前方，离开物镜的距离在物镜的焦距和两倍物镜焦距间，经物镜形成一个倒立的放大的实像 *A′B′*。*A′B′*位于目镜的前方或很靠近的位置上，经目镜再次放大为虚像 *A″B″*，若 *A′B′*严格位于物镜焦点上，则虚像 *A″B″*的位置可以在无限远处，也即在任何位置均可观察到清晰的图像。

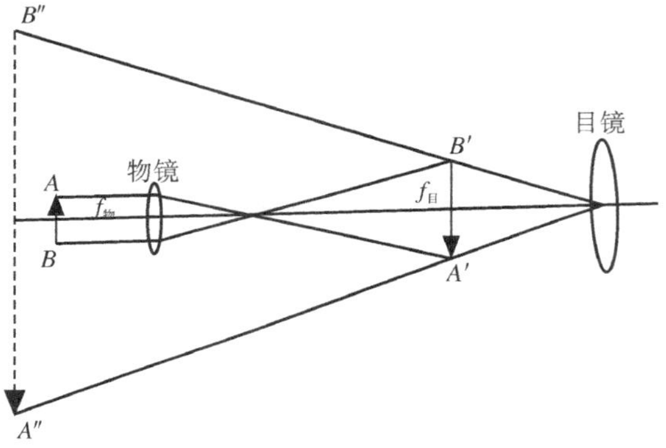

图 2.14 显微成像原理

2. 测定方法

低倍镜的使用方法：用拇指和中指移动旋转器（切忌手持物镜移动），使低倍镜对准镜台的通光孔（当转动听到碰叩声时，说明物镜光轴已对准镜筒中心）。打开光圈，上升集光器，并将反光镜转向光源，以左眼在目镜上观察（右眼睁开），同时调节反光镜方向，直到视野内的光线均匀明亮为止。取一玻片标本放在镜台上，一定使有盖玻片的一面朝上，切不可放反，用推片器弹簧夹夹住，然后旋转推片器螺旋，将所要观察的部位调到通光孔的正中。最后调节焦距使视野中出现清晰的物像。高倍镜的使用方法：一定要先在低倍镜下把需进一步观察的部位调到中心，同时把物像调节到最清晰的程度，才能进行高倍镜的观察。转动转换器，调换上高倍镜头，转换高倍镜时转动速度要慢，并从侧面进行观察（防止高倍镜头碰撞玻片），如高倍镜头碰到玻片，说明低倍镜的焦距没有调好，应重新操作。最后调节焦距使视野中出现清晰的物像。

3. 光学显微镜的应用

食品中的主要组分淀粉、蛋白质、脂类等，可以通过与不同的染色试剂结合，使得其在显微镜下的观察容易区分辨认。例如，苏丹红为亲脂性化合物，在脂肪类物质中的溶解度大于在其他溶剂中的溶解度时，染料颗粒便大量进入脂肪类物质的结构中，并吸附在脂肪颗粒结构上，苏丹Ⅲ遇脂肪显橘黄色，苏丹Ⅳ遇脂肪显红色，故可以对食品中的脂类染色，然后再漂洗，最后在光学显微镜下观察脂类成分。可以用考马斯蓝给细胞质中的储藏蛋白质染色，蛋白质在显微镜下观察呈深蓝色，其他结构不着色。也可以用高碘酸/锡夫氏试剂染色多糖、淀粉，在显微镜下观察呈红色或樱红色。同时也可以用固定和染色的方法观察小麦胚乳细胞结构，另外也可以观察淀粉颗粒形态和糊化程度。也可以用碘染色法检测出直链淀粉与支链淀粉的浓度状态，如果连续相中含有直链淀粉，即大量的直链淀粉已经从淀粉颗粒中析出，此时宏观上出现胶凝特性，影响质构特性等。通过普通光学显微镜观察（图2.15），

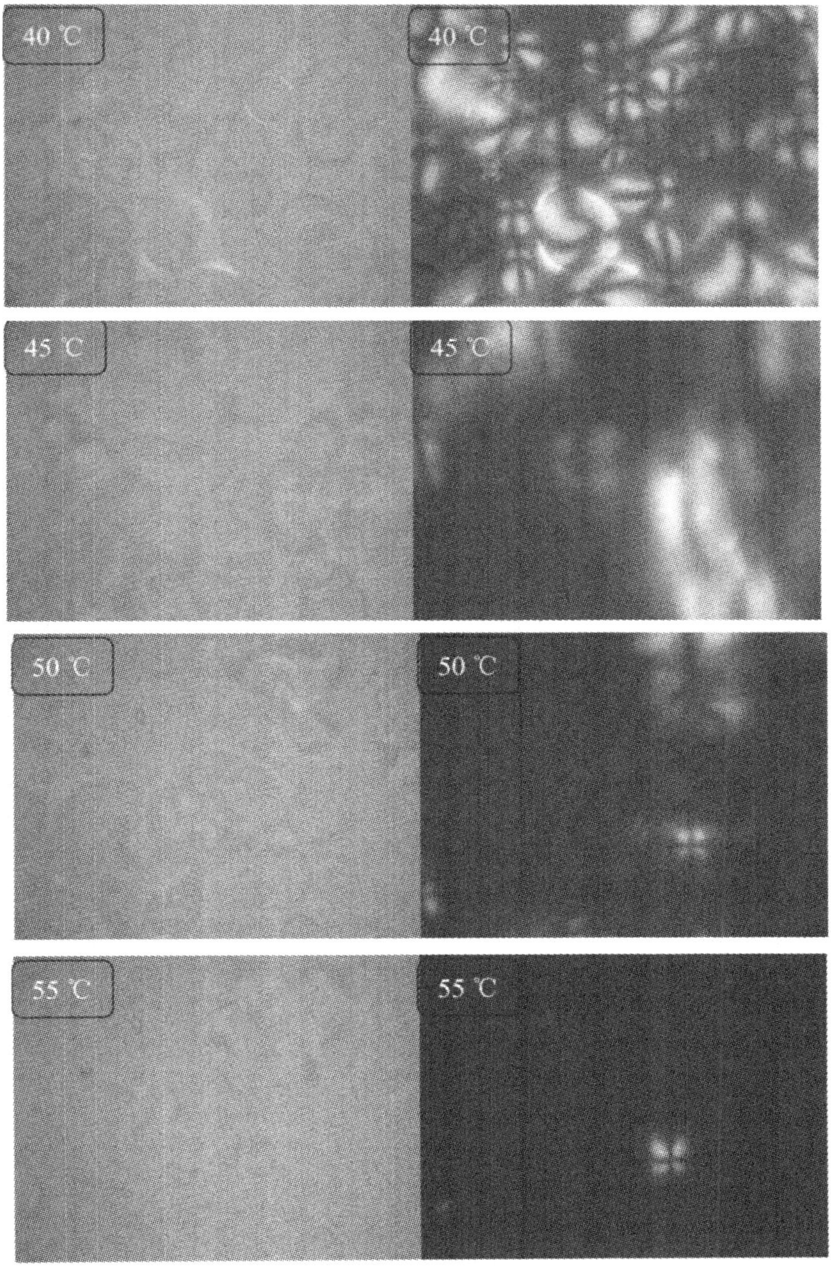

图2.15　马铃薯氧化淀粉（500倍）

氧化淀粉颗粒结构完整，说明氧化过程中并没有对淀粉的整体颗粒结构产生明显影响。氧化淀粉在加热过程中，加热到50℃时出现了部分颗粒溶胀破裂，到55℃，大部分淀粉颗粒被破坏，说明糊化程度较高。在偏光显微镜下观察（图2.15），氧化淀粉都具有明显的偏光十字现象，说明了氧化处理并没有破坏淀粉的有序结晶，反应主要发生在淀粉颗粒的非结晶结构。氧化淀粉在糊化过程中，温度达到40℃已经可以观察到偏光十字出现消失，温度继续升高，达到50℃时，偏光十字现象已经很少，淀粉糊化程度较高。

2.3.2 扫描电子显微镜

1. 扫描电子显微镜结构与原理

扫描电子显微镜（scanning electron microscope，SEM）简称扫描电镜，一般由电子光学系统、扫描系统、信号检测放大系统、图像的显示与记录系统、真空系统和电源系统组成。

图2.16是扫描电镜的结构示意图。在高压作用下，由电子枪发出的电子束经过栅极静电聚焦成为点光源，在加速电压下经过电子光学系统会聚成极细的电子束并聚焦在样品表面上，在物镜扫描线圈的作用下，在样品表面上进行扫描，与样品相互作用，产生各种物理信号（二次电子、吸收电子、X射线等），这些信号可以用相应的探测器分别对其接受检测，经放大器放大后成像，用于各种微观分析。

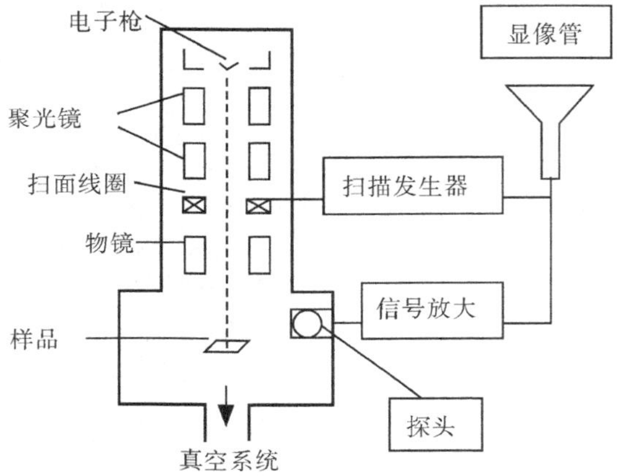

图2.16 扫描电镜的结构示意图

2. 扫描电子显微镜样品的制备测定

扫描电镜对于样品的要求比较简单：适当的大小与良好的导电性，一般情况下能在真空中保持稳定的所有固态样品都可以，大小和重量适合电镜样品室要求即可。样品可以是块状的、粉末的、金属的、非金属的、有机的、无机的，含有水分的样品要先脱水。对于导电性良好的金属样品，只要用导电胶固定在样品架上送入样品室便可直接观察。不导电或导电性差的样品需要镀金属膜或碳膜，表面被污染的样品要适当清洗（不损坏表面结构）后烘干观察。

3. 扫描电子显微镜在食品中的应用

由于一般淀粉粒的直径为5～50μm，因此扫描电子显微镜非常适合用于研究淀粉颗粒的形貌（图2.17），以及经物理、化学处理后的表面微观结构变化情况，并对于食品材料质构研究具有直观的效果。

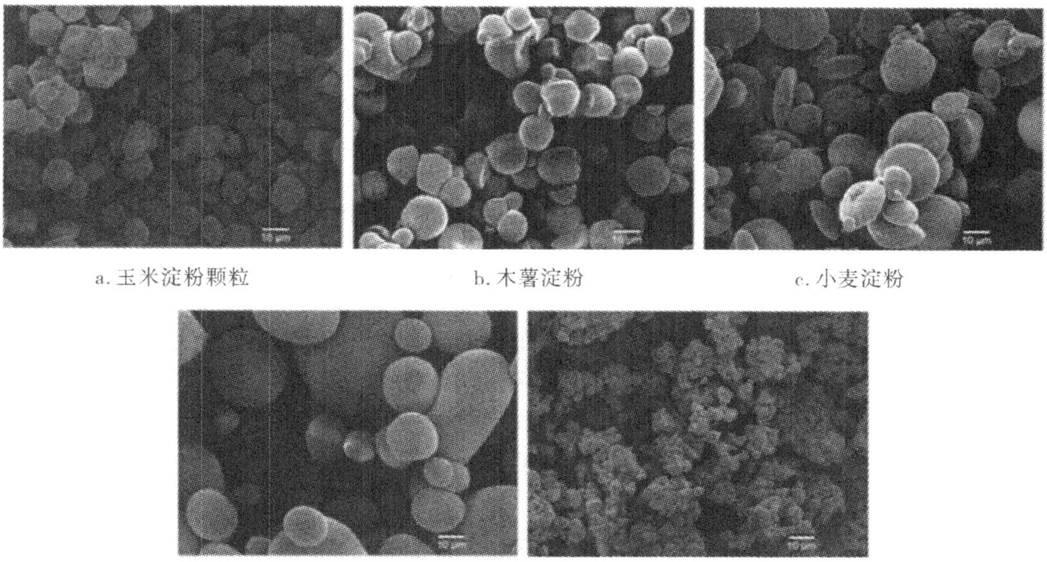

a. 玉米淀粉颗粒　b. 木薯淀粉　c. 小麦淀粉

d. 马铃薯淀粉　e. 大米淀粉

图 2.17　各种淀粉颗粒的扫描电镜图像

2.3.3　原子力显微镜分析

1. 基本原理

在原子力显微镜（atomic force microscopy，AFM）的系统中，可分成三个部分：力检测部分、位置检测部分、反馈系统。原子力显微镜的原理是将一端固定而另一端装有针尖的弹性微悬臂作为力传感器（图 2.18）。当针尖在样品上扫描时，针尖和样品间的作用力会引起微悬臂的形变，后者导致反射激光束在检测器中的位置发生改变，检测器中不同象限间所接收到的激光强度差代表悬臂形变量的大小，在反馈电路的作用下，样品表面起伏引起的微悬臂形变通过压电管对 Z 方向的伸缩进行补偿，计算机采集每个坐标点对应的反馈输出值，再转化为灰度级，在显示屏上表示出样品的表面形貌。

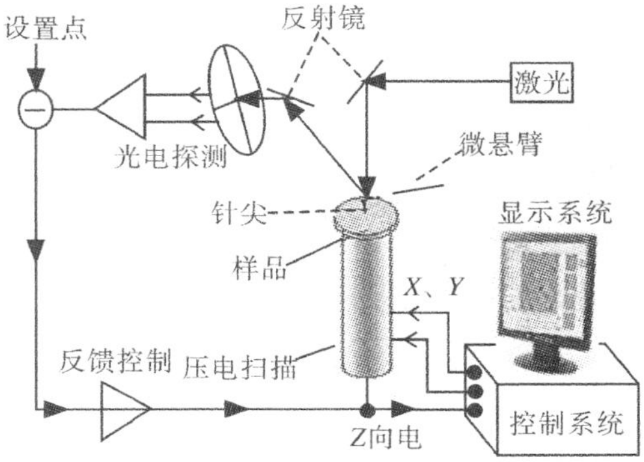

图 2.18　原子力显微镜工作原理

2. 特点

原子力显微镜的优势在于克服了以往光衍射、色散及球面像差等影响分辨率的因素，分辨效果有明显的改善，达到纳米级水平，横向分辨率可达 3 nm，纵向分辨率为 0.1 nm，感应到的作用力能达到 10^{-18} N。另外，样品表面的形态可随环境（大气、真空、各种气体的气氛）、温度、湿度等条件的变化而变化，采用有可控气氛分析室的原子力显微镜，可将样品放在再现（实际）的或变化的环境中，可以做到原位的高分辨率的表面观察。AFM 探针在样品表面扫描能够将对样品的损坏程度降到最低，在大气中测定也能保证高的分辨效果，并且能维持样品在液体或水合状态测试，还可以进行实时动态的操作测试。由于分辨率高，而且不受样品导电性的影响，其研究对象几乎不受什么限制，因此得到广泛的应用。

3. 淀粉颗粒的原子力显微镜研究

电子显微镜是用来研究淀粉颗粒超级结构的主要工具。尺寸在 20 ~ 30 nm 之间的小单元结构可以通过扫描电镜或透射电镜来观察，高分辨率的透射电镜甚至可以观察到颗粒结晶区域的堆栈结构。但电子显微镜通常需要对淀粉进行化学或酶学上的改性，此外，还需要对样品进行包埋、切片、金属涂层等处理。而 AFM 则不需要使用非常苛刻的制样条件，可以用一种全新的背景视角来观察淀粉颗粒的超级结构——往往是颗粒表面突起的末端单元结构，这方面的研究在国外已经有较多报道。Baldwin 等将绝干颗粒状淀粉部分包被到氰基丙烯酸酯的高聚物膜上，利用原子力显微镜的接触工作模式对小麦和玉米淀粉颗粒的表面结构进行了分子水平分辨率的观察和比较，结果显示，尽管样品内存在差异，但小麦淀粉和马铃薯淀粉颗粒的表面仍具有显著不同的拓扑结构。小麦淀粉颗粒的突起则要少得多，其较光滑的表面结构的尺寸为 10 ~ 50 nm（图 2. 19a）。马铃薯淀粉颗粒在一个较平的表面之上具有许多突起（直径为 50 ~ 300 nm），而这些较平的表面结构的尺寸则为 10 ~ 50 nm（图 2. 19b）。一般认为结构尺寸为 10 ~ 300 nm，这是碳水化合物的链间尺寸，与在颗粒表面所呈现出来的支链淀粉侧链簇的“单元”结构相对应，据此以分子水平的分辨率揭示了淀粉颗粒表面的拓扑结构，为进一步研究淀粉颗粒的结构打下了基础。

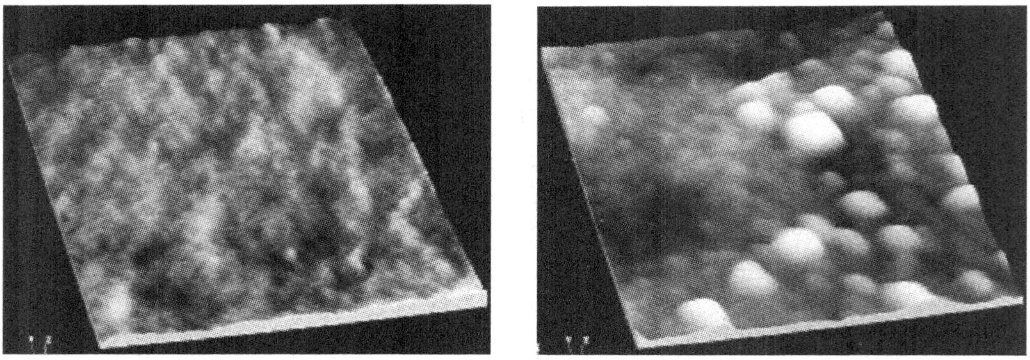

a. 小麦淀粉颗粒的表面AFM图像（扫描面积1 000 nm²、z高52.6 nm）

b. 马铃薯淀粉颗粒的表面AFM图像（扫描面积1 000 nm²、z高73.8 nm）

图 2. 19 淀粉颗粒的表面 AFM 图像

2. 3. 4 激光扫描共聚焦显微镜分析

1. 基本原理

在传统光学显微镜基础上，激光共聚焦扫描显微镜（laser confocal scanning microscope，LCSM）用激光作为光源，采用共扼聚焦原理和装置，并利用计算机对所观察的对象进行数字图像处理观察、分析和输出。其特点是可以对样品进行断层扫描和成像，进行无损伤观察和分析样品的三维空间结构。

激光共聚焦显微镜脱离了传统光学显微镜的场光源和局部平面成像模式，采用激光束作光源，激光束经照明针孔，经由分光镜反射至物镜，并聚焦于样品上，对标本焦平面上每一点进行扫描（图2.20）。样品中如果有可被激发的荧光物质，受到激发后发出的荧光经原来入射光路直接反向回到分光镜，通过探测针孔时先聚焦，聚焦后的光被光电倍增管探测收集，并将信号输送到计算机，处理后在计算机显示器上可显示样品的二维和三维图像。在这个光路中，只有在焦平面的光才能穿过探测针孔，焦平面以外区域射来的光线在探测小孔平面是离焦的，不能通过小孔。因此，非观察点的背景呈黑色，反差增加，成像清晰。由于照明针孔与探测针孔相对于物镜焦平面是共轭的，焦平面上的点同时聚焦于照明针孔与探测针孔，焦平面以外的点不会在探测针孔处成像，即共聚焦。以激光作光源并对样品进行扫描，在此过程中两次聚焦，故称为激光共聚焦扫描显微镜。

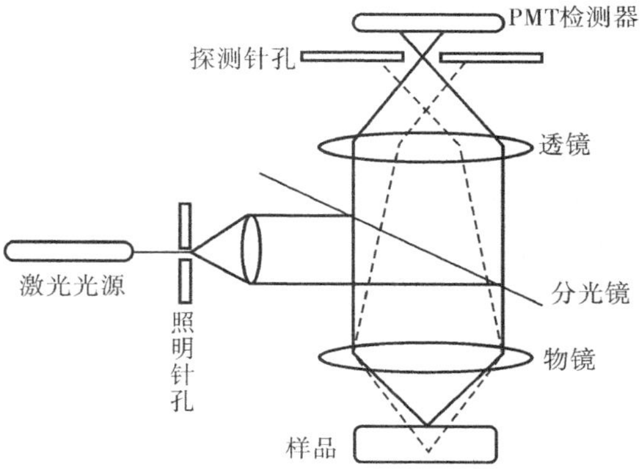

图2.20　激光共聚焦扫描显微镜原理

2. 激光共聚焦显微镜样品的制备

激光共聚焦显微镜可以用来采集各种不同荧光标记的样品图像，所以共聚焦显微镜由各种不同的物镜和激光波长组合而成。这些都是在样品标记之前需要掌握的重要参数。最重要的是要知道可用的共聚焦显微镜激光波长，这决定了可用于标记样品染色的荧光染料。另外要考虑的因素是实验的要求以及光稳定性。一般来说，多色标记荧光染料应该有不同的激发和发射波长并且有高的光稳定性。大多数现代染料（如cyanine，alexa染料系列）比以前的（如异硫氰酸荧光素）更明亮、更稳定。

共聚焦显微镜对样品的质量要求非常严格。首先，共聚焦显微镜的样品必须做荧光标记，且样品标记需要做一些基本的对照实验。此外，由于共聚焦显微镜采用针孔成像，图像质量尤其容易受其制样质量的影响，样品不但应该有高信噪比的标记，更重要的是使用与显微镜物镜设计匹配的折射率的包埋物和使用适当厚度的盖玻片。大多数显微镜物镜设计的光学矫正盖玻片是1.5号盖玻片，其厚度是0.17 mm，盖玻片厚度对干镜和浸泡物镜尤其重要。包埋介质是显微镜的光学通路的一部分，在图像形成中起着关键的作用。一般而言，硬化的包埋介质方便并可以长期储存（几星期至数月），但由于其单体的聚合过程，经常会有明显的样品萎缩，这对三维重建会有负面影响。以甘油为基础的包埋介质是暂时的，但它通常可以提供更好的三维形态。一种光学特性比较好的包埋介质是2，2′-硫基二乙醇（2，2′-thiodiethanol）。它不需要脱水并且是一种非常有效的防褪色剂，也与浸油折射率匹配。然而它不是永久性的，而且它不与相差显微技术兼容。在大多数情况下，在包埋介质中还要加一些防褪色剂。部分商业产品包埋介质已经包含一些防褪色剂。如果实验室自己配制包埋介质，需要加一些防褪色剂。

3. 激光共聚焦扫描显微镜在食品体系结构分析中的应用

利用激光共聚焦扫描显微镜进行食品原料或成分的结构研究，对食品结构进行二维和三维的分层扫描，从而获得食品微观结构的形态及二维和三维量化指标等。通过LCSM扫描观察马铃薯、玉米、糯玉米的淀粉颗粒，可以得到不同的微观结构（图 2.21），从而研究淀粉的结构与其性质的关系。

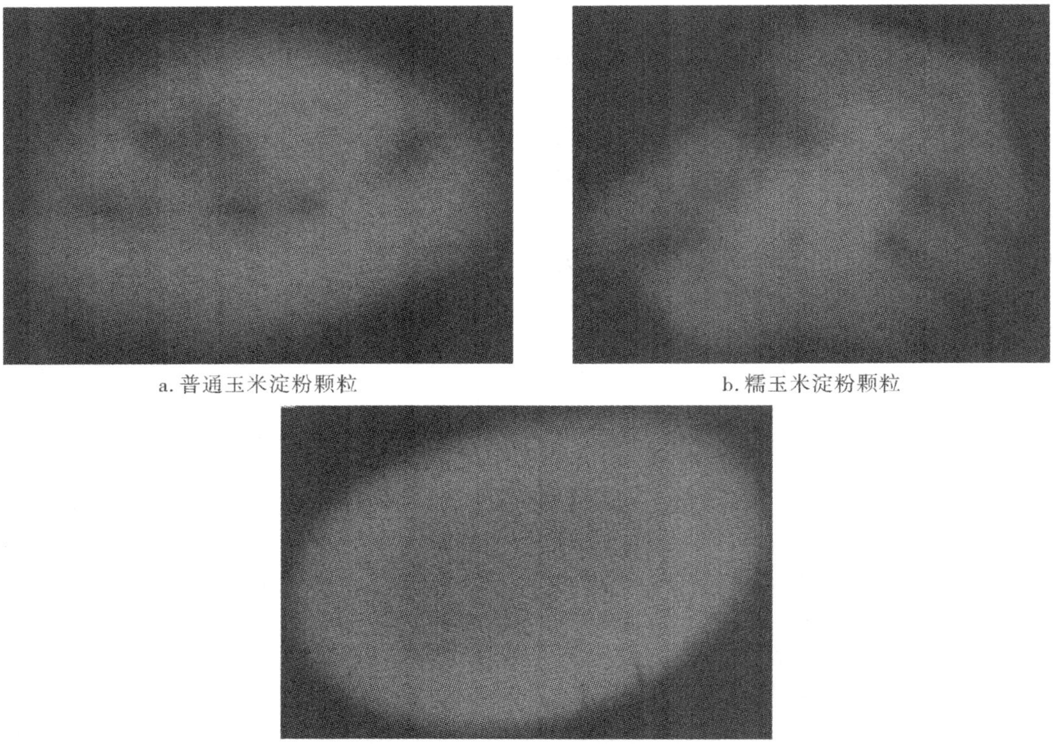

a. 普通玉米淀粉颗粒　b. 糯玉米淀粉颗粒

c. 马铃薯淀粉颗粒

图 2.21　玉米淀粉和马铃薯淀粉的激光共聚焦扫描显微镜图

2.4　黏度分析

2.4.1　黏度及黏度的测量

黏度是一层流体对另一层流体做相对运动的阻力，即物质抵抗流动的能力。在实际生活中，大多数液体均为非理想状态下的非牛顿流体，这种液体的黏度不仅与温度有关，还与剪切速率、时间有关，有剪切稀化或剪切增稠的现象，这种黏度称为表观黏度。我国现行国标中测定淀粉黏度常用的仪器有旋转黏度计、布拉班德黏度计（brabender viscograph，BV）和快速黏度分析仪（rapid visco analyser，RVA），但旋转黏度计主要用于测定淀粉糊的流变特性。

2.4.2　RVA 和 BV 测量原理

RVA 是一种由计算机控制，装有专用软件的现代化旋转式黏度测试仪，在计算机上进行参数设定、运行程序测试，并对图形信息进行数据处理和结果分析。试样温度的均一性由计算机控制的恒速转动搅拌器来完成，搅拌器同时又起着黏度传感器的作用。它操作简便、能快速升温、冷却，能准确调节与控制温度和搅拌器的转速，同时保证试样温度均匀一致。RVA 非常适用于物料黏度变化相关的研究，尤其是淀粉糊化特性的研究。

BV 和 RVA 各有所长。BV 升温、降温速率较慢，测试时间较长（一般超过 2 h），样品用量较大，所获得的信息量也较大，测试性能较稳定，重现性较好，能更全面、准确地反映淀粉糊的黏度性质，测量结果用 BU 表示。RVA 的升温、降温速率较快，测试时间较短（一般不超过 22 min），样品用量较小，测量结果可以 RVU 表示，因此有利于判定试样和产品的特性，促进实验室间的交流。

2.4.3 黏度曲线及黏度曲线特征值

BV 与 RVA 类似，二者均为将淀粉糊化全过程与实时连续测定融为一体。在升温过程中，淀粉颗粒逐渐吸水膨胀，当达到糊化温度时，淀粉大量吸水而溶胀成淀粉糊，使体系黏度迅速增加，然后通过继续保温、降温、保温的过程，淀粉糊的黏度会发生一系列的变化，从而得到一个糊化曲线（图 2.22）。黏度曲线中可得到 7 个特征值，分别为糊化温度（Pasting Temperature）、峰值黏度（Peak Viscosity）、峰值时间（Peak Time）、谷底黏度（Trough Viscosity）、崩解值（Breakdown）、最终黏度（Final Viscosity）、回生值（Setback）。

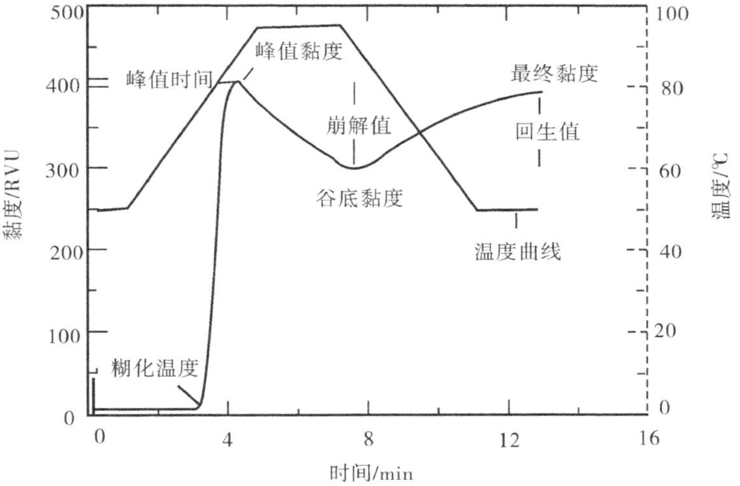

图 2.22 黏度曲线及其特征值

（1）糊化温度：指在加热过程中黏度值明显增加的温度。

（2）峰值黏度：指在升温和保温过程中所达到的最大黏度。峰值黏度发生在淀粉颗粒溶胀和微晶束解体导致黏度增加与淀粉颗粒溶解破裂导致黏度降低之间的平衡点，它显示了淀粉或混合物结合水的能力，与最终产品质量有关。

（3）峰值时间：黏度达到峰值时所需时间。

（4）谷底黏度：指在测试的高温保持期，淀粉粒全部溶解，黏度衰减，即样品在加热剪切作用下的最低黏度。

（5）崩解值：指峰值黏度与谷底黏度之差，表示黏度的热稳定性，崩解值越小，热稳定性越好。试样耐受加热和剪切能力对许多加工工艺都是重要因素。

（6）最终黏度：指物料逐渐冷却，淀粉分子重新聚合和重排之后黏度的最终值。

（7）回生值：最终黏度与谷底黏度的差值，反映糊的老化或回生的程度，也可表示冷却时形成凝胶性的强弱，差值大则凝胶性强，易于老化。

2.4.4 影响黏度曲线的因素

1. 淀粉的来源

各种淀粉分子间的缔合程度不同，分子排列的紧密程度也不同，一般来说，分子缔合程度大，分子排列紧密的淀粉不易糊化，反之则易糊化。不同淀粉中脂类化合物含量也不同，谷物类（玉米、小麦、高粱、大米）淀粉中脂类化合物含量高于薯类淀粉（马铃薯淀粉、木薯淀粉），脂类化合物会与直链分子形成脂类包合物，从而抑制淀粉颗粒的膨胀和溶解，使糊化温度提高，影响淀粉糊的透明度和黏度，因此谷物淀粉糊化温度一般高于薯类淀粉。普通的谷物类淀粉通常显示较低峰值黏度和较高的回生值，糯性的谷物类淀粉与块根类淀粉相似，峰值黏度高，回生值低。

2. 测试的条件

测试条件从不同方面影响着糊化曲线，淀粉糊的表观黏度受到温度、剪切力、时间、试样自身属性等因素的影响。浓度对黏度的影响通常遵循指数效应，高浓度时，水的竞争和剪切力会影响测试结果；加热和冷却的速率对不同的淀粉溶胀和溶解速率也有不同程度的影响；试样的制备，特别是粒度和粉碎后的保存时间，对糊化曲线均有显著影响。

3. 变性作用

（1）物理变性：物理变性对黏度曲线有显著影响。韧化是一种通过提高淀粉的晶体完善度和促进淀粉链的相互作用，来改善淀粉的物理化学性质的处理方式。韧化处理的淀粉糊黏度特性与原淀粉相比有很大不同，峰值黏度、崩解值和回生值都明显降低，即韧化淀粉的热稳定性和抗剪切能力增强（图 2.23）。

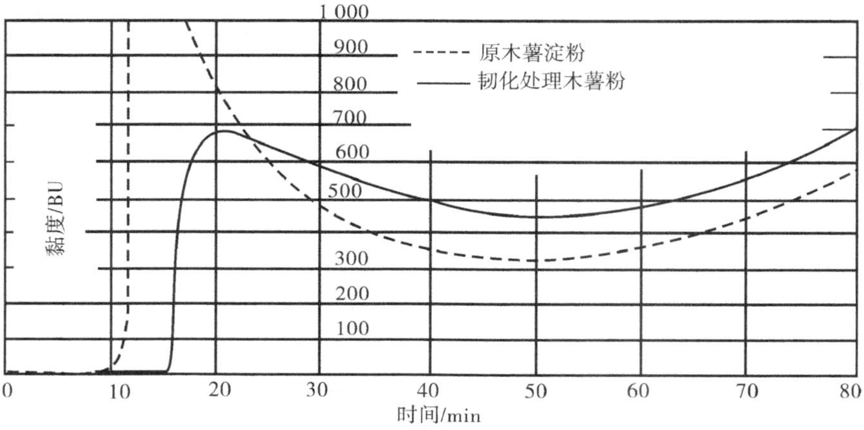

图 2.23 韧化处理对木薯淀粉黏度曲线的影响

（2）化学变性：氧化作用、酸水解或酶解的作用都可以迅速降低淀粉糊黏度。交联反应主要强化了淀粉颗粒中的氢键，适当的交联作用可以使木薯淀粉分子间结构更加紧密，提高淀粉糊的黏度、回生值及热糊的稳定性，交联度较高则抑制淀粉颗粒的溶胀，使淀粉糊黏度降低（图2.24）。取代作用可以降低淀粉糊化温度，延缓淀粉回生（图2.25）。

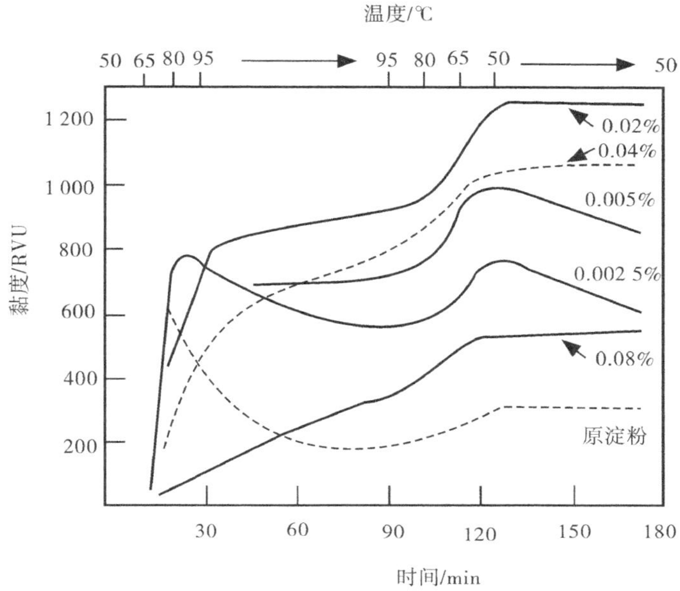

图2.24　添加不同水平交联剂（百分数为三偏磷酸盐浓度）对木薯淀粉黏度曲线的影响

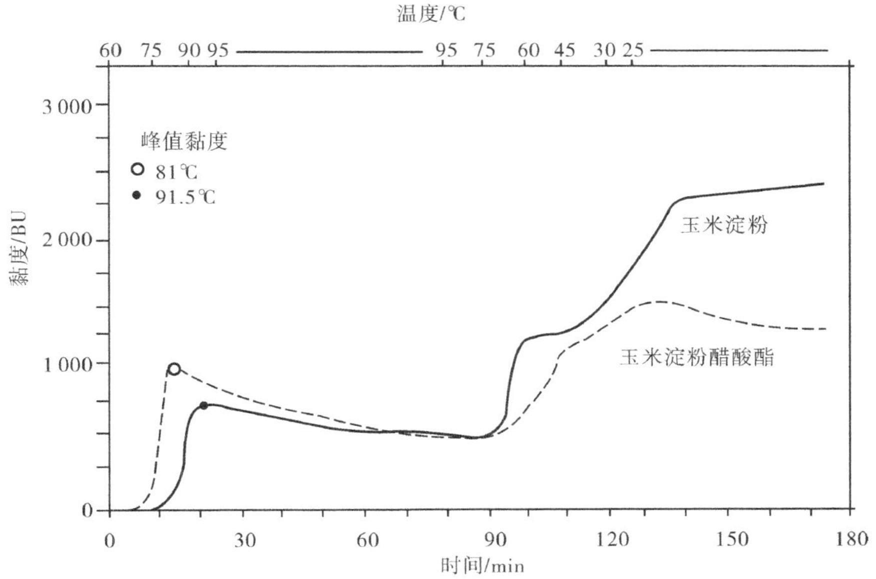

图2.25　取代作用对玉米淀粉黏度曲线的影响

4. 其他物质

植物中天然存在的和为了生产加工需要人为添加的非淀粉类物质，如蛋白质、酚类、碱类、蔗糖、食盐等都会对淀粉黏度产生影响。少量胶体（羧甲基纤维素钠）可以提高淀粉黏度；糖类和乳化剂等添加剂可延迟糊化；碱类和部分盐类可降低糊化温度，淀粉在强碱作用下，室温即可糊化。

2.4.5 BV 和 RVA 在食品中的应用

1. 测试谷物的发芽损伤

α-淀粉酶在小麦萌发过程中迅速增加是发芽小麦品质下降的主要原因，破坏了淀粉分子内的1，4-葡萄糖苷键，使淀粉易于溶解和糖化，从而使淀粉/水悬浮液在加热糊化后的黏度远低于正常试样的黏度，对此种小麦生产的面粉产生不利影响。用 RVA 在田间和收粮库点检测小麦发芽损伤情况，其操作更加便捷。取 4.00g 粉碎的小麦试样与定量的水混合，于 95 ℃加热 3 min 并记录测试终点的黏度即为搅拌黏度（stirring number，SN）。图 2.26 为三种全麦粉的搅拌曲线，当 $SN=22$RVU 时，黏度最低，此时酶活性最高；当 $SN=127$RVU 时，黏度最高，此时酶的活性最低。

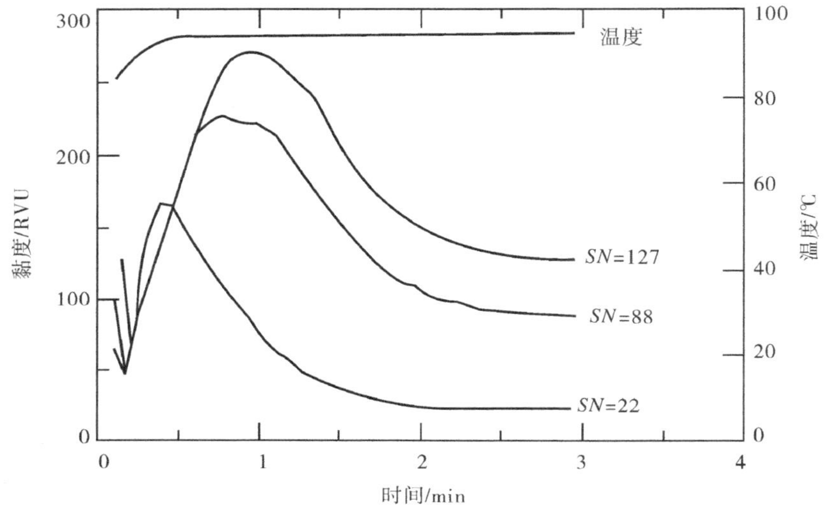

图 2.26 不同全麦粉的黏度曲线

2. 在变性淀粉中的应用

RVA 可以检测酸变性淀粉、氧化淀粉、交联淀粉、取代淀粉等多种变性淀粉的特性。研究发现随着酸浓度的增加和酸变性时间的延长，酸变性淀粉的变性程度会增大，同时其峰值黏度值减小。用传统的方法测量，需要耗费大量时间，一般测试一个样品需 30～120 min，与之相比 RVA 更有优越性。

RVA 的峰值黏度与交联度有很好的相关性。取代淀粉糊化所需的能量降低，导致取代淀粉的凝胶化温度降低，峰值黏度会随着取代程度的提高而增加。因此，RVA 测试可用于控制变性淀粉的变性程度，并为分析产品质量提供可靠、便捷的手段。

3. 稻米储藏期的测定

陈化稻米做成的米饭干硬、松散、口感差，可以利用糊化特性特征值判断储藏稻谷食用品质的变化。RVA 和 BV 指标中峰值黏度和回生值能够很好地反映陈化对稻米品质的影响。

4. 玉米和其他原淀粉的品质检验

淀粉在不同工业中用途广泛，但几乎都是加热使淀粉乳糊化，应用所得的淀粉糊起到增稠、黏合等作用。不同种类的淀粉在性质方面存在差别，如黏度、抗剪切稳定性、沉凝性等，这些性质都影响淀粉糊的应用。例如马铃薯淀粉，由于其颗粒比较大，在熟化过程中有很低的糊化温度，很高的峰值黏度，这能很方便地利用 RVA 测量。研究表明，玉米、马铃薯、木薯、小麦及其他淀粉均可采用 RVA 糊化试验进行鉴定（图 2.27）。

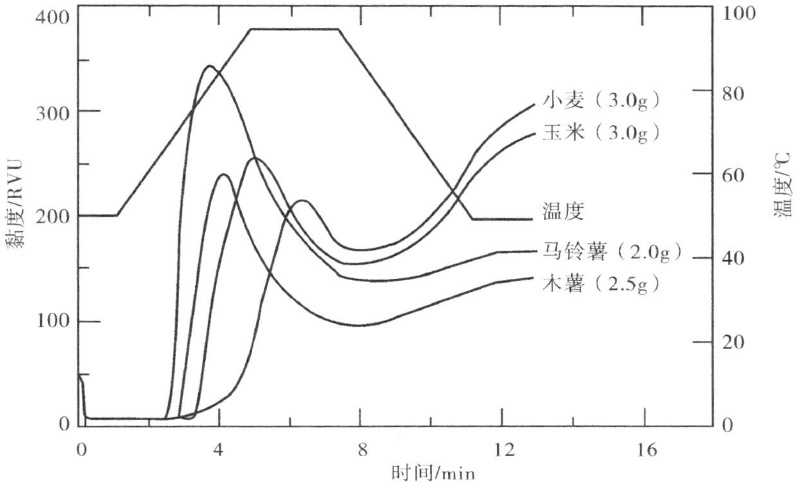

图 2.27 不同种类淀粉的黏度曲线

5. 主食类食品品质预测

国外已经利用 RVA 对小麦、稻谷、玉米、马铃薯、黑麦和大麦的黏度特性与工艺品质的关系，进行了相当广泛的研究，为科学的预测面条、馒头、面包及糕点食品的专用粉品质提供了技术依据。黏度曲线中的特征值，尤其是峰值黏度，与面条的色泽、光滑度、加工工艺及评分，与馒头的体积、内部质地、适口性及总评分存在显著相关性。

2.5 红外分析

2.5.1 红外光谱技术原理

19 世纪初，红外线首次被发现，20 世纪初人们进一步认识到不同的化合物官能团具有不同的红外吸收频率。1950 年后出现了红外分光光度计，1970 年后计算机技术迅猛发展，傅里叶变换型红外光谱仪得以问世。现在随着红外测定技术如全反射红外、显微红外以及色谱－红外联用技术的不断发展，红外光谱技术得到广泛应用。

1. 定义

红外光谱技术（infrared absorption spectroscopy，IR）是利用物质分子对红外光的吸收及产生的红外吸收光谱来鉴别分子的组成和结构的定性或定量方法。当样品受到频率连续变化的红外光照射时，分子吸收某些频率的辐射，并由其振动运动或转动运动引起的偶极矩的净变化，产生的分子振动和转动能级从基态到各激发态的跃迁，从而形成的分子吸收光谱称为红外光谱。在引起分子振动能级跃迁的同时不可避免地引起分子转动能级之间的跃迁，所以红外吸收光谱又称转 - 振光谱。

2. 红外光谱区的划分

红外光谱在可见光区和微波光区之间，其波数范围为 12 800 ~ 10cm^{-1}。由于实验技术及应用的不同，将红外区分为三个区：近红外光区、中红外光区和远红外光区。这三个区域包含波长范围以及能级跃迁类型如表 2. 4 所示。

表 2. 4　红外光谱区的划分

区域	$\lambda/\mu m$	σ/cm^{-1}	能级跃迁
近红外	0. 78 ~ 2. 5	12800 ~ 4000	O — H、N — H、C — H 键的伸缩振动倍频吸收
中红外	2. 5 ~ 25	4000 ~ 400	分子振动、转动
远红外	25 ~ 1000	400 ~ 10	分子骨架振动、转动

（1）近红外光区：该光区的吸收带处于可见光区到中红外光区之间，主要是由低能电子跃迁产生，用于研究 O — H、N — H、C — H 键的伸缩振动倍频吸收。

（2）中红外光区：该区的吸收主要由分子的振动和转动能级跃迁引起，而且绝大多数有机物和无机离子的基频吸收带出现在中红外区，因此是研究应用最多的区域。由于基频振动是红外光谱吸收最强的振动，所以该区最适合进行定性分析。

（3）远红外光区：该区的吸收主要由分子的纯转动能级跃迁引起，由于该区能量弱，而且在使用上受到限制。

3. 分子的振动形式

（1）双原子分子的振动：分子的振动可以近似地看成为一些用弹簧连接的小球运动。以双原子分子为例，若把两原子间的化学键看成无质量的弹簧，两个原子看成两个小球，则它们之间的伸缩振动可以近似地看成沿轴线方向的简谐振动，因此可以把双原子分子称为谐振子，如图 2. 28 所示。这个体系的振动频率 v 由经典力学（虎克定律）可以导出：

$$v = \frac{1}{2\pi}\sqrt{\frac{K}{\mu}}$$

式中，v 为振动频率，K 为经典力常数，μ 为双原子的简化质量。

双原子分子的振动频率取决于化学键的力常数和原子的质量，化学键越强，相对原子质量越小，振动频率越高。同类原子组成的化学键（折合质量相同），力常数越大，基本振动频率越大。由于氢原子相对原子质量最小，故含有氢原子的单键基本振动频率都出现在中红外的高频区。

图 2. 28　双原子分子的振动模型

（2）多原子分子的振动：多原子的分子基本振动类型可分为伸缩振动和弯曲振动（图 2. 29）。伸缩振动是指原子沿轴线方向伸缩，使键长发生周期性变化的振动。弯曲振动是指基团键角发生周期性变化的振动或分子中的原子团对其余部分做相对运动。由于伸缩振动的力常数比弯曲振动的力常数大，同一基团的伸缩振动常出现在高频区，弯曲振动在低频区出现。另外弯曲振动因周围环境的改变在较宽的波段范围内出现，所以一般不把它作为基团频率处理。

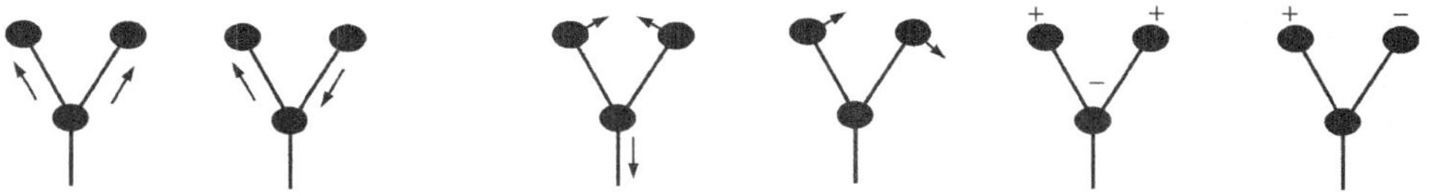

图 2.29 分子振动方式

（3）振动耦合和费米共振：振动耦合是指两个基团相邻且振动基频相差不大时会产生振动耦合，振动耦合引起吸收频率称为耦合频率。耦合频率偏离基频，一个移向高频，一个移向低频。

当倍频带或组频带与某基频相近时，由于其相互作用而产生的吸收带或发生的峰的分裂现象称为费米共振。费米共振是普遍现象，它不仅存在红外光谱中，也存在于拉曼光谱中。含氢基团无论是振动耦合还是费米共振现象，均可以通过氘代而加以鉴别。当含有氢基团氘代以后，其折合质量的改变使吸收频率发生变化，此时氘代前的耦合或费米共振条件不再满足，有关吸收峰就会发生较大的改变。

4. 分子振动的自由度

多原子分子的振动比双原子要复杂得多。双原子分子只有一种振动方式，所以只产生一个基本振动吸收峰。而多原子分子随着原子数目的增加，振动方式更复杂，因而它可以出现一个以上的吸收峰，并且这些吸收峰的数目与分子的振动自由度有关。

在研究多原子分子时，常把多原子的复杂振动分解为许多简单的基本振动，这些基本振动数目称为分子的振动自由度，简称分子自由度。分子自由度与分子各原子在空间坐标中运动状态的总和紧密相关。经典振动理论表明，含 N 个原子的线型分子，其振动的自由度为 $3N-5$，非线型分子的自由度为 $3N-6$。每种振动形式都有它特定的振动频率，即相对应的吸收峰，因此分子振动自由度越大，则红外吸收光谱中出现的峰越多。

5. 红外吸收产生的条件

红外吸收的产生有两个条件，缺一不可。

（1）振动的频率与红外线波段的某频率相等，即分子吸收了这一波段的光，可以把自身的能量从基态提高到某一激发态。这是产生红外吸收的必要条件。

（2）只有引起分子偶极矩发生变化的振动才能产生红外吸收光谱。

分子在振动过程中，由于键长和键角的变化，而引起的分子的偶极矩的变化，结果产生了交变的电场，这个交变的电场会与红外光的电磁辐射相互作用，从而产生红外吸收。许多非极性分子的双原子分子（H_2、N_2、O_2）虽然也会振动，但振动中没有偶极矩的变化，因此不产生交变电场，不会与红外线发生作用，不会吸收红外辐射。

6. 基团频率和特征吸收峰

分子吸收红外辐射后，由基态振动能级（$V=0$）跃迁至第一振动激发态（$V=1$）时，所产生的吸收峰称为基频峰，是强峰。在红外吸收光谱上除了基频峰外，还有振动能级由基态（$V_0=0$）跃迁至第二激发态（$V_1=2$）、第三激发态（$V_2=3$）等所产生的吸收峰称为倍频峰。除此之外，还有合频峰（V_1+V_2，$2V_1+V_2$……），差频峰（V_1-V_2，$2V_1-V_2$……）等，这些峰都很弱，一般都不易辨认，统称为泛频峰。

在红外光谱中吸收峰的位置和强度取决于分子中各基团的振动形式和所处的化学环境。常见的基团在波数4 000 ~400 cm^{-1}范围内都有各自的特征吸收，这个范围又是一般红外分光光度计的工作范围。实际应用时为了便于对红外光谱进行解析，可将红外光谱的整个范围划分成4 000 ~1 300 cm^{-1}（基频区）和1 300 ~600cm^{-1}（指纹区）两个区域。表2.5列出了各类化合物的主要官能团及其吸收峰位置。

（1）基频区：基频区是由伸缩振动产生的吸收带，它是化学键和基团的特征振动频率区，其吸收光谱反映了分子中特征基团的振动。由于基因的特征吸收峰一般位于高频范围，并且在该区域内吸收峰比较稀疏，因此，它是基团鉴定工作最有价值的区域，其特征吸收峰可作为鉴定基团的依据。基团频率又可以分为四个区域：4 000 ~2 500 cm^{-1}X—H伸缩振动区、2 500 ~1 900 cm^{-1}叁键和累计双键区、1 900 ~1 200 cm^{-1}双键伸缩振动区和1 650 ~1 350 cm^{-1}X—H弯曲振动区。

1）X—H伸缩振动区（4 000 ~2 500 cm^{-1}）：X可以是C、O、N、S原子等。由于波数与折合质量成反比，而氢原子的质量与分子中其余部分相比非常小，可以认为氢原子是进行着自由振动的。因此，含氢基团的伸缩振动位于高频区域。例如C—H、N—H、O—H的伸缩振动分别在3 000 cm^{-1}、3 300 ~3 500cm^{-1}、3 200 ~3 650 cm^{-1}附近。

2）叁键区和积累双键区（2 500 ~1 900 cm^{-1}）：该区红外谱带较少，主要包括—C≡C—、—C≡N等叁键的不对称伸缩振动和—C＝C＝C—、—C＝C＝O等累积双键的不对称伸缩振动。

3）双键伸缩振动区（1 900 ~1 200 cm^{-1}）：该区域包括C＝O、C＝C、C＝N、N＝＝O等伸缩振动和苯环的骨架振动以及芳香族化合物的倍频谱带。

4）X—H弯曲振动区（1 650 ~1 350 cm^{-1}）：这个区域包括C—N、N—H等的弯曲振动。例如，甲基在1 380 ~1 370 cm^{-1}会出现一个很特别的弯曲振动吸收峰，这个吸收峰的位置很少受取代基的影响，干扰也较少，可以作为有无甲基存在的依据。

（2）指纹区：在1 300 ~600 cm^{-1}区域内，除了单键的伸缩振动外，还有因变形振动产生的复杂光谱。这种振动与整个分子的结构有关。当分子结构稍有不同时，该区域的吸收即有细微的差异，正如每个人都有不同的指纹，因而该区域被称为指纹区。指纹区对于指认结构类似的化合物很有帮助，而且可以作为化合物存在某种基团的辅助。一般指纹区又可以分为1 300 ~900 cm^{-1}区和900 ~600 cm^{-1}区。

1）1 300 ~900 cm^{-1}区：这一区域包括C—O、C—N、C—P、C—S、P—O、Si—O等单键的伸缩振动和C＝S、S＝O、P＝O等双键的伸缩振动吸收。其中1 375 cm^{-1}的谱带为甲基的对称剪切弯曲振动，对于识别甲基十分有用，C—O的伸缩振动在1 300 ~1 000 cm^{-1}，是该区域的最强峰，也较易识别。

2）900 ~600 cm^{-1}区：这一区的吸收峰是很有用的，可以指示—CH_2—的存在、双键的取代度和类型、化合物的顺反结构等。例如利用上区域中苯环的C — H面外变形振动吸收和2 000 ~1 667 cm^{-1}区域苯的倍频或组频吸收，可以共同配合确定苯环的取代类型。

表2.5 各类化合物的主要官能团及其吸收峰位置

基团	振动类型	波数/cm^{-1}
烷烃类	C—H 伸缩 C—H 伸缩（反称） C—H 伸缩（对称） C—H 伸缩（面内） C—H 伸缩	3 000 ~ 2 843 2 972 ~ 2 880 2 882 ~ 2 843 1 490 ~ 1 350 1 250 ~ 1 140
烯烃类	C—H 伸缩 C＝C 伸缩 C—H 弯曲（面内） C—H 弯曲（面外） 单取代 双取代 顺式 反式	3 100 ~ 3 000 1 695 ~ 1 630 1 430 ~ 1 290 1 010 ~ 650 995 ~ 985 910 ~ 905 730 ~ 650 980 ~ 965
炔烃类	C—H 伸缩 C≡C 伸缩 C—H 弯曲（面内） C—H 弯曲（面外）	约 3 300 2 270 ~ 2 100 1 260 ~ 1 245 645 ~ 615
取代苯类	C—H 伸缩 泛频峰 骨架振动 C—H 弯曲（面内） C—H 弯曲（面外）	3 100 ~ 3 000 2 000 ~ 1 667 1 600 ± 20 1 500 ± 25 1 580 ± 10 1 450 ± 20 1 250 ~ 1 000 910 ~ 665
醇类、酚类	O—H 伸缩 O—H 弯曲（面内） C—O 伸缩 O—H 弯曲（面外）	3 700 ~ 3 200 1 410 ~ 1 260 1 260 ~ 1 000 750 ~ 650
醚类	C—O—C 伸缩 醛类 C—H 伸缩 C＝O 伸缩 C—H 弯曲（面外）	1 270 ~ 1 010 2 850 ~ 2 710 1 755 ~ 1 665 975 ~ 780

续表

基团	振动类型	波数/cm^{-1}
酮类	C＝O 伸缩 C—C 伸缩 泛频峰	1 700～1 630 1 250～1 030 3 510～3 390
羧酸类	O—H 伸缩 C＝O 伸缩 O—H 弯曲（面内） C—O 伸缩 O—H 弯曲（面外）	3 400～2 500 1 740～1 650 ～1 430 ～1 300 950～900
酸酐	C＝O 伸缩（反称） C＝O 伸缩（对称） C—O 伸缩	1 850～1 800 1 780～1 740 1 170～1 050
酯类	C＝O 伸缩（泛频） C＝O 伸缩 C—O—C 伸缩	～3 450 1 770～1 720 1 280～1 100
胺类	N—H 伸缩 N—H 弯曲（面内） C—H 伸缩 N—H 弯曲（面外）	3 500～3 300 1 650～1 550 1 340～1 020 900～650
酰胺	N—H 伸缩 C＝O 伸缩 N—H 伸缩（面内） C—N 伸缩	3 500～3 100 1 680～1 630 1 640～1 550 1 420～1 400
氰类化合物 脂肪族氰 α、β 芳香氰 α、β 不饱和氰	 C≡N 伸缩 C≡N 伸缩 C≡N 伸缩	 2 260～2 240 2 240～2 220 2 235～2 215
硝基化合物 R—NO_3 Ar—NO_3	NO_2 伸缩（反称） NO_2 伸缩（对称） NO_2 伸缩（反称） NO_2 伸缩（对称）	1 590～1 530 1 390～1 350 1 530～1 510 1 350～1 330

7. 红外光谱仪

测定物质红外吸收光谱的仪器主要有两种类型：光栅色散型红外光谱仪和傅里叶变换红外光谱仪。傅里叶变换红外光谱仪具有分析速度快、灵敏度高、分辨率高以及很好的波长精度等优点，在很大程度上已经逐渐取代了色散型红外光谱仪，所以我们这里重点介绍傅里叶变换红外光谱仪。

傅里叶变换红外光谱仪（fourier transform infrared spectrometer，FT－IR）于20世纪70年代问世，它不使用色散元件，而是由光学探测器和计算机两部分组成，光学探测系统主体为迈克尔逊干涉仪，可将光源系统送来的信号变为电信号，以干涉图形式送往计算机，经过计算机进行快捷傅里叶变换数学处理计算后，可将干涉图转换成红外光谱图。傅里叶变换红外光谱仪由光源、迈克尔逊干涉仪、样品室、检测器、计算机系统和记录显示装置组成。图2.30是傅里叶变换红外光谱仪的原理图。

光源发出的光被分束器分为两束，一束经透射到达定镜，另一束经反射到达动镜。两束光分别经定镜和动镜反射再回到分束器，动镜以一恒定速度做直线运动，因而经分束器分束后的两束光形成光程差，产生干涉。干涉光在分束器会合后通过样品池，通过样品后含有样品信息的干涉光到达检测器，然后通过傅里叶变换对信号进行处理，最终得到透过率或吸光度随波数或波长变化的红外吸收光谱图。

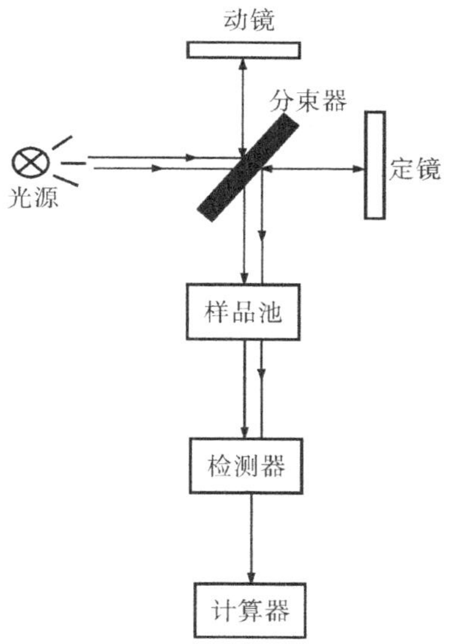

图2.30 傅里叶变换红外光谱仪的原理简化示意图

2.5.2 红外光谱定性分析

红外光谱对有机化合物的定性分析具有鲜明的特征性，因为每一个化合物都具有特征的红外吸收光谱，其谱带数目、位置、形状和强度都随着化合物及其聚集状态的不同而变化，因此就可以像识别人的指纹一样，根据化合物的红外光谱可以确定化合物中所含有的官能团，推断出化合物的结构。

红外光谱的定性分析，大致可以分为已知物的鉴定和未知物结构的测定。

1. 已知物的鉴定

已知物的鉴定是将试样的谱图与标准的谱图或文献上的图谱进行比较，如果两张谱图中的各吸收峰的位置和形状完全相同，峰的相对强度相同，可以认为样品是该种标准物质。如果两张谱图不一样，或者峰位置不一致，则说明两者不为同一种化合物或者样品中有杂质。要注意的是使用文献上的谱图，应该比较试样的物态、结晶状态、溶剂、测定条件以及所用仪器的类型均应与标准图谱相同。

2. 未知物的结构测定

未知物的结构测定是红外光谱法定性分析的一个重要用途。如果未知物不是新化合物，可以通过两种方式利用标准谱图进行查对：一种是查阅标准谱图的谱带索引，寻找与试样光谱吸收带相同的标准物谱图；另一种是进行光谱解析，判断试样的可能结构，然后再由化学分析类索引查找标准谱图对照核实。在对光谱图解析之前，应了解样品的来源、制备方法、物化性质、元素组成并结合其他光谱分析数据如UV、NMR、MS。有元素分析的结果可以求出化合物的经验式，有相对分子质量可以求出化学式，并求出饱和度。从不饱和度可以推出化合物可能的范围。

在解析过程中，最重要的是对谱图做出正确的解析。按照“先特征，后指纹，先最强，后次强”的解析顺序，首先在基团频率区根据吸收峰位置、强度和形状，确认分子中可能含有的基团或化学键，同时判断不可能含有的化学键。再从指纹区的谱带进行验证，找出相关基团的相关峰，进一步确定基团的存在，从而推出分子的结构。

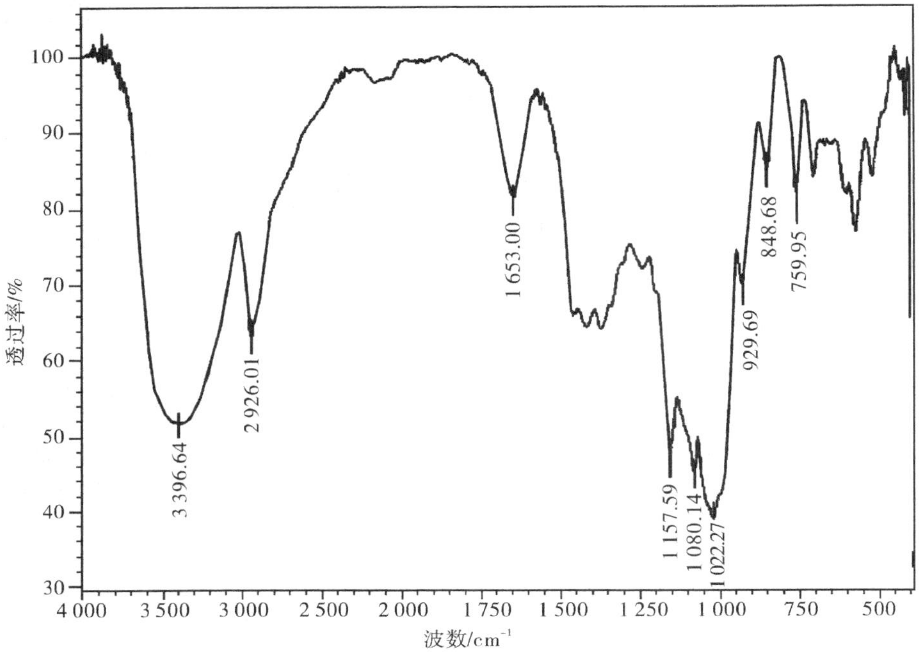

a. 麦芽糊精

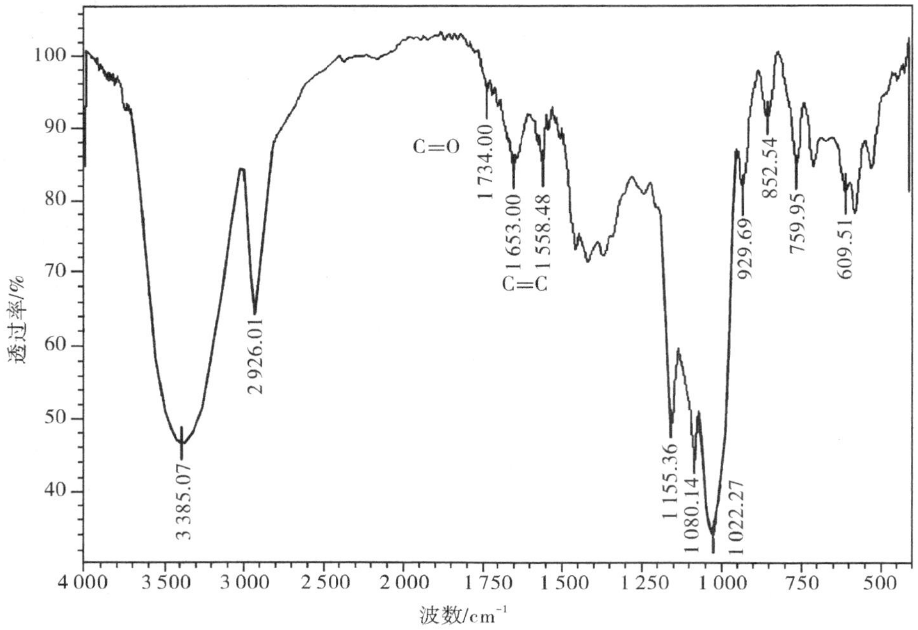

b. 酯化麦芽糊精

图 2.31　麦芽糊精和酯化麦芽糊精的红外光谱

2.5.3 红外光谱技术在食品中的应用

由于红外光谱的分析几乎不涉及样品的预处理过程、制样方便迅速，对样品无破坏性，不污染环境，因此红外光谱技术在食品加工、分析过程中发挥巨大的潜力，新的定性、定量分析方法以及真伪判别（分级）方法的发展，为实现食品加工与生物加工过程中的无损检测和在线控制提供了可能。

红外光谱在多糖结构分析中的应用，有不同糖的结构鉴定、取代基的识别等。分子间和分子内氢键使多糖的羟基在 3 500 ~ 3 200cm^{-1}之间出现一宽峰。若部分羟基被取代，则羟基峰相对应地减弱，完全酰化或醚化后，羟基峰消失。磷酸基在 1 300 ~ 1 350cm^{-1}处有 P＝O 伸缩振动，磺酸基在 1 240cm^{-1}处有 S＝O 伸缩振动、850 ~ 820cm^{-1}处有 C—O—S 伸缩振动等。酯在 1 740cm^{-1}处，羧酸离子在 1 600cm^{-1}、1 414cm^{-1}处，酰胺在 1 650cm^{-1}、1 550cm^{-1}附近出现振动吸收。图 2.31 为麦芽糊精和酯化麦芽糊精的红外光谱图，在 1 734cm^{-1}处出现了 C＝O 伸缩振动的吸收峰，表明在麦芽糊精中引入了酯键。

FT－IR 也可以应用于蛋白质二级结构的研究。一般蛋白质在 1 700 ~ 1 500cm^{-1}处存在吸收峰，其中在 1 700 ~ 1 600cm^{-1}的酰胺 I 带和 1 350 ~ 1 250cm^{-1}处的酰胺 III 带可用于研究蛋白质的二级结构并探讨其内部氢键结合的情况。应用二阶导数谱结合去卷积和曲线拟合等处理方法，可以定量地计算出蛋白质的二级结构。

2.6 粒度分析

颗粒是具有一定尺寸和形状的微小物体，是组成粉体的基本单元。它宏观很小，但微观却包含大量的分子和原子。通常用粒度表示颗粒的大小，粒径表示颗粒的直径，一般以微米为单位。

颗粒作为物质存在的一种表现形式，广泛应用于食品、医药、化工、电子、机械、建筑及环保等行业。颗粒材料的许多重要特性是由颗粒的平均粒径及粒度分布参数决定的，例如颗粒粒度对食品的口感，对质构的影响等。因此，随着科学技术的发展，颗粒粒度分析技术受到人们的普遍重视，已经逐渐成为现代分析技术中的一个重要分支。

2.6.1 粒度分析方法

颗粒是在一定尺寸范围内具有特定形状的几何体。不同的粒度分析方法给出的平均粒径会有所不同，一般来说平均粒径的计算方法有以下几种，如表 2.6 所示。

表 2.6 平均粒径的计算方法

长度平均径	$D[1,0]=\frac{\Sigma d}{n}$
数量—表面积平均径	$D[2,0]=\sqrt{\frac{\Sigma d^2}{n}}$

续表

长度平均径	$D[1,0]=\frac{\Sigma d}{n}$
数量—体积（或数量—质量）平均径	$D[3,0]=\sqrt[3]{\frac{\Sigma d^3}{n}}$
表面积动量平均径	$D[3,2]=\frac{\Sigma d^3}{\Sigma d^2}$
体积或质量动量平均径	$D[4,3]=\frac{\Sigma d^4}{\Sigma d^3}$

由于实际颗粒的形状通常并非为球形，因而常常采用等效径的概念，即当一个颗粒的某一物理特性与同质球形颗粒相同或接近时，采用该球形颗粒的直径来代表这个实际颗粒的直径。

粒度测试的基本方法有筛分法、显微镜（图像）法、重力沉降法、离心沉降法、库尔特（电阻）法、激光衍射/散射法、电镜法、超声波法、透气法等。其优缺点如下：

1. 筛分法

筛分法的优点：简单、直观、设备造价低，常用于大于40μm的样品。缺点：不能用于40μm以下细的样品，不能测定喷雾或乳剂等液体样品。

2. 显微镜法

显微镜法所测的粒径为等效投影面积径，计算出的为长度平均径。优点：简单、直观、可进行形貌分析，可以准确得到球形度、长径比等特殊数据。缺点：代表性差，速度慢，无法测超细颗粒，不宜分析粒度范围宽的样品，只检查相对较少的颗粒。这种方法只能作为质量或生产控制的简单判断方法。

3. 沉降法（包括重力沉降和离心沉降）

沉降法是根据不同粒径的颗粒在液体中的沉降速度不同测量粒度分布的一种方法。它的基本过程是把样品放到某种液体中制成一定浓度的悬浮液，悬浮液中的颗粒在重力或离心力作用下将发生沉降。大颗粒的沉降速度较快，小颗粒的沉降速度较慢，沉降速度与粒径的关系由Stokes定律来描述：

$$V=\frac{(\rho_s-\rho_f)}{18\eta}D^2$$

式中，V为速度，ρ_s为颗粒密度，ρ_f为流体密度，η为流体黏度，D为直径。

所测的粒径为等效沉速粒径，优点：操作简便，仪器可以连续运行，价格低，准确性和重复性较好，测试范围较大。缺点：测试时间较长，不能处理不同密度的样品。结果受环境因素和人为因素影响较大。不能用于不沉淀的乳剂或者密度很高快、速沉淀的材料。

4. 库尔特（电阻）法

库尔特法所测的粒径为等效电阻径。其测定原理是电阻增量正比于颗粒体积，再将体积换算成圆球直径。需要对照标准来校准仪器。优点：操作简便，可测颗粒总数，统计出粒度分布，等效概念明确，速度快，准确性好。缺点：测试范围较小，小孔容易被颗粒堵塞，介质应具备严格的导电特性。

5. 激光衍射/散射法

这种方法应该更准确地称为小角激光光散射，依赖于最大光强衍射角与粒度成反比的事实。优点：测试范围宽（最好的激光粒度仪的测量范围是0.04～2 000 μm，一般的也能达到0.1～300 μm），测试速度快（1～3 min/次），自动化程度高，操作简便，重复性和真实性好，可进行在线测量和干法测量。可以测量混合粉、乳浊液和雾滴等。缺点：不宜测量粒度分布很窄的样品，分辨率相对较低。结果受分布模型影响较大，仪器造价较高。不需要对照标准来校准仪器，实际上没有真正的方法可以校准激光衍射仪器。

6. 电镜法

电镜法的优点：适合测试超细颗粒甚至纳米颗粒、分辨率高。缺点：样品少、代表性差、仪器价格昂贵。

7. 超声波法

超声波法的优点：可对高浓度浆料直接测量。缺点：分辨率较低。

8. 透气法

透气法的优点：仪器价格低，不用对样品进行分散，可测磁性材料粉体。缺点：只能得到平均粒度值，不能测粒度分布。

不同原理的测定方法将会测量一个颗粒的不同特性，如相同最小长度的球体、相同最大长度的球体、有相同沉降速度的球体、通过相同筛孔的球体、相同表面积的球体、相同体积的球体或者相同重量的球体，因而与另一种测量尺寸的方法得出的结果不同。对于一个单个颗粒可能存在不同的等效结果。其实每一种结果都是正确的，差别仅在于它们分别表示该颗粒其中的某一特性。

2.6.2　激光粒度分析仪在食品中的应用

（1）激光粒度分析仪原理：激光粒度分析仪是利用颗粒对光的散射作用来测量颗粒大小的。即光在行进过程中遇到颗粒时，会有一部分偏离原来的传播方向，颗粒尺寸越小，偏离量越大，颗粒尺寸越大，偏离量越小（图2.32）。

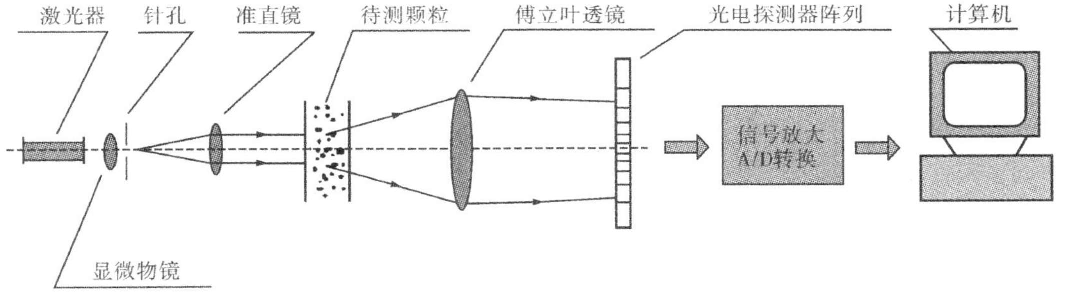

图2.32　激光粒度分析仪原理

（2）测量值不同：现有的所有粒度测量手段给出的粒径都是等效粒径。由于不同原理的粒度测量仪器采取不同的“物理特性”量度颗粒大小，或者说同“等效”所参照的物理参数或物理行为有关。因此就造成了对同一颗粒测量结果的不同。只有当被测颗粒是严格的圆球形时，测量结果才可能相同。由于大多数颗粒都是非球形的，所以说粒度测量结果不同是普遍的，相同只是特例。即使是采用同一原理的仪器，由于仪器结构、数学模型和测试条件不同，也会造成测试结果不同。

（3）测量指标有重复性和准确度：重复性是指同一个样品多次测量结果之间的偏差。准确度（accuracy）：是指测量值相对于真（实）值的偏差大小；精确度（precision）：又称重复性（repeatability），是指某次测量值相对于以往测量值的偏差，或某一次单独测量相对于多次测量平均值的偏差。重复性（精确度）是粒度仪首要指标。

石磊等研究人员通过用 Mastersizer 2000 型激光粒度仪测量颗粒度对玉米粉理化性质的研究表明，颗粒度显著影响玉米粉的理化性质，并对玉米粉糊化特性产生影响，对蛋白质一级结构无影响。但粉碎是否对蛋白质的变性及空间结构产生影响还有待进一步研究。粉碎对玉米粉及玉米淀粉产生的影响通过淀粉的变化在玉米面团及产品生产加工过程中体现出来，同时处理过的原料也有利于后期的发酵生产。微细化处理对玉米面团和产品性质的影响，及其与通过添加谷朊粉、小麦粉或胶类来改善玉米面团特性等方法的比较等问题还有待进一步研究。

2.7 质构分析

2.7.1 质构仪的基本原理

食品质构也称为食品质地，是食品的一个重要属性。食品质构的属性取决于食品的组分及其之间的相互作用，但是宏观上却以物理特征为主。食品质构是与食品组织结构及状态有关的物理性质，如硬度、酥脆性、胶黏性、咀嚼性、黏附性、弹性等，在某种程度上可以反映出食品的感官质量。

质构分析的原理是模拟人的触觉，分析检测触觉感知中的物理特性，使用统一的测试方式，对样品的物性概念做出准确描述。

2.7.2 质构仪的测量方法

质构仪（texture analyser），如图 2.33 所示，又称物性测试仪，可对样品的物性概念做出数据化的表述，仪器设计有多种探头可供选择，是业内公认的物性标准检测仪器。随着近年来食品加工行业的不断发展，已经开发出可用于谷物籽粒、面制品、米制品、糖果、肉制品、凝胶、休闲食品、果蔬等产品的测试研究的多种探头，和拉伸、黏度、压缩、剪切、穿刺、断裂弯曲、挤出等多种测试模式，可分析食品的嫩度、硬度、脆性、黏性、弹性、咀嚼性、拉伸强度、抗压强度、穿透强度、内聚性、黏附性、松弛性、果蔬新鲜度、食物加工法、恢复度、破坏强度、张力、断裂强度、破裂点、剥离强度等。也可用于检测包装材料的硬度、弯曲强度、弹性、抗拉伸强度、穿透强度等多种参数。

在质构仪的多种测试模式中，TPA（texture profile analysis）是应用最广的一种测试模式，研究者可根据测试样品的不同，准备合适的样品，设计最佳测试条件，得到所需结果。

1. TPA 模式的原理和参数

TPA 质构测试又被称为两次咀嚼测试（two bite test，TBT），主要是模拟人口腔的咀嚼

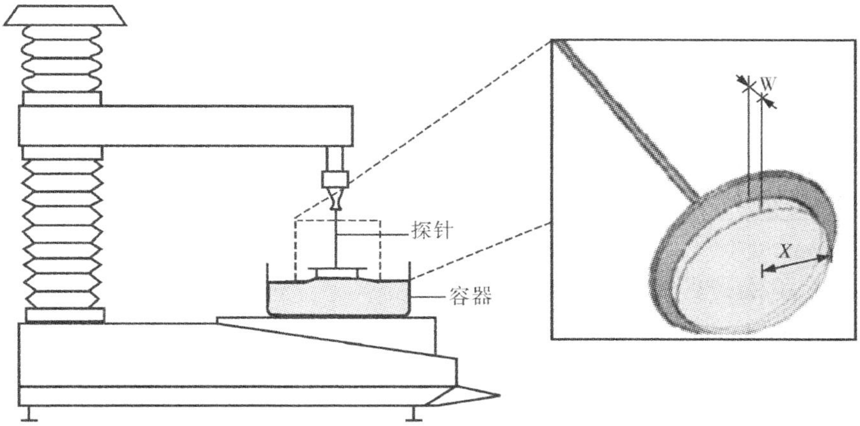

图 2.33 质构仪的基本结构

运动，对固体、半固体样品进行两次压缩，测试与计算机连接，通过界面输出质构测试曲线（图 2.34），从中可以分析质构特性参数，可根据样品的种类和研究者的目的重点分析其中的几个指标，所获得的指标及其分析方法见表 2.7。

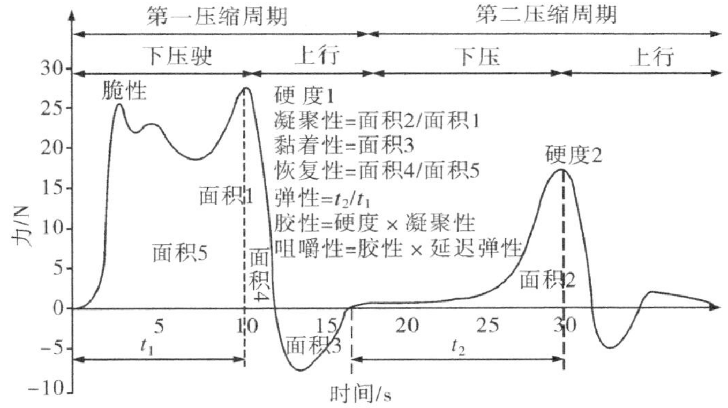

图 2.34 TPA 分析特征曲线

表 2.7 TPA 参数及其定义

参数	定义
脆性	第一次压缩过程中若发生破裂现象，曲线中出现一个明显的峰，此峰值就定义为脆性
硬度	第一次压缩时的最大峰值，多数样品的硬度值出现在最大变形处
黏性	第一次压缩曲线达到零点到第二次压缩曲线开始之前的曲线负面积
弹性	变形样品在去除压力后恢复到变形前的高度比率，用第二次压缩与第一次压缩的高度比值表示，即 t_2/t_1
凝聚性	表示测试样品经过第一次压缩变形后所表现出来的对第二次压缩的相对抵抗能力，在曲线上表现为两次压缩所做正功之比（面积 2/面积 1）
黏着性	只用于描述半固态测试样品的黏性特性，数值上用硬度和黏聚性的乘积表示，即硬度×凝聚性

续表

参数	定义
咀嚼性	把固体食品咀嚼成能够吞咽的状态所需要的能量，和硬度、凝聚性、弹性有关
恢复性	表示样品在第一次压缩过程中回弹的能力，是第一次压缩循环过程中返回样品所释放的弹性与压缩时探头的耗能之比，在曲线上用面积4和面积5的比值来表示，即面积4/面积5

2.7.3 质构仪的应用

TPA测试模式在面粉制品、肉制品、凝胶、水果以及乳制品（干酪、酸奶等）的研究中应用广泛，可根据需要选择不同型号的探头，设置合适的测试条件。测试条件主要包括：测试前探头下降速率、测试速率、测试后探头上升速率，探头压缩样品的距离（单位：mm）或压缩程度（单位:%），压缩距离和压缩程度只需设一项，两次压缩停留间隔时间（单位：s），触发力（单位：g），数据采集速率（单位：s^{-1}）等。本节针对TPA在面粉制品中的应用予以介绍。

1. 面条类产品

煮熟的面条或者鲜面条TPA测试常用的探头为轻型刀片A/LKB，一般将面条单根或数根并排置于质构仪的测试平台上，测前速率、测试速率和测后速率均可设为：0.8 mm/s，如面条厚度均匀一致可直接设压缩距离，比如厚度为1 mm的面条可设为0.7 mm，也可设压缩程度为70%，两次压缩停留间隔为10 s，数据采集速率为400 s^{-1}，触发力为5 g。主要研究指标为硬度、凝聚性、弹性、恢复性，其次是咀嚼性、黏着性，面条的蒸煮时间、煮后面条的放置时间对各参数的影响很大，尽量要保持样品的一致性，才能得出可靠的结论。

2. 面包馒头类

参照标准方法制成的面包、馒头样品用切片机切成25 mm或者20 mm的片状或其他规格样品，采用一定直径的平底圆柱形探头，常用P100、P50、P36、P35、P25系列探头。测试速率根据探头型号确定，主要研究指标为硬度、凝聚性、弹性、回复性，其次是咀嚼性、黏着性。

（1）面包：样品20 mm厚，P50探头，将面包每侧切去1 cm厚的边，然后取10 mm×23 mm大小的样品放在平台上进行实验。参数如下：测试前速率1.0 mm/s，测试后速率0.5 mm/s，测试速率0.5 mm/s，压缩程度90%，触发力100 g，两次压缩间隔时间1 s，数据采集速率为200 s^{-1}。

（2）馒头：切取2个25 mm×25 mm×25 mm的正方体，将其放在测试平台上用探头进行压缩实验，测试前速率2.0 mm/s，测试和测试后速率1.0 mm/s，压缩程度60%，两次压缩间隔时间10 s。也可用切片机将馒头沿竖直方向切成厚度为25 mm的均匀薄片，取中心2片，用P25探头，测试前速率1.0 mm/s，测试速率0.8 mm/s，测试后速率0.8 mm/s，压缩距离6.0 mm，两次压缩间隔时间3 s。

3. 饼干和糕点

常用圆柱形探头，如饼干，采用P50探头，测试前速率1.0 mm/s，测试速率0.5 mm/s，测试后速率0.5 mm/s，压缩程度90%，数据采集速率为200 s^{-1}；蛋糕，采用P25探头，测试前速率 5.0 mm/s，测试速率 2.0 mm/s，下压距离是 2 mm，两次压缩间隔为 2 s。

2.8 食品感官评价

感官质量是食品质量标准体系中的第一指标，在感官指标直接对食品的感官性状做出判断时，还能提出相应的理化和微生物检验项目，以证实感官鉴别的准确性。感官评价，也称感官评定（sensory evaluation)，也称感官分析（sensory analysis)，是一门技术，也是用感觉器官评价产品感官特性的科学，涉及心理学、统计学、物理学、化学、生理学等多方面的知识。被各类专业组织中感官评价委员会接受和认可的感官评价，是通过视觉、嗅觉、味觉、触觉和听觉等感受唤起、测量、分析和解释食品及其材料的特性所引起的反应的一种科学方法。

2.8.1 食品感官评价的方法及要求

食品感官评价方法通常根据其主要目的和用途进行分类，以确保评价方法适用于回答在评价食品中所提出的问题。一般采用三种典型的感官评价方法，每一种方法有不同的目标，选择参与者时采用不同的标准。回答食品是否在任何方面均不同的区别类评价方法，以及回答食品在一定的感官特性方面如何不同的描述类评价方法，属于分析型感官评价，即把评价的内容按感觉分类，并逐项评分的感官评价方法。回答对食品的喜爱程度或更喜爱何种食品的情感类或偏好类评价方法，属于嗜好型感官评价，即对感觉的内容不加严格明确要求，只是由参加品尝人员的随机感觉决定。这种评价的结果通常是因人因时因地而不同。

1. 区别检验法

区别检验法或简单的差别检验法的分析是基于频率和比率的统计学原理，根据能够正确挑选出检验产品差异的评价员的比率来推算出两种产品是否存在差异。区别检验法在实际应用中非常实用，目前已被广泛采用。此类评价方法典型的有成对比较检验法、二－三点检验法和三点检验法。

（1）成对比较检验法：成对比较检验法是最为简单的一种感官评价方法。以随机顺序同时出示两个样品给评价员，要求评价员对这两个样品进行比较，在两种产品中，选择一种在某特定品质上表现出更强烈、更突出的产品的评价方法，称为成对比较检验法或者两点检验法。其可用于确定两种样品之间是否存在某种差异，差异方向如何；或者用于偏爱两种样品中的哪一种。本方法比较简便，但效果较差（猜对率为 50%）。

（2）二－三点检验法：二－三点检验法是先提供给评价员一个参照样品，让评价员对其特征充分地了解后，再提供两个样品，其中一个与参照样品相同或者相似。要求评价员从另外两个样品中挑选出与参照样品相同的样品。二－三点检验法的目的是区别两个同类样品是否存在感官差异，但差异的方向不能被检验指明。即感官评价员只能知道样品可察觉到差别，而不知道样品在何种性质上存在差别。二－三点检验法尤其适用于评价员很熟悉的参照样品，如成品检验过程。由于精度较差（猜对率为 50%），一般用于风味较强、刺激较烈、余味较持久的产品检验，以降低检验次数，避免感觉疲劳。但外观有明显差别的样品不适宜此法。

（3）三点检验法：三点检验法是区别检验当中最常用的一种方法。检验中将三个样品同时呈送给评价员，其中两个是相同的，另外一个样品与其他两个样品不同，要求评价员挑选出其中不同于其他两个样品的检验方法称为三点检验法，也称三角实验法。三点检验法可使感官专业人员确定两个样品间是否有可察觉的差别，但不能表明差别的方向。当感官评价的目的是研究两种样品之间是否存在差别时，可以用三点检验法。

2. 描述性分析评价法

描述性分析评价法是评价员对产品的所有品质特性进行定性、定量的分析与描述的一种评价方法。描述性分析评价法是感官科学家的常用工具，采用的是与区别检验等完全不同的感官评价原则和方法。这种技术可以被准确地显示在感官范围内，反映产品间的差别。描述性分析评价法评价食品的所有感官特性，通常分为简单描述检验法（定性）、风味剖面法、质地剖面法和定量描述检验法四类。

（1）简单描述法：简单描述法是用特定的语言尽可能确切地把感知到的食品感官质量特性的各个指标定性地表达出来。评价员一般需要对产品特性非常熟悉或受过专门训练，或在指标检查表的指导下进行评价。简单描述法可用于识别或描述某一特殊样品或许多样品的特殊指标，可用于质量控制、食品原料变化的结果描述，或已经确定的区别检验，也可用于培训评价员。

（2）风味剖面法：风味剖面法是最早的定性描述分析检验方法。风味剖面法是一种一致性技术，用于描述食品的词汇和对产品本身的评价，可以通过评价小组成员达成一致意见后获得。这个剖面描述了所有的风味和风味特征，并评估了这些特征的强度和整体的综合印象。风味剖面法可用于识别或描述某一特定食品或多个食品的特性指标，或将感受到的特性指标建立一个序列，常用于质量控制、产品在储存期间的变化或描述已经确定的差异检测，也可用于培训评价员。

（3）质地剖面法：质地剖面法是通过系统分类、描述产品所有的质地特性（机械的、几何的和表面的）以建立产品的质地剖面。此方法可在再现过程中评价样品的各种不同特性，并且用适宜的标度刻画特性强度。此方法可以单独或全面评价气味、风味、外貌和质地。适用于食品（固体、半固体、液体）或非食品类产品（如化妆品），并且特别适用于固体食品。

（4）定量描述分析：定量描述分析是由 10 ~ 12 名经过筛选和培训的评价员组成评价小组，对产品能被感知到的所有感官特征、特征强度、出现顺序、余味和滞留度以及综合印象等使用非线性结构的标度进行描述，结果通常通过统计分析得出结论，并形成蜘蛛网图表。定量描述分析法是在风味剖面法、质地剖面法基础上发展起来的一种独立的描述分析方法，数据不是通过一致性讨论而产生，即组织者一般不参加评估，评估小组意见也不需要一致。此方法可在简单描述分析所确定的词汇中选择适当的词汇，定量描述样品的整个感官印象，可单独或结合地用于评价气味、风味、外观和质地。定量描述分析技术已经广泛地应用于食品感官评价，尤其对质量控制、质量分析、确定产品之间差异的性质、新产品研制、产品品质的改良等最为有效，并且可以提供与仪器检验数据对比的感官数据，提供产品特征的持久记录。

3. 情感检验法

食品感官评价中情感检验主要用于比较不同的样品间感官质量的差异以及消费者对样品的喜好程度的差异。其主要目的是评价当前消费者或潜在消费者对一种产品或一种产品的某个特征的感受，包括偏爱检验和接受性或喜好检验。偏爱检验要求评价员在多个样品中挑选出喜好的样品或对样品进行评分，比较样品质量的优劣，主要有成对偏爱检验法、偏爱排序检验法、分类检验法；接受性检验要求评价员在一个特定的标度上评估他们对产品的喜爱程度，并不一定要与另外的产品进行比较，主要有快感评分检验法和接受性检验法等。

（1）成对偏爱检验：评价员比较两个样品，品尝后指出更喜欢哪个样品的方法就是成对偏爱检验。通常在进行成对偏爱检验时要求评价员给予明确肯定的回答。但有时为了获得某些信息，也可使用无偏爱的回答选项。在进行成对偏爱检验时，只要求评价员回答一个问题，就是记录样品整体的感官反应，不单独评价产品的单个感官质量特性。

（2）偏爱排序检验：偏爱排序检验法是指在感官检验中要求评价员根据指定的感官特性按强度或按照偏爱或喜欢样品的程度对样品进行排序的一种检验方法。排序检验法只能排出样品的顺序，不能评价样品间差异的大小，而且只能按一种特性或对样品的偏爱程度进行排序。如要比较样品的不同特性，则需要按不同的特性安排不同的排序检验。

（3）分类检验法：分类检验法是指在确定产品类别标准的情况下，要求评价员在品尝样品后，将样品划分为相应的类比的检验方法。在评定样品的质量时，有时对样品进行评分会比较困难，这时可选择分类检验法评价出样品的差异，得出样品的级别、好坏，也可鉴定出样品是否存在缺陷。

（4）快感评分检验：快感评分检验法是要求评价员将样品的品质特性以特定标度的形式进行评价的一种方法。采用的标度形式可以是9点快感标度、7点快感标度或5点快感标度。标度的类型可根据评价员的类型灵活运用，有经验的评价员可采用较复杂或评价指标较细的标度，如9点快感标度；如果评价员是没有经验的普通消费者，尽量选择区分度大一些的评价标度，如5点快感标度。标度可以采用线性标度，然后将线性标度转换为评分。

快感评分检验法可同时评价一个或多个产品的一个或多个感官质量指标（如食品的甜度、酸度、风味等）的强度及其差异，也可评价产品整体的质量指标（产品的综合评价、产品的可接受性等）。

（5）接受性检验：接受性检验是感官检验中一种很重要的方法，主要用于检验消费者对产品的接受程度，既可检验新产品的市场反应，也可比较消费者对不同公司产品的接受程度。接受性检验根据试验进行的场所不同分为实验室场所、集中场所和家庭情景的接受性检验共3种主要类型。在某种程度上实验室场所和相对集中场所比较相近，评价员都集中在一起进行感官评价，而家庭情景的检验差别就比较大，每个家庭的情况不同，检验的时间也不一样，因此得到的结果会有所差异。不同类型的接受性检验之间的检验程序、控制的程序和检验的环境是不一样的。在进行食品的接受性检验时，评价员通常采用9点快感标度对产品的喜好程度进行评价。对于儿童评价员则可以用儿童快感标度。

4. 食品感官评价的要求

食品感官评价的客观条件包括外部环境条件和样品的制备，而主观条件则主要指参与感官评价实验人员的基本条件和素质。因此，对于食品感官评价实验，外部环境条件、样品的制备和参与实验的评价人员是实验得以顺利进行并获得理想结果的3个必备要素。

（1）感官评价环境的要求：感官评价通常在感官评价实验室中进行，感官评价实验室是进行样品制备、感官评价、结果分析与讨论等重要活动的场所，因此感官评价室内的环境与设施满足相应的要求才能得到真实可靠的评价结果。

感官评价实验室一般要求舒适、宁静，避免各种可能引起评价员身体和心理变化的干扰因素，以防评价员精力分散、误判和感官疲劳等。感官评价实验室应建立在环境清净、交通便利、远离噪声和空气污染的地区。

感官评价实验室的检验区最好能达到恒温、恒湿，室温保持在20～25 ℃，相对湿度保持在50%～60%较为适宜。

检验区的环境必须是无味的。由于食品本身往往带有挥发性气味，加上实验人员的活动，检验区内易产生和存在异味。因此，检验区应设置换气设备和空气过滤设备，最好能在检验区内形成一个微小的正压，防止外界气味扩散进入检验区。检验区内每分钟的换气量最好为室内容积的2倍，空气流速应小于0.3 m/s，换气速度以30 s左右置换一次室内空气为宜。空气过滤设备中一般选用活性炭吸附气味，2～3个月更换一次。检验区的建筑材料、内部设施和清洁器具均应无臭，易于清洁，不吸附、不散发气味。尽量减少使用织物，因其易吸附气味且难以清洗。

噪声会影响人的听力，使人体血压升高、呼吸困难、唾液分泌减退，产生不快、焦躁感、注意力下降、工作效率降低等。在检验期间感官评价实验室的噪声应控制在40 dB以下，推荐采用隔离声源、吸音处理、遮音处理、防振处理等方法减小噪声。

检验区内的色彩要有助于提高室内明视效果，适应人的视觉特点，明朗开阔，有助于消除疲劳，避免使人产生郁闷情绪。检验区的墙壁、地板和内部设施的颜色应为柔和的中性色，不能影响对被检样品颜色的评价，一般使用乳白色或中性浅灰色，地板和椅子可适当使用暗色。

检验区的照明要有足够的亮度，并且是可调控的、无影的和均匀的。一般使用混合照明，主要使用荧光灯。检验台面上的照度应有300～500 lx，分析样品外观或色泽的实验需要的照度为1 000 lx。利用自然光采光时，采用窗帘和百叶窗来调节光线。消费者检验时照明条件应与消费者家中的相似。

（2）样品制备的要求：在样品制备中要达到均一性的目的，可精心选择适当的制备方式以减少出现特性的差异，还可选择一定的方法来掩盖样品间的某些明显差别。均一性是指同组中每份样品除待评特性外的其他特性应完全相同，包括每份样品的量、颜色、外观、形态、温度等。

实验中根据样品品质、实验目的，提供恰当的样品个数和样品分量给评价员。大多数食品感官评价实验中，每组实验的样品数在4～8个，每评价一组样品后，应间歇一段时间再评。通常对于差别实验，每个样品的分量控制在液体和半固体30 mL左右，固体30～40 g为宜；嗜好型实验的样品分量可相应地比差别实验多1倍；描述性实验的样品分量可依实际情况而定，但应提供足够评定的分量。

温度的变化易造成气味物质的挥发性、食品的质构以及其他一些物理特性（比如松脆性、黏稠性）的变化而影响检验结果，因此实验中，应事先制备好样品保存在恒温箱内，然后统一呈送，保证样品温度恒定和一致。样品温度的控制以最容易感受所检验特性为原则，通常是将样品温度保持在该产品日常食用的温度范围。

呈送样品的器皿以素色、无气味、清洗方便的玻璃或陶瓷器皿比较适宜。同一实验批次的器皿，外形、颜色和大小应一致。实验器皿和用具的清洗应选择无味清洗剂清洗。器皿和用具的储藏柜应无味，避免相互污染。

（3）感官评定评价员的要求：嗜好型感官评价的判断属于个人的主观评价，因为不需要专门的训练，也不要求他们具有食品感官分析的经验和专门知识。而进行分析型感官评价的评价员，是以感官评价为目的选定的具有特定资格的人员。

时间充裕及稳定是感官评价员的第一要求。为了保证进度，评价员需要定期参加培训及测试，并且建立评价小组之后，可长期稳定地参与感官测试。

感官评价员能够成为长期的职业，关键在于成员对此项工作的喜欢程度，对评价员的动机、积极性和消费背景都有一定的要求。

由于人的感官机能会随着年龄的增长而退化，青年人在感觉敏锐方面高于老年人，评价员的年龄一般不超过65岁，越年轻越好。但低于28岁甚至25岁的候选人要仔细确认时间与动机。

评价员要排除包括心脏病、高血压、糖尿病、皮肤病等各种可能因参加产品测试工作而加重病情的慢性疾病，以及影响集体工作的传染病等。同时还要避免其过敏源可能出现在被测试产品中。

进行描述性检验时，评价员的表达和描述能力显得特别重要，因此对这类评价员的语言表达能力有较高的要求。

2.8.2 食品感官评价的方案设计

1. 明确所要解决的问题和需要达到的目标

这是感官评价的起点，组织者必须明确本次评价所应解决的问题和应该达到的目标，否则管理层会认为本次评价是没有意义的。感官评价主要应用于三个领域：产品的质量控制、新产品的研发、市场和消费者研究，每个领域都有各自不同的目标和目的。

2. 感官评价的程序设计

一旦感官评价的目标和目的确定，则要制定详细的感官评价程序规划，比如从计划、组织、执行到建议的一系列程序。

3. 参与的专业人员

参与的专业人员主要是明确本次评价的组织者，还有感官分析相关工作人员的配备。

4. 检验设施的确定

检验设施包括检查感官分析室以及内部设施和用具是否齐备。

5. 选择适当的评价方法

根据不同的检验目的、样品等选择适当的评价方法。

6. 设计适当的评价申请报告、评价结果报告以及检验操作手册

感官评价部门应配备一份较为规范的感官评价操作手册，内容包括感官评价的一般流程、如何申请检验和汇报结果、部门内每位人员的职责、评价记录卡的各种模板、评价员的筛选程序等，明确样品的准备规程以及不同的评价类别。该手册是一份重要的技术文件，经过起草、修订、完成的过程，并且在实践工作中还要不断完善。以及相对标准化的

评价申请报告和评价结果报告，并且清楚、简洁、方便阅读。

7. 评价员的储备、筛选与监控

选择合适的评价员，并对评价员在评价过程中表现进行监控，如果发现有明显不合适的评价员，应及时替换。

8. 结果的数据处理与统计分析

采用感官评价方法和相应的统计分析方法进行数据分析。

9. 结果的使用与总结分析

检验结束后，应对结果进行汇总和分析，组织者可依次对产品策略做出建议，并以报告的形式送交相关的职能部门。这些工作结束后还应对本次评价所取得的成绩以及存在的缺陷进行总结，为以后进行同类评价提出建设性意见。

2.8.3 食品感官评价的结果分析

1. 感官评价结果的表达

感官评价结果有绝对判断结果、顺序判断结果和比较判断结果三种表达方法。绝对判断时把每个被检产品与标准或标样对照，做出合格或不合格判断，或为产品定等级，但不对被检产品之间从好到坏或从坏到好地排出顺序或名次。比较判断时将被检产品两两相比较，做出评价。

感官评价结果的表达分为定性与定量两种方式。定性评价是对被检产品的质量做出评价，但不论如何描述都不可能对感官质量做出十分确切的表达，只能给人一个模糊的概念。通常采用5个等级描述，例如质构可以表示为很不喜欢、不喜欢、一般、喜欢、很喜欢。

定量评价则是对质量优劣程度用数据做出表达，使人们对产品质量的优劣程度得到一个清晰的“量”的了解，定量表达方式有“0，1”表达、定等和评分三种。

（1）“0，1”表达将产品与标准样品作对照，只要被检产品偏离样品的要求即判为不合格以“0”表示；合格的以“1”表示。

（2）定等将检查结果和质量标准对照，按产品实际质量达到、接近或离开标准的程度，被检产品接近或符合哪一个标样就判断其具有哪一个标样的质量，以1，2，3……表示。

（3）评分通常将产品质量超过或全部达到标准而无缺陷者定为100分，完全丧失使用价值的为0分，产品质量介于0与100分之间的，按符合或远离标准的程度给予一定的分数，基本符合标准的评分为60分。

2. 感官评价结果的分析

在食品感官评价中存在着不可避免的误差，比如同一个评价员对同一对象的重复观察与第一次不一样，不同评价员对同一样品也会给出不同的分数。因此感官检验中产生误差的根源是测量工具——人（评价员）的不同造成的。第一，人的生理构造不同，不同的人对感官刺激会有不同的敏感度和反应值；第二，是环境因素的影响，同一个评价员在不同的心情和环境下的感官功能也有差别；第三，评价员在使用标度的方式和语言表达上有所差别。以人作为测量仪器与用仪器进行测量的物理或化学方法相比，增加了波动性，因此为了得到科学的感官评价结果，统计学在感官研究中显得非常必要。

统计学对感官数据的分析有三条重要途径，第一是描述功能，是对结果的简单描述，如用平均值和标准偏差来对数据进行概括；第二是推论功能，为试验提供依据，比如不同的组分和工艺条件会引起产品感官性质的变化，这些变化不是偶然的，通过统计学的分析，可以为生产提供进一步的依据；第三是衡量功能，统计学可以衡量试验变量（独立变量）和所得数据（非独立变量）之间的相关程度。最终在感官评价报告中，针对感官评价主要应用的三个领域的目的要求对结果进行说明，质量控制中只有符合要求和不符合要求两种结果，三角测试则是有特异性差异和没有特异性差异两种结果，描述分析则可以将产品分类，以作图的方式提供直观的结果。评价结果以图表或数字的形式报告，给出使用的统计方法及显著性水平的标准，在所得数据的基础上，得出相应的结论。对结果的讨论按照试验顺序进行，指出试验的理论及实际意义。

2.8.4 食品感官评价在新食品研究开发中的应用

感官评价作为一门应用技术已被广大食品企业接受和认可，并逐渐得到应用和发展。根据感官评价所解决的问题和达到的目标，感官评价主要应用于三个领域：产品的质量控制、新产品的研发、市场和消费者研究。

产品研发在每个食品企业中都占有十分重要的地位。只有持续的创新，企业才能在竞争日益激烈、变化异常迅速的市场中站稳脚跟，并不断走向成功。新食品可以是概念上的全新，也可以是在市场上现有产品的基础上口味的创新，或者是生产配方的改变，甚至也可以仅仅是包装上的创新。新产品的开发一般需要经过如下阶段：①产品设想；②研制；③鉴评；④消费者抽样检查；⑤货架期研究；⑥包装；⑦生产；⑧试销；⑨商品化。实际工作中可根据具体情况，调整不同阶段前后进行的顺序，也可以几个阶段结合进行，甚至可以省略其中部分阶段。

新产品的开发虽然给企业带来了机遇，但同时也带来了风险。据统计，新产品上市的平均成功概率在5%以下。一旦新产品上市失败，代价是极其惨重的。另外，新产品由于利润高，市场成长空间大，一直受到食品企业的重视。新产品开发的目的是开发出适销对路，能满足消费者需求和嗜好的新产品。感官评价恰是可以将产品和消费者的需求直接联系起来的一个工具，贯穿于每个研发步骤中，从早期产品设想构思一直到商品化生产和上市均可发挥重要作用（表2.8）。

表2.8 食品感官评价在新产品开发中的应用

阶段	分析型感官评价	偏好型感官评价
产品设想及确定产品概念		消费者饮食习惯爱好、市场调查分析，对市售产品的评价
产品研制与鉴评	摸索最佳配方和加工条件 确定样品货架期	样品外观，香气和口感及消费者可接受性评价
确定生产规范	制定产品质量检查方法	
加工过程质量管理	原辅料质量评价 成品质量检查	
消费者抽样检查		消费者可接受性确认

续表

阶段	分析型感官评价	偏好型感官评价
商标包装设计		商标和包装的评价 消费者可接受性确认
产品试销	本厂产品的抽查与其他厂同类产品的比较	本厂与其他厂同类产品评价 消费者可接受性确认

新产品开发中会用到所有常用的感官评价方法。在新产品的生产和筛选阶段，只有寻找到正确的研发方向，才能避免以后走弯路。一旦明确了研发方向，接下来需要的是对配方的筛选和调试。当试验样品的数量缩小到一定的范围，此时进行消费者测试，可以验证产品的各项感官性状是否与消费者的需求相吻合，以便及时调整配方和工艺。一般来说，差别检验和描述分析检验常用于研发的初期和中期，而消费者的情感检验一般在研发的后期用得更加广泛。

差别检验和描述分析检验同属于分析范畴的评价方法。差别检验的主要目的是验证产品之间是否存在能被觉察出来的感官区别。与描述分析检验相比，差别检验更简便易行且能更迅速地解答问题。但是，差别检验法只适用于当产品之间的差别非常小的情况，如果样品间的差别明显，就不必再用差别检验来验证。描述分析检验则是通过对产品本身感官特性的解析和感官性状的量化，不仅能区别产品间某些感官性状上的不同，还可以知道区别的程度大小。例如，利用描述分析检验，可以知道 A 样品的香味比样品 B 的强，而且大约是其 2 倍，这样，研发部门的人员便可以根据这个信息在原来的配方基础上进行重新调配。

与分析范畴的评价方法不同，消费者的情感检验法不再关心产品本身的感官属性和感官品质，而是期望通过目标消费群的视角去了解产品感官性状的优缺点，消费者对产品的喜好程度及理由。

我们以实例的形式进一步探讨常用的感官评价方法是如何解答新产品开发中遇到的问题的。

1. 新产品设想构思

新产品的想法可以来自不同的渠道，如从现有产品中提炼和挖掘、消费者反馈、研发部门和企业员工的创新、竞争者和同行业信息、商业展览会、学术会议等。当对要开发的新产品有了一个大致的构思后，下一步就要去定义和评估构思。在有些食品企业中，其新产品的想法并非源于对消费者需求的分析，而多是来自于企业技术或管理者个人的判断。这些想法也并未在上市前加以验证，这样就容易导致产品定位与消费者需求之间的错位。

为了避免这一情况的发生，最普遍采用的方法是焦点小组方法。这种方法原本是市场研究领域内广泛使用的一种方法，近年来，感官评价工作人员在他们的工作目录中也加入了这些技巧，以支持新产品的开发。通常是由大约 10 个消费者围坐在一起，由专业的主持人引导主题，一起就这个主题展开讨论。主题是多方面的，通常涉及的是产品的想法或其功能特性。利用焦点小组不仅能够定性地探查消费者对新产品想法的反映，而且还能有效地掌握消费者对未来新产品功能性质的需求和重要感官性状的要求。这是焦点小组方法在感官评价领域中的使用与其在纯市场研究中的区别。

例如，某食品公司打算开发一种玉米粉蛋糕。12 个家庭主妇组成了一个焦点小组，通过讨论使公司对消费者在对这种新蛋糕的颜色、气味、口感、质地、包装的材质和图案的需求和要求上有了一个初步的了解。通过让焦点小组闻 14 个分别装有带着鲜食玉米、鲜榨玉米汁、玉米糖、玉米窝窝、玉米雪糕等不同类型玉米样品的封闭软塑料瓶，从而可以调查出哪种玉米气味与玉米蛋糕价值形象更为匹配。虽然焦点小组这个方法是建立在少量消费者意见的基础之上，观点带有一定的主观性，不具有统计意义，但是可以为后面的产品设计指明方向。

2. 新产品的研制和评价

新食品的开发不仅要求营养卫生，同时要求色、香、味和口感俱佳，货架期长。因此在新产品研制开发过程中，必须同时对食品的质量变化进行感官评价，以研制出质量可靠，成本较低并受消费者喜爱的产品。在这个过程中，通常需要两个感官评价小组。一个是经过若干训练或有经验的专业评价小组，对各个开发阶段的产品进行评价（用差别检验法或定量描述检验法），比较新产品、最初实验样品间有无显著差异或比较实验样品的主要感官属性是否与目标的产品一致，以摸索最佳的产品配方和加工条件；另一个评价小组由消费者组成，对样品外观、滋味、香气和口感进行消费者可接受性评价，以帮助开发出受消费者欢迎的产品。

如某食品厂根据市场需求，想要开发一种疏松口感的牛奶夹心饼干，工作人员研制了两种不同配方的饼干，为了解这两种饼干在主要感官特性上的差异，以便帮助决定最终配方，由 16 人组成的专家品评小组对两个样品进行了定量描述检验。测试的主要感官属性包括饼干的总体奶香气、黄油香气、咀嚼后硬度、疏松度、化口性、甜味、咸味、奶味、黄油味以及风味的持续性。根据两样品在各个感官属性上的得分，最后得到统计结果如表 2.9 所示。

表 2.9 两样品在各个感官属性上的平均得分以及方差分析结果

	奶香气	黄油香气	硬度	疏松度	颗粒的细腻度	甜味	咸味	奶味	黄油味	风味持续性
样品 A	8.58	5.50	8.62	8.00	8.70	8.76	2.38	9.65	4.35	9.60
标准差	0.59	0.88	0.56	0.16	0.60	0.35	0.20	0.39	0.50	0.52
样品 B	7.57	5.12	8.40	7.52	8.68	8.77	2.37	8.80	4.12	9.48
标准差	0.80	0.43	0.62	0.35	0.30	0.50	0.45	0.40	0.35	0.40
95%置信区间	#	—	—	#	—	—	—	#	—	—

注：方差分析，95%可信度；#代表两样品间有显著差异，—代表两样品间没有显著差异。

结果分析：在 95%的置信区间内，样品 A 的奶香气显著强于样品 B，样品 A 口感明显比样品 B 疏松，样品 A 咀嚼后的奶味显著强于样品 B。在其他风味和口感属性上，两样品间没有显著差异，因此该公司决定选用样品 A 的配方作为终选配方。

根据定义的新产品构思，研发部门可以根据原料选择不同的生产工艺，开发出多个不同配方的试验样品。在这个阶段，研发部门常需要不停地筛选、调整配方，指导寻找到最佳的产品配方和确定相应的技术要点。描述分析检验便是一个比较有效的方法。比如玉米饼的开发，步骤 1，通过色盲、色弱、感官灵敏度、语言描述能力和标度使用能力等一系列测试，筛选出12名态度积极认真的评价员（评价员的性别和年龄在这里不作为筛选的参数）。步骤2，评价小组讨论并确定影响该类产品特性的重要感官指标，然后通过一系列强化训练，使评价员学会正确评价感官指标，并能够区分样品间的感官差异。步骤3，在个体成员和整体评价小组的评价训练结果的重复性和一致性都达到要求后，评价员对开发的4个不同工艺的样品就感官指标（色泽、硬度、弹韧性、口感、完整性、整体感官接受度）进行正式评价。评价采用0～10分的线性标度，分数越高，说明这个感官性状表现得越明显。结果分析：在这个例子里，因为感官指标和样品数目相对较少，所以利用简单的平面雷达图就可以将数据结果直观地表现出来（图2.35）。

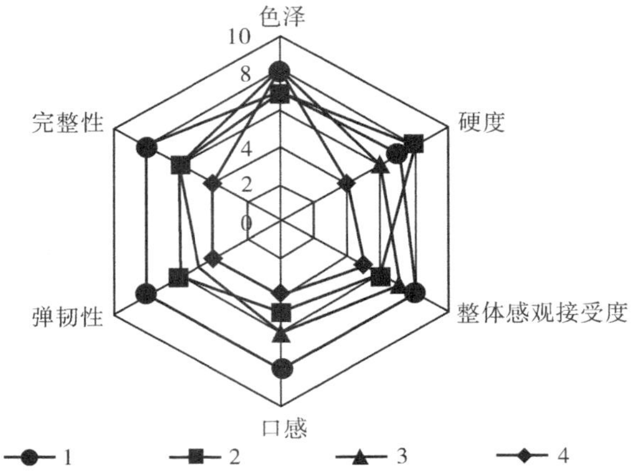

图2.35 玉米饼感官评价

由图2.35可知，整体感官接受度的最优顺序为：1号样、3号样、2号样、4号样；弹韧性的最优顺序为：1号样、2号样、3号样、4号样；硬度的最优顺序为：2号、1号、3号、4号；1号玉米饼的口感最好。

3. 消费者抽样调查

新产品的市场调查是将初步试验开发的样品送给主要用户、单位或家庭等目标消费者，经过试用后，调查人员拜访收到样品的用户或家庭并进行询问，以获得关于这种新产品的质量、价格、消费频率、可接受程度等信息，以便减少新产品投入市场后的风险。通过消费者抽样调查往往会得到改进产品的建议，增加产品在市场上成功的希望。如某食品公司开发了两款蛋糕（A和B），为确定哪一款更受消费者喜欢，公司组织了市场测试。测试主要目的：①确定消费者对两款产品是否存在不同的偏好，即更喜欢哪一个。②比较消费者对于两款产品总体喜欢程度的差异，即是否非常喜欢，还只是有一点喜欢。③了解产品在各个关键属性上，消费者的喜欢程度是否存在差异。为此，公司设计安排了300名潜在消费者（8～13岁的儿童150人，3～13岁孩子的母亲150人）品尝和问卷调查，数据显示消费者总体明显更喜欢蛋糕B，从分组来看，3～13岁孩子的母亲对于两款蛋糕的偏爱没有显著差异，而8～13岁的儿童显著更喜欢蛋糕B（图2.36）。蛋糕A由于口感太硬、口味太浓，其受喜欢程度显著低于蛋糕B。但是消费者对两款蛋糕的购买意愿没有显著差别，这从侧面说明，对于产品的喜欢程度还不能完全让消费者决定是否购买，她们可能还会考虑产品的包装和价格等因素。该食品公司最后决定推出新产品B，同时会加强产品的广告宣传、价格优惠促销等活动。

感官评价在研发中的应用不仅仅是以上提到的几个方面，还可以利用感官评价中的描述分析检验确定一个新食品的感官质量的保质期、保存或食用条件等。另外，既然产品的感官属性可以通过描述分析检验来解析，通过消费者研究又可以探求消费者对产品的喜好，如果将两个检验方法的数据通过分析软件结合起来，做出一个消费者偏爱图，便可以更直观地把握被消费者喜欢的产品应该具有何种感官特性，即确定消费者的喜好趋势或确

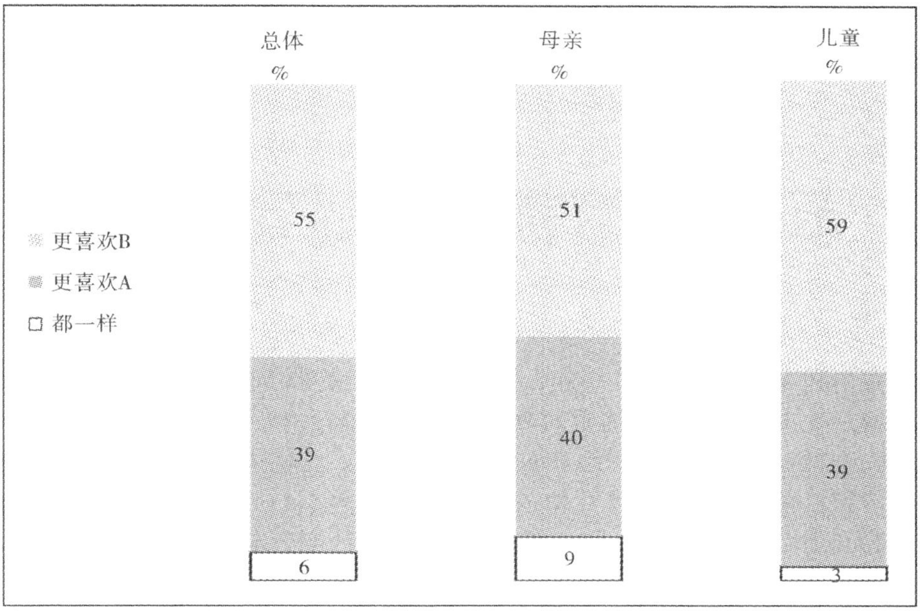

图 2.36 消费者对两款蛋糕的偏爱

定最佳产品。这样，对研发部门来说，寻找改进产品的方向就容易多了。另外，以“感官质量多维空间融合评价技术”为特色的轻松感官分析系统（图 2.37），在感官质量数字化表征、品质评价与预测模型建立、系统软件研发上具有主导优势，实现了感官评价实验设计、数据采集、结果分析、资料查询的一体自动化，使感官评价技术更适用于企业的实际需求。

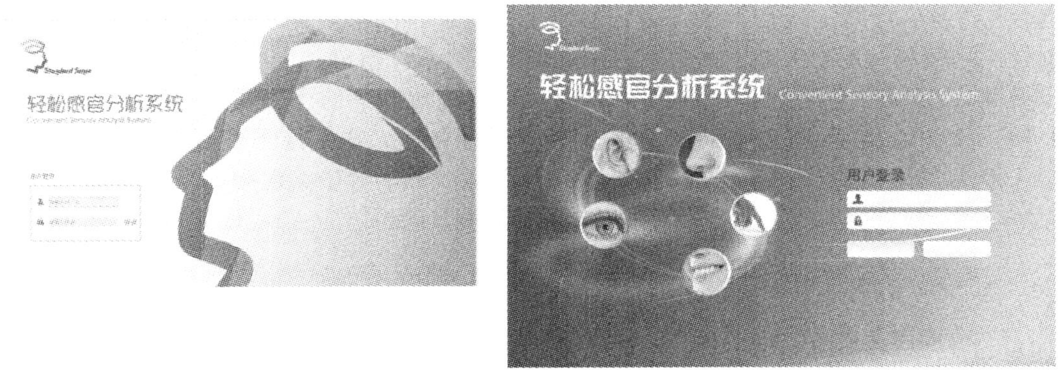

图 2.37 轻松感官分析系统

3　玉米主食专用粉热修饰改良技术

玉米蛋白和玉米淀粉黏合在一起，使淀粉颗粒与水隔离而失去接触的机会，不利于玉米粉在蒸煮过程中糊化和物化性质的改变。经过热处理的玉米粉，其淀粉颗粒分散且完整，且淀粉颗粒表面上的孔洞有助于小分子进入内部。经过磷酸化热处理，使得被蛋白包裹着的淀粉颗粒暴露出来，有利于水、酶和化学试剂等小分子物质渗入淀粉颗粒内部，磷酸盐与淀粉和蛋白的酯化反应，结合较多水分，从而改变玉米粉的流变性质。

3.1　玉米主食专用粉热修饰改良技术概述

3.1.1　热处理玉米粉改良技术研究

选择普通市售玉米粉，加水充分混合形成糊状黏稠流体，加入玉米粉质量 0.1% ~ 0.5% 的中性蛋白酶，在 40 ~ 55 ℃下酶解 2.5 ~ 3.5 h，然后加热使酶失活，将酶失活后的混合物冷冻、干燥、粉碎，制得蛋白酶解玉米粉；将磷酸酯化试剂（Na_2HPO_4/NaH_2PO_4 混合盐）按照一定比例溶于水中，用 0.5 mol/L 的 HCl 溶液调节 pH 值范围在 5.0 ~ 6.5，以喷淋的方式与酶解玉米粉充分混合均匀，磷酸酯化试剂的添加量为酶解玉米粉质量的 0.3% ~ 1.5%。磷酸酯化试剂与酶解玉米粉混合之后，在室温下静置 10 ~ 14 h 后置于 40 ~ 60 ℃的烘箱中烘干，研磨、粉碎后过 80 目筛，然后置于 110 ~ 150 ℃干燥箱内加热反应1 ~ 3 h，即可得到磷酸化热处理玉米粉，然后测其特性。

3.1.2　不同因素对热处理玉米粉糊化特性的影响

1. 反应温度对热处理玉米粉糊化特性的影响

从表 3.1 可以看出，经过不同温度处理后玉米粉黏度曲线的特征值均有不同程度的变化。随温度的升高，玉米粉的峰谷黏度和最终黏度均降低；而崩解值先增加后降低，在 130 ℃达到最大值；热处理玉米粉的回生值与峰值黏度均随温度的升高而下降，但回生值在 120 ℃后降低更快；对于样品的糊化温度，反应温度对其影响不大。另外，温度在 150 ℃时，产品颜色发黄，这是由于部分玉米粉在高温下发生焦化现象。

表 3.1 不同热处理温度对玉米粉黏度曲线特征值的影响

样品	峰值黏度/cP	峰谷黏度/cP	崩解值/cP	最终黏度/cP	回生值/cP	糊化温度/℃
110 ℃	2 868.50 ± 39.09a	2 485.00 ± 45.16e	383.50 ± 41.73b	5 143.50 ± 131.98e	2 658.50 ± 97.01e	76.25 ± 0.43b
120 ℃	2 498.50 ± 53.67b	2 053.75 ± 69.22d	444.75 ± 20.30c	4 369.25 ± 31.44d	2 315.50 ± 70.80d	76.03 ± 0.45b
130 ℃	2 329.75 ± 34.59c	1 754.75 ± 80.54c	575.00 ± 50.99d	3 360.75 ± 54.23c	1 606.00 ± 57.22c	76.19 ± 0.45b
140 ℃	2 053.75 ± 17.35d	1 519.50 ± 14.71b	534.25 ± 25.49d	2 570.75 ± 66.37b	1 051.25 ± 77.89b	75.46 ± 0.42b
150 ℃	1 432.50 ± 45.64e	1 258.00 ± 40.37a	174.50 ± 26.08a	1 782.25 ± 70.65a	524.25 ± 30.93a	75.85 ± 1.06a

注：(1) 同一列中均值数据后面的不同字母（a、b、c、d）表示数据有显著差异（$P<0.05$，$n=2$），数据表示为样本均值 ± 标准差。下同。

(2) cP（厘泊）为非法定计量单位，1cP = 1mPa · s，下同。

2. 作用时间对热处理玉米粉糊化特性的影响

对于热处理时间的影响，玉米粉的峰值黏度变化较大（表 3.2），而峰谷黏度和最终黏度变化较小，但三者均随时间的增加而降低，且在 2 h、2.5 h、3 h 趋于稳定；随处理时间的延长，崩解值增加而回生值降低，最后趋于稳定。热处理玉米粉的热稳定性较差而抗老化性强。另外，达到峰值黏度的时间变短，而糊化温度变化较小。作用时间与反应温度对玉米粉磷酸化的作用相关，时间的长短直接影响了与温度有关反应的作用强弱。时间越长，正磷酸盐与玉米粉反应越充分，但是时间越久，越多的玉米蛋白质凝结而硬化，使包裹着的淀粉颗粒与正磷酸混盐隔离而无法发生酯化反应。

表 3.2 不同反应时间对玉米粉黏度曲线特征值的影响

样品	峰值黏度/cP	峰谷黏度/cP	崩解值/cP	最终黏度/cP	回生值/cP	糊化温度/℃
1 h	2 727.00 ± 31.65d	2 414.75 ± 17.56c	312.25 ± 14.13a	4 961.25 ± 52.11d	2 546.50 ± 57.42d	75.99 ± 0.44b
1.5 h	2 521.50 ± 56.43c	2 080.25 ± 20.29b	441.25 ± 60.15b	4 157.50 ± 105.62c	2 077.25 ± 104.40c	75.81 ± 0.05b
2 h	2 329.75 ± 44.59b	1 754.75 ± 80.54a	575.00 ± 50.99c	3 360.75 ± 54.23b	1 606.00 ± 57.22b	76.19 ± 0.45b
2.5 h	2 248.005 ± 51.58a	1728.75 ± 53.45a	519.25 ± 35.07c	3 221.25 ± 88.19a	1 492.50 ± 49.28a	75.98 ± 0.39b
3 h	2 350.75 ± 55.08b	1 772.25 ± 38.85a	578.50 ± 53.06c	3 236.00 ± 84.06a	1 463.75 ± 63.57a	75.03 ± 0.03a

注：同一列中均值数据后面的不同字母表示数据有显著差异（$P<0.05$，$n=2$），数据表示为样本均值 ± 标准差。

3. 磷酸盐用量对热处理玉米粉糊化特性的影响

正磷酸混合盐用量的改变对热处理玉米粉各糊化指标影响不明显（表 3. 3），但在用量为 1. 2% 时，峰值黏度、峰谷黏度、最终黏度均较高，回生值也较高。GB 2760—2011《食品安全国家标准食品添加剂使用标准》规定在杂粮粉中，正磷酸盐单独或混合使用，最大使用量为 5. 0‰（以磷酸根 PO_4^{3-} 计），所以在热处理中少量的磷酸盐在温度等其他因素的影响下，对玉米粉的糊化特性的影响较小。

表 3. 3　不同磷酸盐用量对玉米粉黏度曲线特征值的影响

样品	峰值黏度/cP	峰谷黏度/cP	崩解值/cP	最终黏度/cP	回生值/cP	糊化温度/℃
0. 3%	2 326. 75 ± 49. 56a	1 828. 25 ± 27. 20a	498. 50 ± 52. 75a	3 374. 50 ± 103. 98a	1 546. 25 ± 107. 26a	75. 83 ± 0. 06ab
0. 6%	2 352. 00 ± 50. 22a	1 822. 50 ± 66. 90a	529. 50 ± 36. 88ab	3 455. 50 ± 162. 39a	1 633. 00 ± 96. 07a	75. 43 ± 0. 46a
0. 9%	2 329. 75 ± 44. 59a	1 754. 75 ± 80. 54a	575. 00 ± 50. 99b	3 360. 70 ± 54. 23a	1 606. 00 ± 57. 22a	76. 19 ± 0. 45b
1. 2%	2 519. 25 ± 74. 46b	1 978. 75 ± 36. 90b	540. 50 ± 41. 83ab	3 993. 50 ± 58. 32b	2 014. 75 ± 48. 82b	75. 20 ± 0. 43a
1. 5%	2 330. 25 ± 47. 25a	1 792. 75 ± 51. 99a	537. 50 ± 19. 053ab	3 389. 75 ± 56. 99a	1 597. 00 ± 70. 07a	75. 20 ± 0. 44a

注：同一列中均值数据后面的不同字母表示数据有显著差异（$P<0.05$，$n=2$），数据表示为样本均值 ± 标准差。

4. 磷酸盐配比（Na_2HPO_4/NaH_2PO_4）对热处理玉米粉糊化特性的影响

由于受到磷酸盐总量的限制，总体变化范围不是很大。但是，随着 NaH_2PO_4 所占比例的减小，热处理玉米粉黏度均先降低后升高。这可能是因为体系中由于氢离子浓度减少而碱性增强，酯化取代增加导致黏度增加（表 3. 4）。

表 3. 4　磷酸盐配比对玉米粉黏度曲线特征值的影响

样品	峰值黏度/cP	峰谷黏度/cP	崩解值/cP	最终黏度/cP	回生值/cP	糊化温度/℃
0. 5:1	2 545. 25 ± 74. 00b	1 959. 25 ± 33. 33b	586. 00 ± 46. 53c	3 919. 00 ± 50. 55c	1 959. 75 ± 48. 93c	75. 79 ± 0. 65b
1:1	2 465. 25 ± 52. 41b	1 927. 75 ± 53. 59b	537. 50 ± 33. 32abc	3 694. 50 ± 82. 01b	1 766. 75 ± 59. 14b	75. 59 ± 0. 39ab
2:1	2 329. 75 ± 54. 59a	1 754. 75 ± 80. 54a	575. 00 ± 50. 99bc	3 360. 75 ± 54. 23a	1 606. 00 ± 57. 22a	76. 19 ± 0. 45b
3:1	2 545. 25 ± 58. 04b	2 040. 50 ± 44. 85c	504. 75 ± 41. 57ab	3 940. 50 ± 86. 72c	1 900. 00 ± 70. 76c	75. 03 ± 0. 03a
4:1	2 521. 25 ± 60. 46b	2 049. 00 ± 40. 70c	472. 25 ± 47. 90a	3 927. 50 ± 161. 19c	1 878. 50 ± 81. 37bc	75. 61 ± 0. 45ab

注：同一列中均值数据后面的不同字母表示数据有显著差异（$P<0.05$，$n=2$），数据表示为样本均值 ± 标准差。

3.2 热修饰改良玉米主食专用粉特性分析

3.2.1 热处理玉米粉主要成分分析

经过不同处理所得玉米粉与原玉米粉相比，其基本成分均有不同程度的改变（表3.5）。其中，磷酸化作用的玉米粉，由于处理过程需要130 ℃下反应3 h，水分蒸发，故其含水量会减少，而酶处理是在浆状液中进行的，然后经过冷冻干燥12 h所得，所以其水分含量高于热处理玉米粉而低于原玉米粉。在处理过程中，无淀粉的引入和消减反应，所以其含量基本不变。由于磷酸化作用有磷酸盐引入，故灰分会增加，只做酶处理的玉米粉，灰分基本不变。由于部分粗脂肪在高温下会分解成易挥发的脂肪酸，所以热处理后其含量降低。

表3.5 不同处理玉米粉基本成分

样品	水分/%	淀粉/%	蛋白/%	粗脂肪/%	灰分/%
原玉米粉	12.51 ± 0.04d	76.34 ± 0.18a	5.70 ± 0.09c	1.53 ± 0.06b	0.66 ± 0.03a
酶处理玉米粉	9.84 ± 0.33c	76.22 ± 0.06a	5.20 ± 0.06a	1.47 ± 0.03ab	0.68 ± 0.04a
磷酸化玉米粉	8.10 ± 0.06b	76.18 ± 0.08a	5.54 ± 0.06b	1.38 ± 0.03a	1.28 ± 0.04b
酶处理磷酸化玉米粉	7.30 ± 0.17a	76.22 ± 0.16a	5.20 ± 0.03a	1.42 ± 0.04a	1.32 ± 0.01b
磷酸化酶处理玉米粉	7.98 ± 0.18b	76.24 ± 0.06a	5.41 ± 0.06b	1.39 ± 0.04a	1.24 ± 0.04b

注：同一列中均值数据后面的不同字母表示数据有显著差异（$P<0.05$，$n=2$），数据表示为样本均值±标准差。

3.2.2 热处理玉米粉粒度分析

原玉米粉经过不同处理后，其粒度发生改变（表3.6），其中酶处理对玉米粉粒度的影响最大，因为玉米粉的主要成分是淀粉和蛋白质，以蛋白质为基质的颗粒团会比较大，经过酶（中性蛋白酶）处理后，蛋白质水解，淀粉颗粒分散开来，不能形成颗粒团，使得粒度变化最大。

表3.6 不同处理玉米粉粒度

样品	平均粒度/μm	D（0.1）/μm	D（0.5）/μm	D（0.9）/μm
原玉米粉	249.341	189.683	249.031	324.970
酶处理玉米粉	129.076	112.265	122.309	229.810

续表

样品	平均粒度/μm	D（0.1）/μm	D（0.5）/μm	D（0.9）/μm
磷酸化玉米粉	287.236	225.034	293.095	338.108
磷酸化热处理玉米粉	287.452	225.287	293.332	338.147
磷酸化酶处理玉米粉	261.573	197.643	264.517	331.019

3.2.3 热处理玉米粉凝胶特性分析

经过磷酸化处理过的玉米粉，其凝胶体积膨胀率变大（表3.7），即玉米粉吸水保水能力强，而经过酶处理后的玉米粉，其凝胶体积膨胀率变小，即玉米粉吸水保水能力弱。这主要是因为在玉米粉中引入了亲水基磷酸基团，使得其吸水保水能力增强；但玉米粉经酶解后，可能导致蛋白保水能力丧失，也可能水解生成疏水肽或氨基酸，使得玉米粉吸水保水能力下降，相对于原玉米粉来说，磷酸化热处理玉米粉的凝胶性降低。

表3.7 不同处理玉米粉凝胶体积膨胀率

指标	原玉米粉	酶处理玉米粉	磷酸化玉米粉	磷酸化热处理玉米粉	磷酸化酶处理玉米粉
体积膨胀率/%	5.97	5.37	7.08	6.38	5.68

3.2.4 热处理玉米粉糊化特性分析

从不同处理玉米粉黏度曲线的特征值（表3.8）可知，与原玉米粉相比，经过不同处理后，玉米粉的峰值黏度和回生值均降低。而酶处理后的玉米粉变化幅度最大，这可能是蛋白在玉米粉糊化过程中对黏度有贡献作用，一旦被水解破坏后，黏度降低；热处理玉米粉是在酶解的基础上对其磷酸化，因为磷酸单酯的形成能使玉米粉的峰值黏度增加，故高于单独由酶解作用的玉米粉，而最终黏度又低于磷酸化玉米粉，可能还是因为磷酸单酯淀粉生成的结果；磷酸化玉米粉和磷酸化酶处理玉米粉的黏度曲线近乎一致，这说明了酶处理对磷酸化的玉米粉的作用较弱。

表3.8 不同处理玉米粉的糊化特性指标

样品	峰值黏度/cP	峰谷黏度/cP	崩解值/cP	最终黏度/cP	回生值/cP	糊化温度/℃
原玉米粉	4 158	2 079	2 079	5 111	3 032	73.6
酶处理玉米粉	2 573	1 715	858	3 085	1 370	77.4
磷酸化玉米粉	2 558	2 110	448	4 387	2 277	76.6
酶处理磷酸化玉米粉	2 879	2 035	844	3 490	1 455	76.6
磷酸化酶处理玉米粉	2 698	2 260	438	4 228	1 968	76.7

3.2.5　热处理玉米粉偏光显微镜分析

由图3.1可以看出，通过偏光显微镜观察，未经加热的原玉米粉中有颗粒团出现，粒度不均一，这与玉米粉干法加工特性有关。在偏振光下，几乎所有的颗粒上会出现偏光十字，这与淀粉颗粒的晶体结构有关，由于颗粒内部结晶区氢键的有序排列，在偏振光照射下就会出现偏光十字，并且能够看出玉米淀粉颗粒特殊的多棱角形状。但有个别颗粒只有模糊的轮廓，而未出现偏光十字，结合加热过程中的图片来看，这种颗粒最先糊化，由此推测这种颗粒很可能是在加工过程中，由于受到机械力作用而破损的淀粉颗粒，其破损部分暴露于外，与水充分接触而易于糊化。温度加热到65 ℃时，有部分颗粒开始吸水膨胀而糊化，偏光十字开始消失。随着温度的升高，糊化的淀粉颗粒数量越来越多，直到77 ℃糊化基本完全，到了78 ℃颗粒内部结晶区被破坏，偏光十字完全消失，完全糊化，整个糊化过程持续的温度跨度13 ℃左右，主要集中在75 ℃。原玉米粉之所以糊化过程持续10 ℃左右，可能还是因为玉米粉颗粒大小不均一，小的、无蛋白包裹着的先糊化，大的、集聚在一起的后糊化。

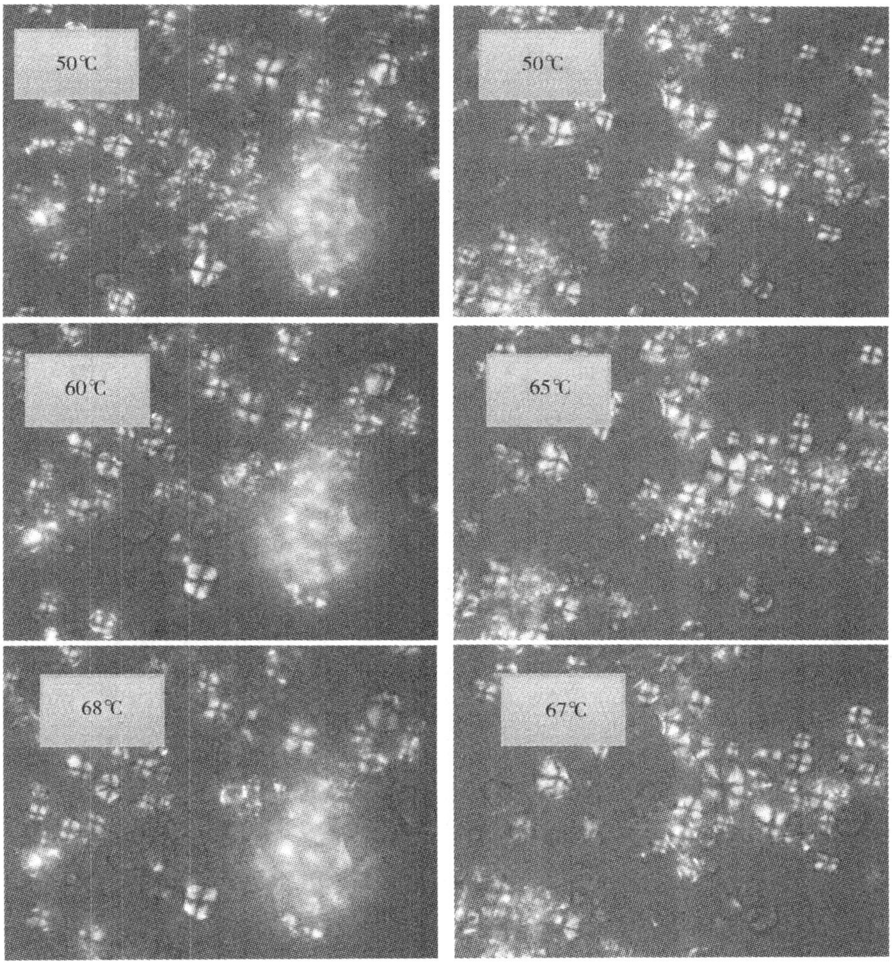

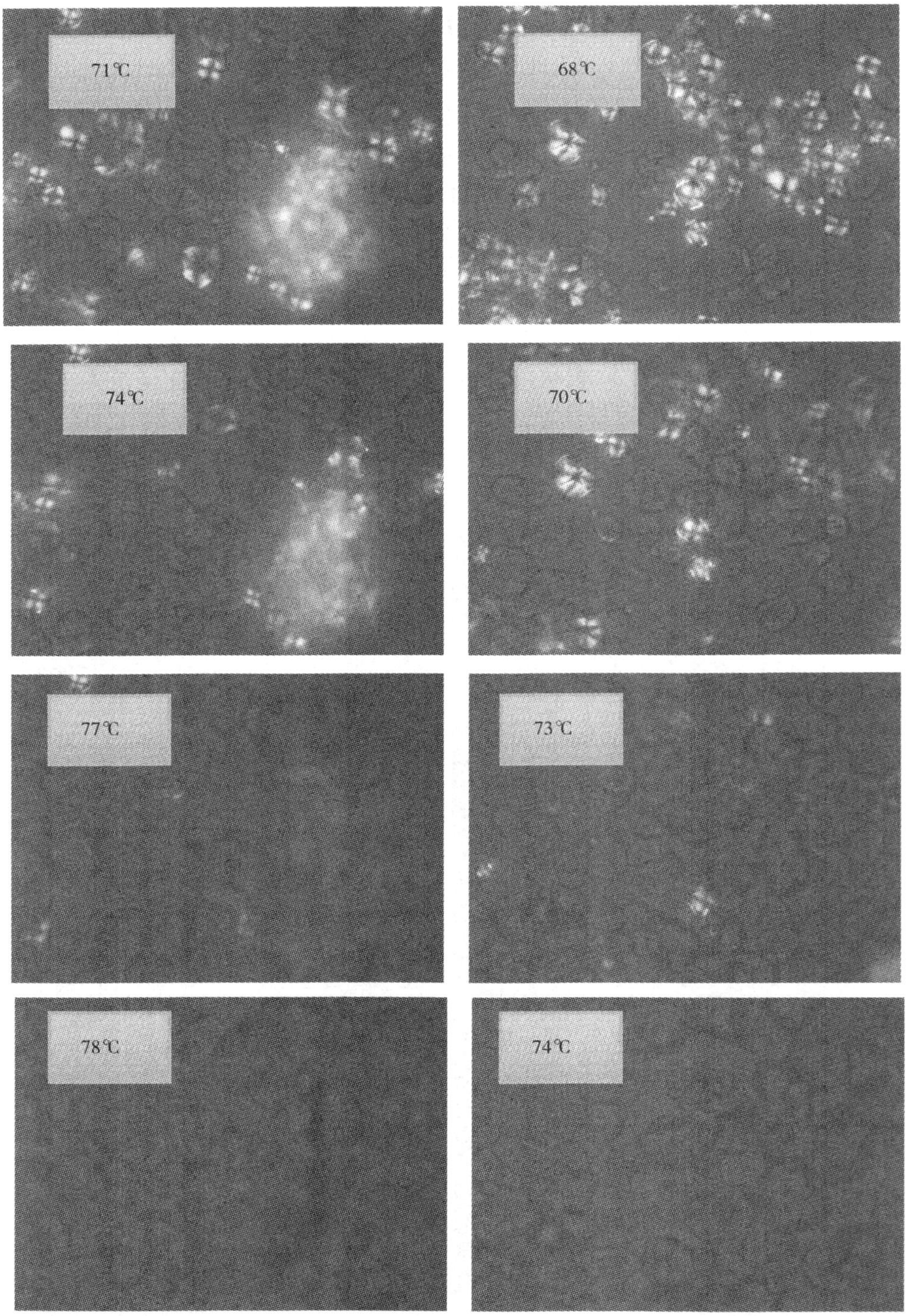

图 3.1　原玉米粉（左）和热处理玉米粉（右）偏光显微图像（500 倍）

与原玉米粉的偏光显微图像相比，在 50 ℃时，热处理玉米粉分布均匀、粒度基本一致，无团聚大颗粒。在热处理过程中，中性蛋白酶作用于玉米粉颗粒间蛋白质基质，使颗粒较为均匀地分散开来，几乎没有像原玉米粉中的团聚大颗粒，并且也能够看到玉米淀粉颗粒的多棱角特征和偏光十字，这些和原玉米粉一样，这说明磷酸化热处理并没有破坏玉米粉的淀粉结构特性。在 60 ℃的时候颗粒几乎无变化，到了 65 ℃个别淀粉颗粒开始糊化。65 ~70 ℃时，颗粒的糊化程度基本一致，说明在此温度范围糊化的淀粉颗粒数量较多且糊化特性一致，70 ℃以后偏光十字大片消失，大部分淀粉颗粒糊化，到了 73 ℃基本糊化完全，74 ℃完全糊化，整个糊化温度跨度 5 ℃，说明经过磷酸化热处理后玉米粉不仅粒度均匀而且糊化特性也相近。

3.2.6 热处理玉米粉流变特性分析

1. 静态流变特性分析

图 3.2 表明，原玉米粉和热处理玉米粉剪切应力随剪切速率的变化趋势符合 Herschel - Bulkley 方程，参数如表 3.9 所示。

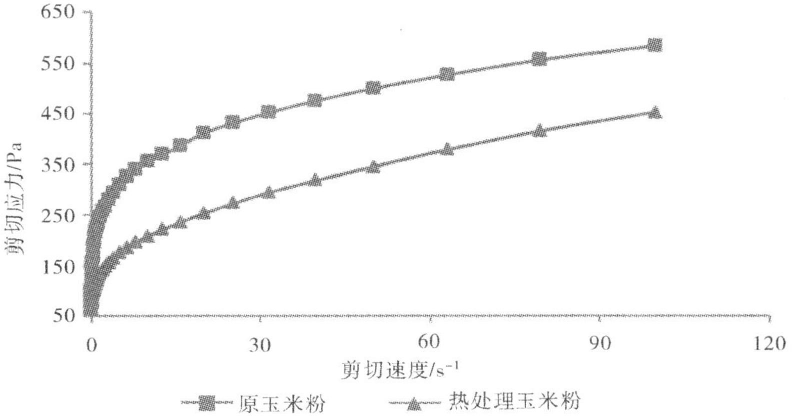

图 3.2 原玉米粉和热处理玉米粉剪切应力随剪切速率的变化

表 3.9 原玉米粉和热处理玉米粉 Herschel - Bulkley 方程参数

样品	屈服应力 T_0/Pa	稠度系数 (k/Pa · s)	流动指数 n	R_2
原玉米粉	68.3357	235.68	0.20	0.99741
热处理玉米粉	50.9261	140.14	0.46	0.99586

原玉米样品和热处理玉米粉与 Herschel - Bulkley 方程的相关系数在 0.99 以上。原玉米粉的屈服应力大于热处理玉米粉的屈服应力，表明热处理玉米粉糊比原玉米粉糊较容易开始流动。黏度系数 k 和流动指数 n 是经验常数，与流体的性质有关，k 与浓度有关，k 值越大，流体越黏稠；n 是流体假塑性程度的指标，n 值小于 1，表示为假塑性流体发生了剪切变稀，n 值越远离 1，表明剪切越容易变稀，即意味着假塑性程度越大。两种样品均为假塑性流体，其中热处理玉米粉样品的稠度系数小，而流动指数大。经过热处理后，玉米粉的屈服应力和稠度系数均降低，而流体特征指数增加，说明了经过热处理后克服流

体流动的力降低，流体稠度变小，流动特性更好。

经过热处理后的玉米粉，剪切变稀现象有所缓解，这与前述两种样品的流态特征指数（n）变化规律一致，如图3.3所示。原玉米粉样品的触变环明显比处理过后的触变环大，在外力撤除的情况下，其趋于恢复原来状态所需要的时间和能量较大且未能回到最初状态，而热处理后触变环小并且能恢复最初状态。在剪切过程中，样品糊分子间作用力大，剪切阻力也越大，恢复原始状态所需的时间就越长，热处理后的样品，没有了蛋白质的粘连作用，并且高温使得部分淀粉链断裂成小分子，所以需要的剪切作用力小，且恢复原始状态所需时间较短，故其触变环小。如图3.4所示。

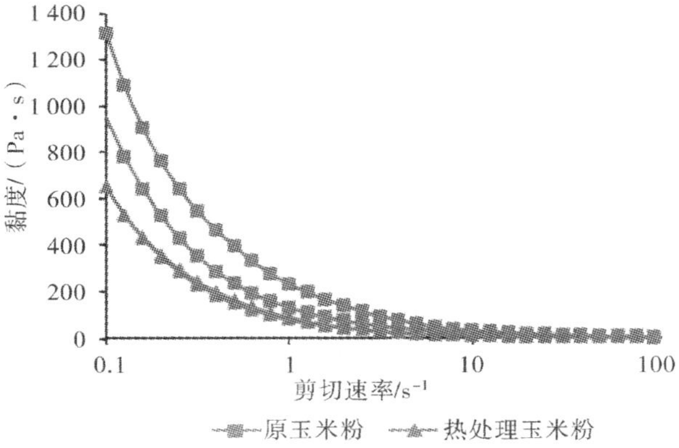

图3.3 原玉米粉和热处理玉米粉流动曲线

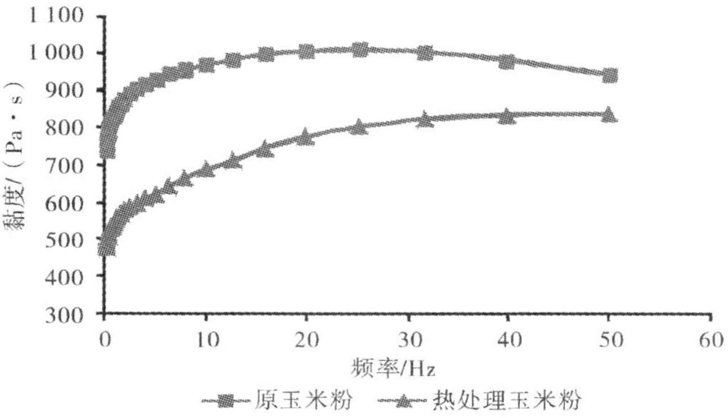

图3.4 原玉米粉和热处理玉米粉储能模量对比（频率扫描）

2. 动态流变特性分析

如图3.5、图3.6所示，玉米糊是一种具有黏弹性的流体，当受到外界作用力时会发生形变，撤去外力，弹性恢复。弹性应力和黏性应力分别反映物质所具有的理想固体和理想液体的特性。弹性应力与应变比值为弹性模量（G'），黏性应力与应变比值为黏性模量（G''），黏性模量与弹性模量比值即为损耗角正切（$\tan\delta$），是总应力与应变矢量相位角的正切，表示材料阻尼能力，反映出材料的黏弹性。频率扫描是测量黏弹性一种动态流变测量方法，主要能够反映物质在受到不同频率搅拌下的黏弹性变化。

通过频率扫描即可发现，热处理玉米粉降低了玉米糊的弹性模量，表明有外力作用后其恢复能力变弱，内部结构由于酶的作用变得疏松，使得玉米糊的弹性降低，储存能量的能力减弱。这主要是磷酸化能增强玉米粉中淀粉链间的空间位阻，分子间的作用力增强，能够形成具有黏弹性的凝胶结构。热处理也能够减小玉米糊的黏性模量，黏性模量是玉米糊释放能量的能力，玉米糊受到外界作用力后损耗的能量量度。分子间的作用力降低，造成分子受到外界作用力后，彼此间摩擦减小，耗能较小，因此黏性模量减小。通过对损耗角正切的分析可以发现，经过热处理后，玉米粉的损耗角正切随扫描频率的增加而呈线性增加的，整个体系的液体性质增强。

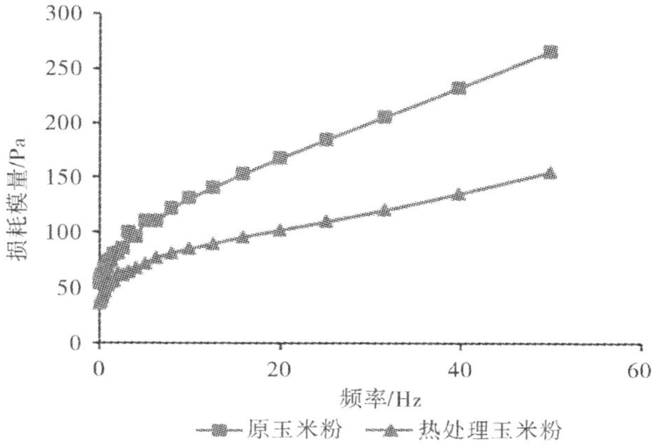

图 3.5　原玉米粉和热处理玉米粉损耗模量对比（频率扫描）

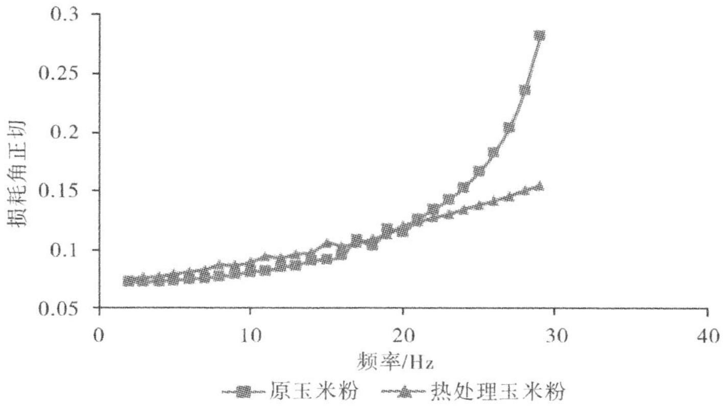

图 3.6　原玉米粉和热处理玉米粉损耗角正切对比

3.2.7　不同处理玉米粉 DSC 分析

通过观察不同处理下玉米粉 DSC 糊化曲线及糊化特征值表（图 3.7 和表 3.10）可以发现，不同处理下玉米粉的起始糊化温度与原玉米粉相比变化不大，磷酸化处理的玉米粉的结束温度、峰值温度和糊化范围均有所降低，而酶处理能够提高玉米粉的糊化焓。其中，磷酸化热处理玉米粉的糊化特征值变化最为明显，与原玉米粉相比，虽然起始温度变化不大，但是峰值温度和结束温度均下降，糊化范围缩小，糊化焓下降，这说明处理后的玉米粉结晶区受到酯化剂作用而转变成非结晶区域，水分更容易进入而糊化容易发生，另外，颗粒粒度均匀且糊化性质均匀，使得糊化范围缩短，这与偏光显微镜下观察到的现象一致。

3.2.8　热处理玉米粉扫描电镜分析

图 3.8 是原玉米粉的扫描电镜图像，在 1 000 倍电镜下可以看出，大部分玉米淀粉颗粒以蛋白质为基质集聚成团，形成较大颗粒，导致此现象的原因可能与玉米粉的干法加工工艺有关，在干燥条件下，玉米籽粒很难破碎，易形成较大的粒径。在 4 000 倍电镜下可以看出，玉米淀粉颗粒被蛋白质包裹着，形状不规则且表面光滑。

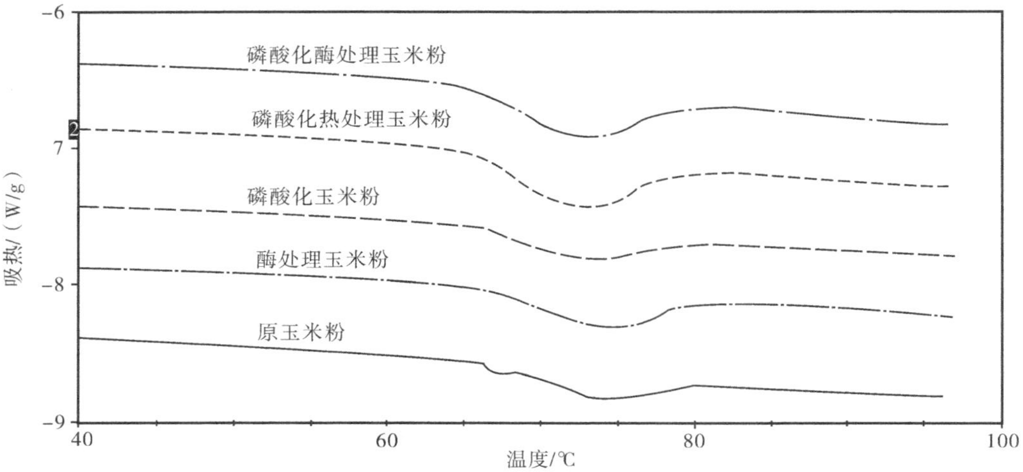

图 3.7　不同处理下玉米粉的 DSC 扫描曲线

表 3.10　不同处理下玉米粉 DSC 糊化特征值

样品	起始温度/℃	结束温度/℃	峰值温度/℃	热焓/（J/g）	糊化范围/℃
原玉米粉	65.83 ±0.44b	77.95 ±0.47a	73.27 ±0.57a	10.33 ±0.43c	12.12 ±0.03a
酶处理玉米粉	66.84 ±0.46a	77.24 ±0.88a	73.46 ±0.71a	12.83 ±0.26b	10.41 ±0.42b
磷酸化玉米粉	66.31 ±0.31a	75.68 ±0.06b	71.92 ±0.29b	13.05 ±0.13b	9.37 ±0.37c
磷酸化热处理玉米粉	65.10 ±0.08b	74.03 ±0.17c	71.60 ±0.02b	9.21 ±0.49d	8.94 ±0.25d
磷酸化酶处理玉米粉	66.40 ±10.42a	75.85 ±0.14b	72.27 ±0.54a	19.86 ±0.52a	9.44 ±0.57c

注：同一列中均值数据后面的不同字母表示数据有显著差异（$P<0.05$，$n=2$），数据表示为样本均值±标准差。

图 3.8　原玉米粉 1 000 倍（左）和 4 000 倍（右）扫描电镜图像

图 3. 9 是酶处理玉米粉的扫描电镜图像，在 1 000 倍电镜下可以看出，玉米淀粉颗粒不再以蛋白质为基质集聚成团，而是散布均匀，成多角形，这是因为经过酶处理后，作为基质的蛋白质被水解，颗粒间无粘连。在 6 000 倍电镜下可以看出，被蛋白质包裹着的玉米淀粉颗粒完全裸露出来且表面光洁，易与水或其他化学试剂充分接触，发生作用。

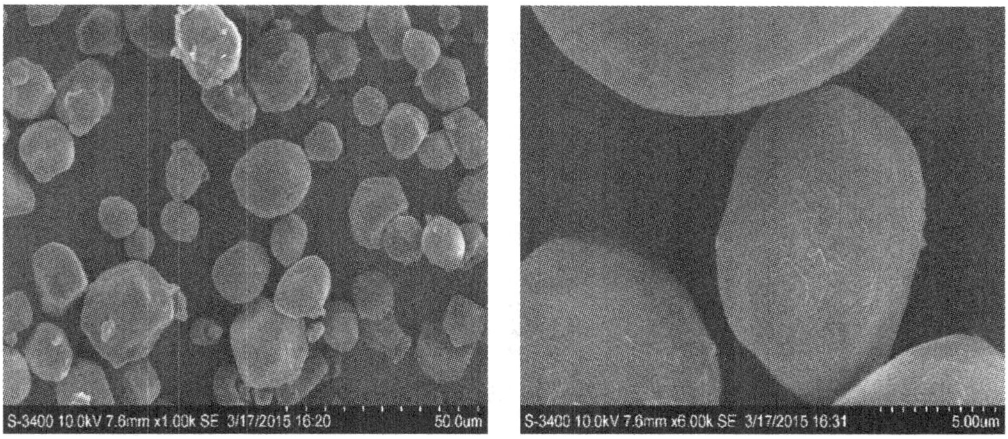

图 3. 9 酶处理玉米粉 1 000 倍（左）和 6 000 倍（右）扫描电镜图像

图 3. 10 是磷酸化玉米粉的扫描电镜图像。磷酸化的过程是将玉米粉与正磷酸钠在高温（130 ℃）条件下反应。经过处理的玉米粉在 1 000 倍电镜下，颗粒有分散，有聚集，有蛋白质粘连但明显颗粒团较少且小，这可能是因为高温使得淀粉颗粒表面的蛋白质凝聚、固化而变性，从淀粉颗粒表面脱落。而在 6 000 倍电镜下颗粒表面有部分蛋白固化，在表面并且有明显空洞痕迹，这可能是磷酸盐作用的结果。

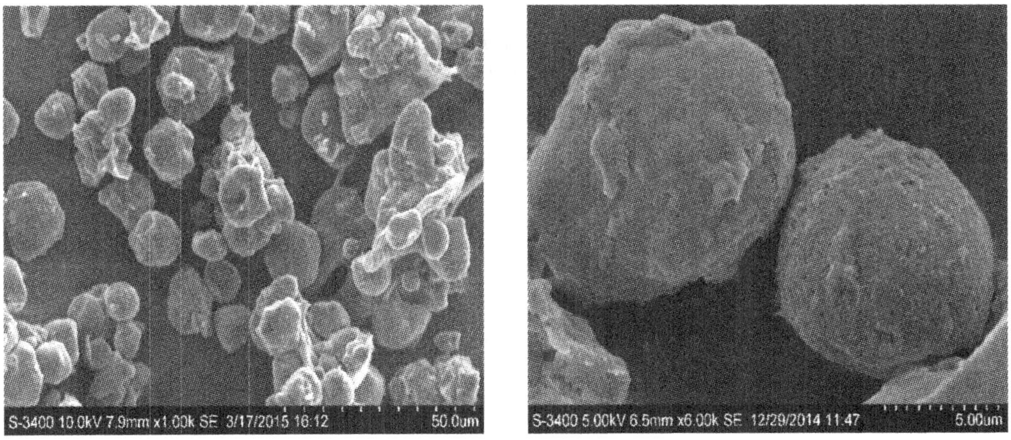

图 3. 10 磷酸化玉米粉 1 000 倍（左）和 6 000 倍（右）扫描电镜图像

图 3. 11 是热处理玉米粉的扫描电镜图像。热处理玉米粉是将玉米粉经过酶处理后与正磷酸钠在高温（130 ℃）条件下反应制备而成。处理过的玉米粉在 1 000 倍电镜下，颗粒散布均匀，粒度均一且无粘连，有些许蛋白残片，这说明经过酶水解后，仍有少量蛋白剩余，又经过高温处理后，残留蛋白从颗粒表面皱缩脱落。6 000 倍电镜下的颗粒表面有

孔洞，表面孔洞或细而密或大而疏，一方面可能是正磷酸盐作用的结果，另一方面可能是淀粉破损，颗粒表面和暴露出的内部在磷酸盐的作用下造成不同的空洞。

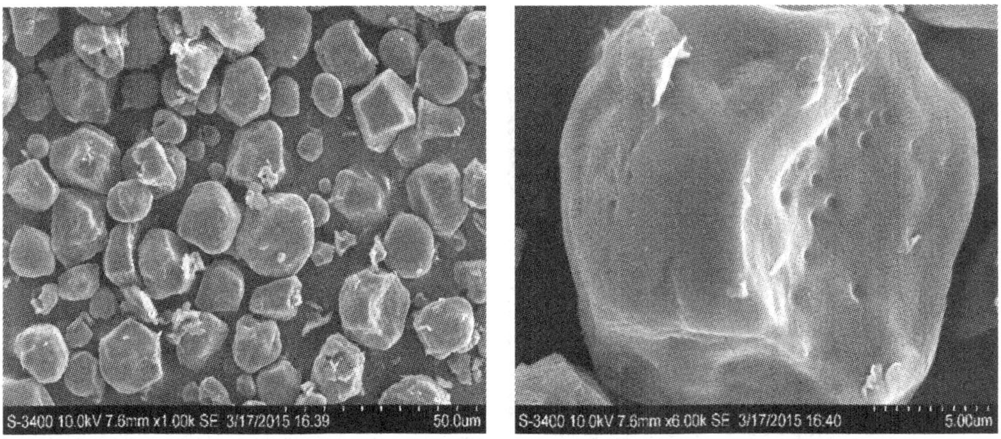

图 3. 11　热处理玉米粉 1 000 倍（左）和 6 000 倍（右）扫描电镜图像

图 3. 12　磷酸化酶处理玉米粉 1 000 倍（左）和 6 000 倍（右）扫描电镜图像

如图 3. 12、图 3. 13 所示，磷酸化酶处理是将玉米粉与正磷酸钠在高温（130 ℃）条件下反应，再与酶作用。经过处理的玉米粉在 1 000 倍电镜下，颗粒分散，有少量蛋白残余，这说明经过高温处理后的蛋白仍然能被中性蛋白酶作用，并且与单独酶处理效果无异。在 6 000 倍电镜下有部分淀粉颗粒表面光亮，无作用痕迹，还有部分颗粒或者疑似蛋白碎块表面有凹陷，可能与磷酸盐作用有关。

3. 2. 9　热处理玉米粉 X 射线衍射分析

由玉米粉的 X 射线衍射图谱可知，原玉米粉与磷酸化热处理玉米粉的衍射曲线均是由尖峰衍射和弥散衍射特征两部分构成，这是由于淀粉颗粒是由结晶区和非结晶区两部分组成的，是典型的 A 型淀粉特征峰，说明了磷酸化热处理过程没有改变原淀粉结晶类型。对于玉米粉的相对结晶度，处理后淀粉颗粒的结晶面积减小（表 3. 11），相对结晶度也减

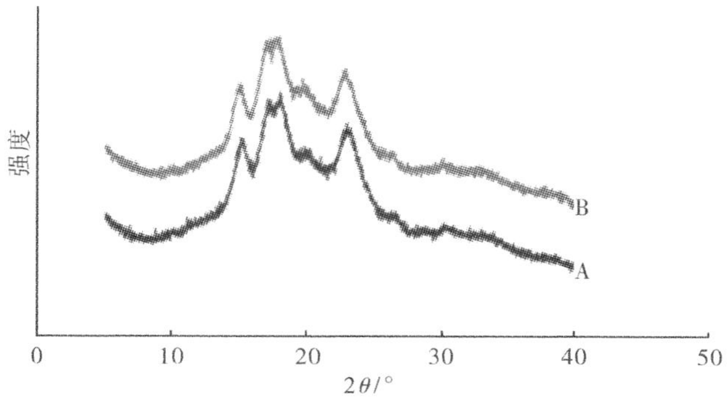

图 3.13 原玉米粉（A）、磷酸化热处理玉米（B）粉 X 射线衍射图谱

小，说明由于先后受到酶和磷酸盐在高温下的作用，颗粒内部结晶结构转向非结晶结构，从而使相对结晶度降低，整体结构变得稍有疏松，水或其他化学试剂容易进入，易于糊化和化学反应的发生，其糊化焓相对也会下降，这和 DSC 下扫描的结论一致。

表 3.11 处理前后玉米粉的相对结晶度

样品	总面积	结晶区面积	结晶度
原玉米粉（A）	17 445.06	6 130.19	35.14%
磷酸化热处理玉米粉（B）	13 753.19	3 244.00	23.59%

4 玉米主食专用粉碱化湿磨加工改良技术

碱化湿磨法是一种传统加工方法，用于生产玉米饼、玉米粥等玉米食品。热碱液浸泡玉米颗粒，经过冲洗研磨后可得到玉米粉，可直接用于加工玉米饼。在墨西哥，这种玉米饼是他们饮食中碳水化合物和钙的主要来源。

热碱处理影响玉米细胞壁的成分，使某些半纤维素转化为可溶性胶，同时，还会使淀粉部分糊化、脂类部分皂化以及淀粉颗粒周围的蛋白部分溶解等。热碱湿磨处理给玉米粉面团提供特殊的流变以及质构特性，提高了玉米粉的营养质量。但是必须控制淀粉的糊化，因为大量的糊化淀粉会使体系黏稠，进而影响面团的质量。

4.1 玉米主食专用粉碱化湿磨加工改良技术概述

碱化湿磨技术主要包括热碱浸泡和研磨处理两步，关键在于热碱浸泡，造成淀粉颗粒溶胀，并破坏蛋白质基质，使得淀粉和蛋白结合变得疏松。玉米经碱化湿磨处理得到的玉米粉，包括部分糊化的淀粉、未糊化的淀粉、蛋白以及细胚乳颗粒等。碱化湿磨加工过程如图4.1所示。在碱蒸煮过程中，玉米皮变得柔软且部分组分分解，使得水分进入胚乳内部，使淀粉部分溶胀、糊化。在浸泡过程中，经蒸煮的玉米在50 ℃下浸泡，即加热后冷却，在冷却过程中淀粉会发生相应的变化，部分糊化淀粉重新结合，但偏光十字消失。在研磨过程中，淀粉与蛋白分离，部分溶胀淀粉颗粒破裂发生变性。这三个阶段都涉及淀粉的变化，控制着淀粉的糊化度。当淀粉适当的糊化时，马萨面团的柔软度、弹性以及可塑性相对一般玉米面团要好；若糊化过度造成马萨的黏度增加，使得面团弹性和可塑性变差；如果糊化过低会使玉米面团的弹性减小。因此，需要测定不同因素条件下玉米粉的特性，以确定最优条件，得到最适碱化玉米粉。

这项技术各因素的条件选定如下：加水量为200%～600%，氢氧化钙量为0.4%～2%，加热时间为20～100 min，加热温度为75～95 ℃，浸泡时间为8～24 h。将这五个因素分别进行单因素实验，以膨胀率、保水力、DSC参数、RVA参数为结果指标，进行因素显著性比较，选择各因素显著性最大的三个水平，设计响应面实验，以确定最适碱化玉米粉条件。

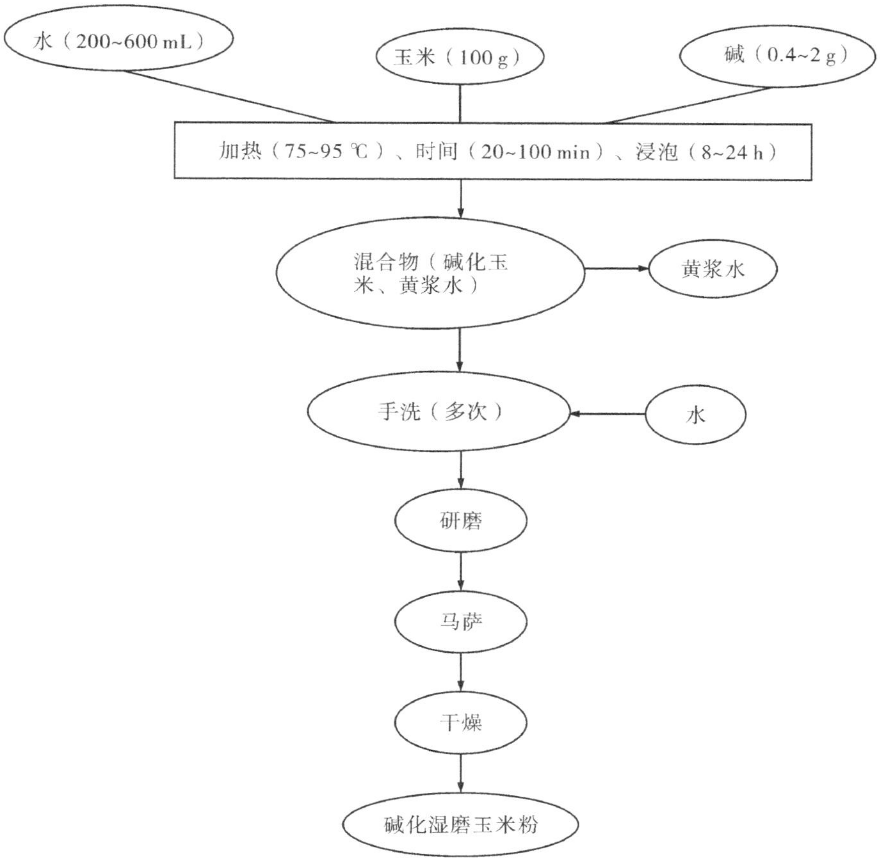

图 4.1 碱化湿磨玉米粉流程

4.1.1 不同条件碱化玉米粉的膨胀率和保水力分析

1. 氢氧化钙量对碱化玉米粉膨胀率、保水力的影响

随着氢氧化钙量的增加，碱化玉米粉膨胀率、保水力呈现先上升后下降的趋势（图 4.2）。玉米粉保水力和膨胀率与玉米粉颗粒内部结构有很大的关系。一般玉米粉颗粒内部蛋白质紧紧包围着淀粉颗粒，使水分难以进入内部，限制了玉米淀粉吸水溶胀，这也是玉米食品口感差以及加工品质差的主要原因。而氢氧化钙对玉米胚乳内的蛋白质有一定的作用，在碱性条件下，可以使淀粉与蛋白达到有效分离，使玉米淀粉浸出，从而提高了碱化玉米粉的保水力和膨胀率，使玉米粉凝胶特性得以改善。

氢氧化钙量超过 1.2% 时，随着氢氧化钙量的增加玉米粉保水力和膨胀率反而下降，这可能与淀粉糊化有关。当氢氧化钙量小于 1.2% 时，随着氢氧化钙量增加，碱性增加，使更多的淀粉游离出来，增加了碱化玉米粉的保水力和膨胀率。当氢氧化钙量大于 1.2% 时，随着氢氧化钙量增加，碱性增强，胚乳外层淀粉糊化，降低玉米粉保水力和膨胀率。

2. 加水量对碱化玉米粉膨胀率、保水力的影响

随着加水量的增加，碱化玉米粉膨胀率、保水力呈现先上升后下降的趋势（图 4.3）。

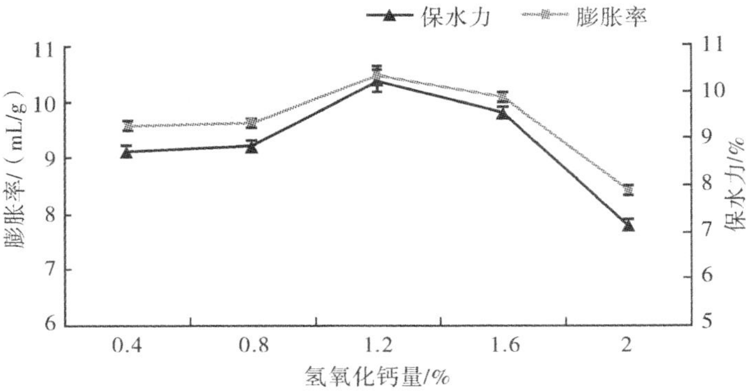

图 4.2　氢氧化钙量对玉米粉膨胀率、保水力的影响

玉米粉的保水力和膨胀率在400%时均达到最大值，所以取400%加水量为最佳添加量。氢氧化钙量一定，随着加水量的增加，碱浓度降低，碱性由强逐渐变弱，这与氢氧化钙含量对碱化玉米粉影响结果一致。

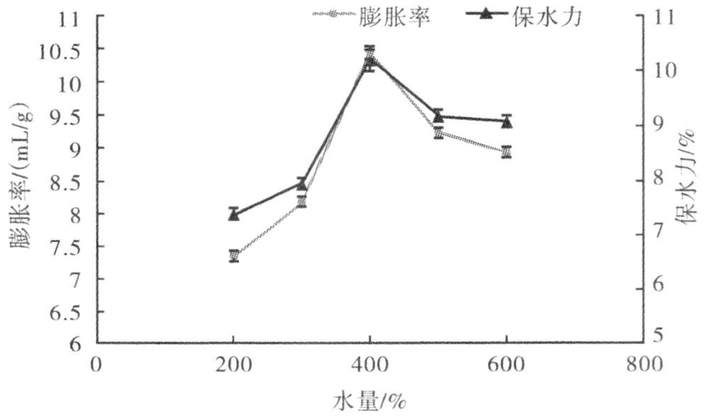

图 4.3　加水量对玉米粉膨胀率、保水力的影响

当加水量低时，碱浓度较高，淀粉糊化，导致玉米粉保水力、膨胀率较低，随着加水量增加，碱浓度逐渐降低，玉米蛋白打开，游离出淀粉。在超过400%以后，碱液对玉米蛋白和淀粉的作用减小，游离淀粉减少，所以碱化玉米粉的保水力和膨胀率有所下降。

3. 加热时间对碱化玉米粉膨胀率、保水力的影响

随着加热时间的增加，碱化玉米粉膨胀率、保水力呈现先上升后下降的趋势（图4.4）。玉米粉的保水力和膨胀率在60 min时均达到最大值，当加热时间小于60 min时，保水力和膨胀率的增长幅度较小，这是因为在相同碱性条件下，短时间加热时，水分子以及钙离子快速进入胚乳内部，淀粉吸水溶胀，研磨时淀粉浸出，但当加热时间超过60 min时，钙离子吸附在淀粉颗粒表面，降低碱化玉米粉的保水力和膨胀率。

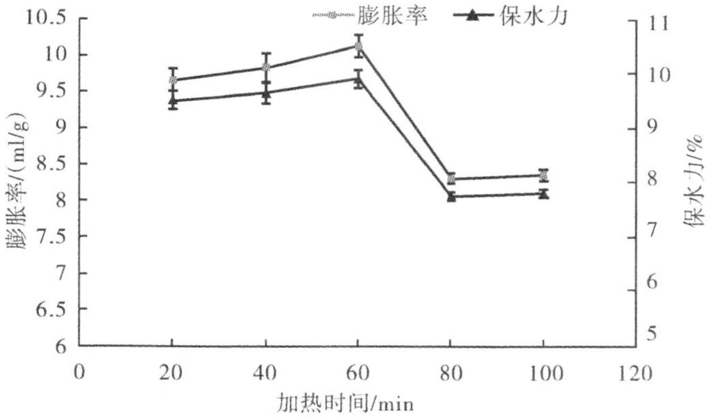

图 4.4　加热时间对玉米粉膨胀率、保水力的影响

4. 加热温度对碱化玉米粉膨胀率、保水力的影响

随着加热时间的增加，碱化玉米粉的保水力和膨胀率均呈先升高后降低的趋势（图 4.5）。玉米粉的膨胀率在 85 ℃时达到最大值，然而保水力在 80 ℃时达到最大值，在 85 ℃时反而有所降低，但是降低幅度不大，所以 85 ℃时取为最佳加热时间。

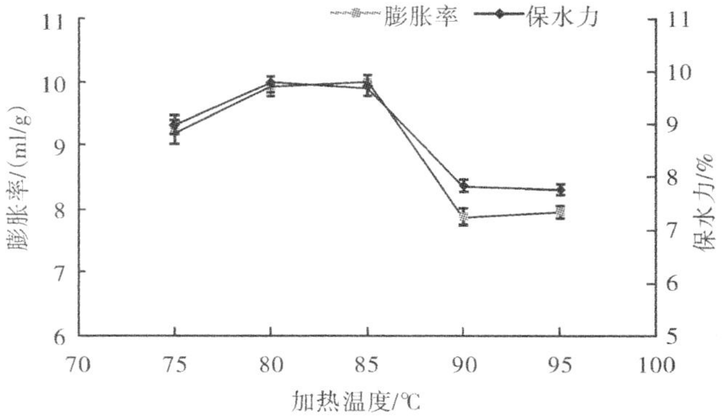

图 4.5 加热温度对玉米粉膨胀率、保水力的影响

在加热温度达到 85 ℃以前，加热温度接近于碱化玉米淀粉的糊化温度，淀粉吸水溶胀，且部分淀粉浸出，所以保水力和膨胀率增加。在 85 ℃以后，碱化玉米粉的保水力和膨胀率下降幅度较大，这可能是由于胚乳外层糊化，导致水分难以进入胚乳内部，所以大幅度降低保水力和膨胀率。

5. 浸泡时间对碱化玉米粉膨胀率、保水力的影响

随着浸泡时间的延长，碱化玉米粉膨胀率、保水力先上升后下降（图 4.6）。当浸泡 16 h 时，保水力和膨胀率均达到最大值。由于在加热处理阶段，玉米皮已几乎全部脱落，所以在浸泡过程中，水分更易进入玉米胚乳内部，直到胚乳内的水分与碱液介质达到平衡，此时得到的碱化玉米粉的保水力和膨胀率最大。当超过这个平衡点时，会随着时间的延长，保水力和膨胀率轻微降低，这可能是因为长时间浸泡，进入胚乳内部的钙离子会增加，并依附在淀粉颗粒表面，反而不利于淀粉吸水膨胀。

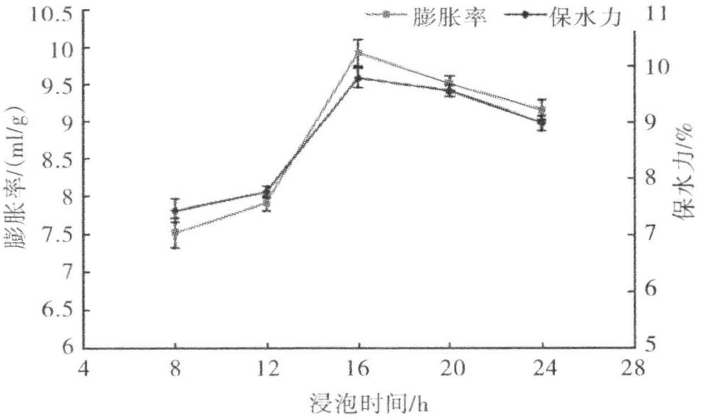

图 4.6 浸泡时间对玉米粉膨胀率、保水力的影响

4.1.2 不同条件碱化玉米粉的热特性分析

1. 氢氧化钙量对碱化玉米粉热特性影响

随着氢氧化钙量增加，玉米粉的糊化温度无显著性变化，而吸热焓整体呈现先增加后下降的趋势（表 4.1）。随着碱性增强，玉米粉中所含的糊化淀粉增多，所以在糊化过程中所需的能量降低。由表 4.1 可以看出，当氢氧化钙量超过 1.2% 时，玉米粉的糊化焓显著降低，即玉米粉中所含的糊化淀粉量显著增加。

表 4.1 氢氧化钙量对玉米粉 DSC 曲线参数的影响

氢氧化钙量/%	T_o/℃	T_p/℃	T_c/℃	ΔH/ (J/g)
0.4	69.7 ±0.23b	74.3 ±0.54a	77.1 ±0.26a	11.8 ±0.43ab

续表

氢氧化钙量/%	T_o/℃	T_p/℃	T_c/℃	ΔH/（J/g）
0.8	70.7 ±0.15a	73.4 ±0.17a	76.0 ±0.37b	12.2 ±0.31a
1.2	70.4 ±0.11ab	73.9 ±0.42a	76.4 ±0.24ab	12.3 ±0.23a
1.6	70.5 ±0.31ab	73.6 ±0.47a	76.1 ±0.36b	11.2 ±0.31bc
2	70.6 ±0.48a	74.2 ±0.41a	76.7 ±0.43ab	10.7 ±0.12c

注：同一列不同字母表示显著性差异（$P<0.05$），结果均是两次平行试验的平均值 ± 标准偏差。

2. 加水量对碱化玉米粉热特性影响

随着加水量的增加，玉米粉的糊化温度无显著性变化，但糊化过程中所需的能量增加，当加水量达到400%时，吸热焓达到最大（表4.2）。超过400%，吸热焓几乎无显著性（$P<0.05$）变化，由此可以看出，400%为最佳加水量。

表4.2　加水量对玉米粉DSC曲线参数的影响

水量/%	T_o/℃	T_p/℃	T_c/℃	ΔH/（J/g）
200	70.8 ±0.58a	74.1 ±0.34a	76.1 ±0.31b	10.5 ±0.26b
300	69.9 ±0.83a	74.7 ±0.23a	78.1 ±1.04a	11.1 ±0.13b
400	70.2 ±0.78a	74.6 ±0.33a	76.8 ±0.11ab	12.2 ±0.24a
500	70.4 ±1.15a	74.2 ±0.15a	76.7 ±0.23ab	11.9 ±0.45a
600	69.7 ±0.33a	74.8 ±0.45a	77.9 ±1.03a	11.7 ±0.48a

注：同一列不同字母表示显著性差异（$P<0.05$），结果均是两次平行试验的平均值 ± 标准偏差。

3. 加热时间对碱化玉米粉热特性影响

随着加热时间的增加，玉米粉糊化特性具有显著性差异，糊化开始温度、峰值温度、终值温度都随着加热时间的增加而增加（表4.3）。这可能是由于在加热处理过程中，钙离子与淀粉链之间发生交联，使糊化温度增加。对于糊化焓呈现上升再下降的趋势，可能是由于当加热时间过长时，淀粉发生溶胀糊化，降低玉米粉的吸热焓。

表4.3　加热时间对玉米粉DSC曲线参数的影响

加热时间/min	T_o/℃	T_p/℃	T_c/℃	ΔH/（J/g）
20	68.9 ±0.21c	73.4 ±0.41b	75.4 ±0.23b	12.0 ±0.28b
40	69.7 ±0.12b	73.6 ±0.11b	75.8 ±0.34b	12.6 ±0.14b
60	69.6 ±0.46b	73.9 ±0.34b	76.2 ±0.78b	13.6 ±0.43a
80	71.7 ±0.26a	76.0 ±0.31a	78.8 ±0.41a	11.7 ±0.28bc
100	71.8 ±0.37a	76.0 ±0.45a	78.7 ±0.24a	10.9 ±0.49c

注：同一列不同字母表示显著性差异（$P<0.05$），结果均是两次平行试验的平均值 ± 标准偏差。

4. 加热温度对碱化玉米粉热特性影响

随着加热温度的升高，玉米粉糊化特性具有显著性差异，糊化开始温度、峰值温度、终值温度都随着温度的升高而增加（表4.4）。此结果与加热时间相似，在85 ℃时，吸热焓最高，说明此温度下的碱化玉米粉中游离的完整淀粉含量最高，温度再升高时，淀粉糊化，致使吸热焓降低。温度降低时，碱液对蛋白的作用减小，释放的淀粉量减少，糊化时所需的能量也较小。

表4.4 加热温度对玉米粉DSC曲线参数的影响

加热温度/℃	T_o/℃	T_p/℃	T_c/℃	ΔH/（J/g）
75	70.0 ±0.14d	74.3 ±0.13d	76.2 ±0.41d	11.6 ±0.14b
80	70.9 ±0.21c	75.1 ±0. 31b	77.6 ±0.11c	11.7 ±0.26b
85	70.7 ±0.13c	74.7 ±0.23c	76.8 ±0.25d	12.7 ±0.28a
90	71.9 ±0.12b	75.9 ±0.16b	79.2 ±0.22b	9.8 ±0.42c
95	75.7 ±0.17a	80.2 ±0.31a	82.8 ±0.57a	9.3 ±0.27c

注：同一列不同字母表示显著性差异（$P<0.05$），结果均是两次平行试验的平均值±标准偏差。

5. 浸泡时间对碱化玉米粉热特性影响

随着浸泡时间的延长，玉米粉糊化温度无显著性变化，但吸热焓却有极显著性变化，整体呈现下降趋势（表4.5）。此结果可能是钙离子吸附在淀粉表面，阻碍了淀粉吸水膨胀，降低吸热焓。

表4.5 浸泡时间对玉米粉DSC曲线参数的影响

浸泡时间/h	T_o/℃	T_p/℃	T_c/℃	ΔH/（J/g）
8	70.6 ±0.31ab	75.0 ±0.21ab	77.7 ±0.31a	14.3 ±0.91ab
12	70.6 ±0.56ab	74.7 ±0.18b	77.2 ±0.56a	15.4 ±0.67a
16	71.0 ±0.21a	75.5 ±0.27a	77.3 ±0.27a	14.3 ±1.41ab
20	70.7 ±0.11ab	74.8 ±0.56b	77.1 ±0.45a	12.7 ±1.22bc
24	70.3 ±0.09b	74.5 ±0.19b	76.3 ±0.42b	11.6 ±1.13c

注：同一列不同字母表示显著性差异（$P<0.05$），结果均是两次平行试验的平均值±标准偏差。

4.1.3 不同条件碱化玉米粉的糊化特性分析

1. 氢氧化钙量对玉米粉黏度特性影响

随着氢氧化钙量增加，碱化玉米粉的峰值黏度先增加后减小，回生值逐渐减小（表4.6）。随着碱量的增加，碱化玉米粉中糊化淀粉含量增加，增加了玉米糊的硬度。当碱量为1.2%或1.6%时，玉米粉的糊化特性相似，且此时的黏度较大。

表4.6 氢氧化钙量对玉米粉糊黏度特性的影响

氢氧化钙量/%	峰值黏度/cP	峰谷黏度/cP	衰减值/cP	最终黏度/cP	回生值/cP	糊化温度/℃
0.4	3 247 ±11.3c	2 232 ±62.2a	1 015 ±50.9d	4 765 ±39.6a	2 533 ±22.6a	79.1 ±0.0a
0.8	3 313 ±19.8b	2 119 ±12.0b	1 195 ±31.8c	4 509 ±26.9b	2 391 ±14.8b	78.4 ±0.1b

续表

氢氧化钙量/%	峰值黏度/cP	峰谷黏度/cP	衰减值/cP	最终黏度/cP	回生值/cP	糊化温度/℃
1.2	3 440 ±33.9a	2 112 ±5.7b	1 328 ±28.3ab	4 480 ±9.2b	2 368 ±14.8b	78.3 ±0.0b
1.6	3 422 ±4.9a	2 067 ±5.7b	1 355 ±0.7a	4 387 ±1.4c	2 320 ±7.1c	79.5 ±0.6a
2	3 173 ±4.9d	1 908 ±6.4c	1 265 ±1.4bc	4 113 ±13.4d	2 205 ±19.8d	77.5 ±0.1c

注：同一列不同字母表示显著性差异（$P<0.05$），结果均是两次平行试验的平均值 ± 标准偏差。

2. 加水量对玉米粉黏度特性影响

随着加水量的增加，玉米粉的峰值黏度先上升后下降（表4.7），这与碱量相一致，当加水量添加到400%时，峰值黏度最大，超过此加水量时，碱浓度降低，峰值黏度也下降，游离淀粉减少，黏度降低。

表4.7 加水量对玉米粉糊黏度特性的影响

水量/%	峰值黏度/cP	峰谷黏度/cP	衰减值/cP	最终黏度/cP	回生值/cP	糊化温度/℃
200	3 071 ±14.8b	1 859 ±8.4b	1 212 ±6.3b	4 150 ±17.6c	2 291 ±9.2d	77.9 ±0.6c
300	3 080 ±110.7b	1 887 ±124.7b	1 193 ±97.5b	5 341 ±161.2a	3 454 ±112.4a	79.7 ±0.5a
400	3 658 ±1.4a	2 284 ±12.7a	1 374 ±11.3a	5 247 ±0.7a	2 963 ±13.4b	79.2 ±0.1ab
500	3 467 ±154.1a	2 120 ±56.5a	1 347 ±97.5a	4 731 ±143.5b	2 611 ±86.9c	78.8 ±0.5abc
600	3 215 ±4.2b	2 177 ±6.4a	1 039 ±10.6c	4 111 ±4.2c	1 935 ±10.6e	78.2 ±0.0bc

注：同一列不同字母表示显著性差异（$P<0.05$），结果均是两次平行试验的平均值 ± 标准偏差。

3. 加热时间对玉米粉黏度特性影响

随着加热时间的延长，玉米粉糊化峰值黏度下降，回生值整体上升，衰减值下降，最终黏度升高，糊化温度升高（表4.8）。这种趋势也是由于长时间加热使玉米粉所含的糊化淀粉量增多，而且有更多的钙离子吸附在淀粉表面，阻止淀粉吸水溶胀，降低了玉米糊的峰值黏度。同时，由于钙离子与淀粉之间的交互作用，稳定了淀粉的结构，使淀粉糊化需要更高的温度。

表4.8 加热时间对玉米粉糊黏度特性的影响

加热时间/min	峰值黏度/cP	峰谷黏度/cP	衰减值/cP	最终黏度/cP	回生值/cP	糊化温度/℃
20	3 816 ±2.1ab	2 141 ±20.5bc	1 675 ±22.6a	4 421 ±7.07c	2 281 ±13.4d	77.6 ±0.1b
40	3 778 ±40.3b	2 247 ±30.4a	1 531 ±9.9b	4 711 ±62.2b	2 465 ±31.8c	78.3 ±0.0b
60	3 868 ±10.6a	2 164 ±21.9bc	1 704 ±11.3a	4 430 ±10.6c	2 266 ±11.3d	77.9 ±0.6b
80	3 300 ±20.5c	2 170 ±0.7b	1 130 ±21.2c	4 720 ±12.7b	2 551 ±13.4b	79.9 ±0.0a
100	3 006 ±10.0d	2 097 ±38.2c	909 ±28.3d	5 344 ±25.5a	3 247 ±12.7a	80.3 ±0.6a

注：同一列不同字母表示显著性差异（$P<0.05$），结果均是两次平行试验的平均值 ± 标准偏差。

4. 加热温度对玉米粉黏度特性影响

随着温度的增加，玉米粉的峰值黏度下降（表4.9）。当温度在95 ℃时，玉米粉的糊化参数值都是最低的，这说明了高加热温度下的碱化玉米粉淀粉糊化量最多，完整淀粉颗粒含量减少。当温度在85 ℃或低于此温度时，玉米粉的糊化参数值较大，这是因为钙-淀粉之间、淀粉与淀粉之间的交联促进了淀粉吸水溶胀，增加了玉米糊的黏度。当温度在85 ℃时，玉米粉的糊化黏度最高，说明此温度下的碱化玉米粉所含的游离直链淀粉最多。温度超过85 ℃时，糊化温度和糊化时间也相对升高，这也是由于游离的直链淀粉的糊化，剩余淀粉又难以糊化引起。

表4.9 加热温度对玉米粉糊黏度特性的影响

加热温度/℃	峰值黏度/cP	峰谷黏度/cP	衰减值/cP	最终黏度/cP	回生值/cP	糊化温度/℃
75	3 355 ±10.6b	2 187 ±12.0a	1 168 ±1.4b	5 555 ±36.8b	3 369 ±24.7b	79.5 ±0.6c
80	3 368 ±6.1b	2 215 ±9.6a	1 153 ±15.6b	5 127 ±101.1c	2 912 ±100.5c	79.8 ±0.4c
85	3 645 ±67.9a	2 211 ±50.3a	1 434 ±25.1a	5 399 ±311.9ab	3 188 ±318.4bc	77.7 ±0.4d
90	2 727 ±103.2c	2 048 ±79.2b	679 ±24.0c	6 067 ±20.5a	4 019 ±58.7a	81.6 ±0.1b
95	2 251 ±4.9d	1 825 ±4.2c	426 ±0.7d	3872 ±31.1d	2 047 ±35.4d	85.2 ±0.6a

注：同一列不同字母表示显著性差异（$P<0.05$），结果均是两次平行试验的平均值±标准偏差。

5. 浸泡时间对玉米粉黏度特性影响

随着浸泡时间的延长，钙离子进入到胚乳颗粒内部的数量增加，少量时会与淀粉发生交联，当交联达到一定程度时，钙离子会吸附在其表面，使淀粉吸水溶胀难度有所增加，但幅度很小。当浸泡时间在12h时，玉米粉的峰值黏度最高，且回生值最低（表4.10）。浸泡时间少于12h时，峰值黏度随浸泡时间而增加，因为随着浸泡时间的延长，钙离子参与淀粉交联的量增加，有利于吸水溶胀，增加黏度。但是超过12h时，随着浸泡时间的增加，钙离子越来越多地吸附在淀粉表面，一定程度阻碍淀粉的溶胀，使黏度降低。

表4.10 浸泡时间对玉米粉糊黏度特性的影响

浸泡时间/h	峰值黏度/cP	峰谷黏度/cP	衰减值/cP	最终黏度/cP	回生值/cP	糊化温度/℃
8	3 597 ±25.2b	2 236 ±15.6a	1 361 ±12.0b	4 982 ±36.2b	2 746 ±36.2bc	79.2 ±0.2a
12	3 706 ±14.2a	2 233 ±20.6a	1 473 ±16.5a	4 927 ±40.0b	2 694 ±20.5c	78.9 ±0.4a
16	3 548 ±35.0b	2 192 ±51.3a	1 356 ±16.8b	4 975 ±64.4b	2 783 ±17.2b	78.9 ±0.4a
20	3 593 ±79.9b	2 188 ±1.4a	1 405 ±81.3b	4 975 ±54.4b	2 787 ±55.9b	79.2 ±0.1a
24	3 424 ±79.2c	2 064 ±66.5b	1 357 ±17.0b	5 406 ±84.1a	3 306 ±67.9a	79.2 ±0.1a

注：同一列不同字母表示显著性差异（$P<0.05$），结果均是两次平行试验的平均值±标准偏差。

4.2 碱化湿磨改良玉米主食专用粉特性分析

碱化湿磨技术是湿法加工玉米粉的一种方法。这种方法的主要原料是玉米、水以及碱，它与普通的湿法加工不同之处是在碱液里浸泡。在热碱处理和浸泡阶段，水分子和钙离子进入颗粒内部，碱可以促进水吸收并贯穿整个颗粒；改变玉米皮结构及玉米细胞壁的成分，使某些半纤维素转化为可溶性树胶。

热碱能够有效促进水分吸收并且弱化胚乳结构，限制淀粉颗粒的溶胀。在加热初期，直链淀粉的溶出受限；短期浸泡使水分的重新分布和淀粉分子结构的重新组合受到限制；短时间的加热和浸泡，由于胚乳吸水能力有限，淀粉糊化不完全；研磨使胚乳内的淀粉得到释放，并且从溶胀淀粉和部分糊化淀粉里分散出一些淀粉聚合物。糊化的淀粉颗粒为淀粉重新结晶和老化提供一个中心点。

以商用玉米为原料，分别用湿磨、干磨、碱化湿磨的方法制成玉米粉，并与市售玉米粉进行特性比较，以确定碱化湿磨玉米粉的特性。

4.2.1 玉米粉粒径分布分析

从表4.11中可以看出，这四种玉米粉的粒径分布存在很大差异。

从碱化湿磨玉米粉粒径分布可以看出，碱化玉米粉小于13.5 μm的粒径达到10%，90%玉米粉颗粒粒径小于50 μm，相比于湿磨对照玉米粉来说，碱化湿磨玉米粉总体粒径有所增加，表明碱化湿磨期间颗粒吸水溶胀。

表4.11 玉米粉粒径分布

样品	*d*（0.1）/μm	*d*（0.5）/μm	*d*（0.9）/μm	平均粒径/μm
碱化湿磨玉米粉	13.548	26.872	48.349	26.872
湿磨对照玉米粉	12.519	20.171	39.372	20.171
干磨对照玉米粉	225.287	293.332	338.147	287.452
市售玉米粉	190.008	251.503	326.321	251.038

注：*d*（0.1）——10%玉米粉颗粒直径小于该值；*d*（0.5）——50%玉米粉颗粒直径小于该值；*d*（0.9）——90%玉米粉颗粒直径小于该值。

小颗粒主要来源于胚乳层的外围，在热碱处理时，通过传热小颗粒首先溶胀。湿法加工的玉米粉的粒径相对干法加工较小，这是因为干法加工时玉米胚乳的破碎只是依靠机械摩擦，由于蛋白包裹淀粉较紧密，所以只是摩擦并不能完全分开淀粉和蛋白，同时若破碎力度太大，会使淀粉颗粒破碎，影响玉米粉特性。而湿法加工时，浸泡使胚乳结构变得疏松，同时在胚乳内有一定的水分，所以在研磨时玉米颗粒不但受到外界的机械摩擦，还有内部颗粒与颗粒之间的摩擦，得到的玉米粉粒度较小，同时破损淀粉也较少。

4.2.2 玉米粉黏度特性分析

从图4.7和表4.12可以看出，在加热阶段（50～95 ℃），黏度（cP）逐渐增加直到获得一个最大值（峰值黏度）（图 4.7）。当在过量的水里加热时，谷粒溶胀同时部分组分溶解，固体悬浮分散在连续相里。湿磨对照玉米粉的峰值黏度是 3 450 cP 左右，这一峰值的温度是在 92.8 ℃附近；在 95 ℃恒温期间，黏度下降（颗粒分解），并且在冷却阶段（重新结合）可以观察到黏度上升，这是由于在加热和恒温期间溶解的直线链淀粉老化（主要是直链淀粉），形成一个网状结构，这个网状结构能够保持大量的水分子。而热碱处理玉米粉，它的峰值黏度比对照玉米粉低，但得到这一黏度的温度比对照样高。这就表明热碱处理改变了淀粉的特性。热碱处理玉米粉的峰值黏度较低，是由于碱浸泡期间直链淀粉溶解，这会降低分子对系统黏度的贡献。另外，可以通过 DSC 分析观察到，对于热碱处理玉米粉来说，最大峰值出现于较高的温度。冷却期间，热碱处理玉米粉与对照样相似，但是黏度更低，这与热碱浸泡加工期间直链淀粉的损失相一致。

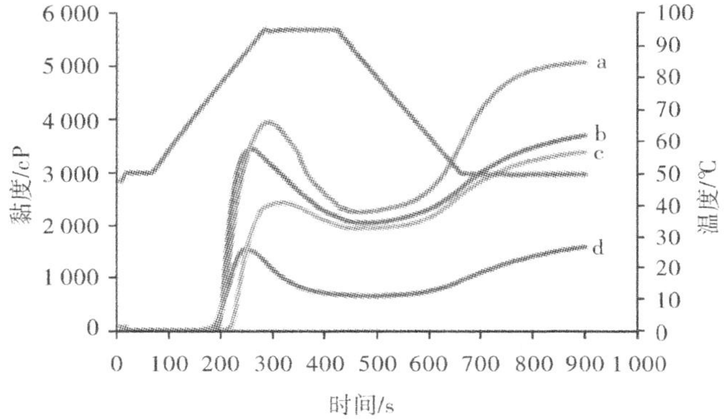

a：市售玉米粉；b：湿磨对照玉米粉；c：碱化湿磨玉米粉；d：干磨对照玉米粉

图 4.7　玉米粉糊化黏度曲线

表 4.12　玉米粉糊化特性参数

样品	峰值黏度 /cP	峰谷黏度 /cP	衰减值 /cP	最终黏度 /cP	回生值 /cP	峰值时间 /s	糊化温度 /℃
碱化湿磨玉米粉	2 458	1 958	500	3 398	1 440	316.2	80.75
湿磨对照玉米粉	3 450	2 068	1 382	3 711	1 643	259.8	75.8
干磨对照玉米粉	1 550	662	894	1 594	932	247.8	74.25
市售玉米粉	3 967	2 276	1 691	5 100	2 824	292.2	74.95

干法对照玉米粉的峰值黏度、峰谷黏度、回生值以及最终黏度最低，这是因为干法对照玉米粉是经过直接机械破碎得到的，胚乳内的淀粉和蛋白没有达到较好的分离，因此，玉米淀粉在糊化时未能充分吸水膨胀，峰值黏度最小，最终黏度以及回生值也就最小。Mazurs 等研究发现，角质胚乳的糊化黏度、衰减值比粉质胚乳低。由图 4.7 可以看到，市售玉米粉的峰值黏度明显最高，这可能是由于市售玉米粉的粉质胚乳占的比例多于商用玉米，而商用玉米的角质胚乳占的比例较大，角质胚乳质地坚实，峰值黏度低；相反，粉质胚乳质地疏松，峰值黏度高。

4.2.3 玉米粉流变特性分析

1. 玉米粉静态流变特性分析

剪切应力随剪切速率的增加逐渐增大，玉米粉样品的变化符合 Herschel - Bulkley 方程：$T = T_0 + k\ (r)^n$（图4.8）。四个样品与 Herschel - Bulkley 方程相关度都在 0.99 以上，具有较好的相关性，其流动指数均小于 1，显示出一种非牛顿流体的剪切变稀现象（表4.13）。这四种玉米粉的屈服应力值相差较大，从大到小的顺序为碱化湿磨玉米粉 > 湿磨对照玉米粉 > 市场购买玉米粉 > 干磨对照玉米粉，表明热碱处理玉米粉开始流动较难，而流动最容易的是干磨对照玉米粉。稠度系数 k 和流动指数 n 是经验常数，它们都与样品的性质有关，稠度系数越大，表示样品越黏稠。n 值越大，表示越易剪切变稀。而干磨对照玉米粉的流动指数最大，最易流动，更接近于牛顿流体。

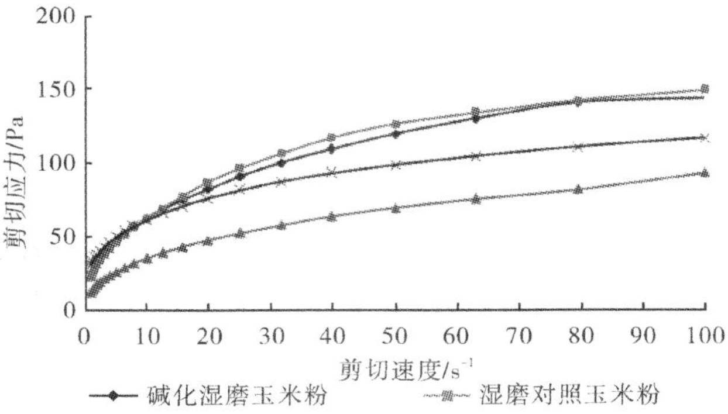

图 4.8 玉米粉剪切应力变化

表 4.13 玉米粉 Herschel - Bulkley 方程参数

	屈服应力/Pa	稠度系数/（Pa·s）	流动指数	R^2
热碱处理玉米粉	28.77	39.51	0.29	0.9976
湿磨对照玉米粉	17.71	48.08	0.31	0.9953
干磨对照玉米粉	3.74	15.93	0.39	0.9995
市场购买玉米粉	12.71	42.42	0.24	0.9992

从图4.9可以看出，两种玉米粉随着剪切速率的增加，表现为剪切变稀假塑性以及触变性。在流动开始的时候，由于剪切速率较低，样品呈现出较高黏度，随着剪切速率的不断增加，样品黏度逐渐下降，这可能是由于凝胶结构受到剪切速率加快的影响，网络结构遭到破坏，大聚集体不断裂解，同时小的聚集体不断生成，因此削弱了分子间的相互作用，黏度降低。在图4.9可以发现在玉米粉样品的触变环面积中，碱化湿磨玉米粉面积较小，即说明其流动需要克服的能量也较小，说明碱化湿磨玉米粉的稳定性较好，这主要与样品中 Ca^{2+} 与淀粉交联有关，交联作用促进了凝胶结构的重建。若让样品

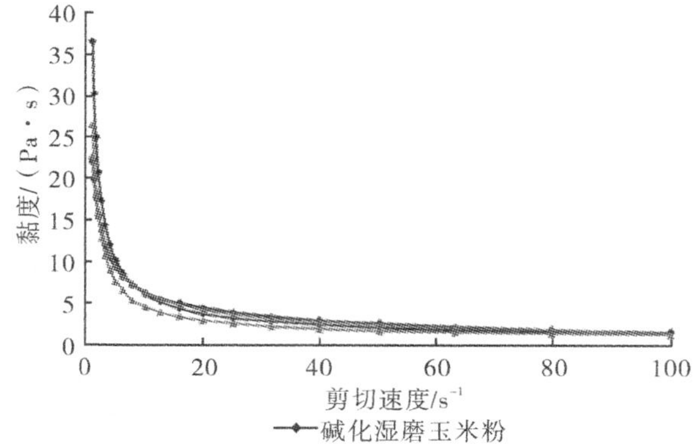

图 4.9 碱化湿磨玉米粉和湿磨对照玉米粉的流动曲线

静置足够的时间，那么该样品的凝胶结构就能够重新组建，这是触变性流体的典型特征。另外，具有触变性的食品口感较柔和、爽口。生产中这些特征有利于阻止垂挂、沉淀等现象的发生。从图4.10可知，两种玉米粉也均表现为剪切变稀的假塑性以及触变性。可以发现玉米粉样品的触变环面积中，湿磨对照玉米粉面积较小，即其流动需要克服的能量也较小，说明湿磨对照玉米粉的稳定性较好。所以由图4.9、图4.10可以得出玉米粉的稳定顺序为：碱化湿磨玉米粉 > 湿磨对照玉米粉 > 市售玉米粉。

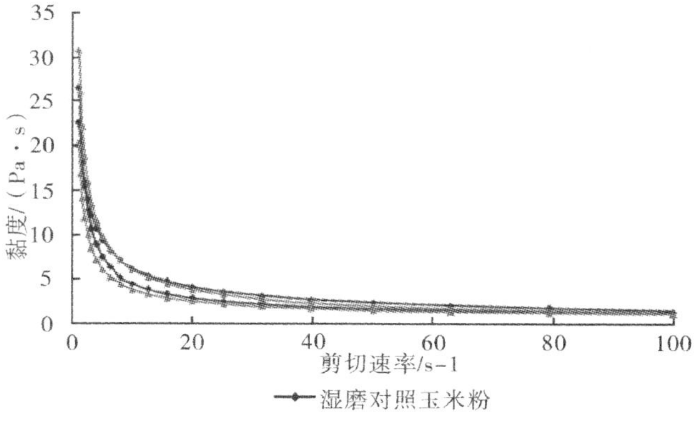

图4.10　湿磨对照玉米粉和市售玉米粉的流动曲线

2. 玉米粉动态流变特性分析

动态测试反映的是样品结构特征，而在整个动态测试过程中样品体系的结构完好。对未知特性的玉米粉进行应力扫描，以确定线性黏弹区。当样品的形变超过一定程度时，即在非线性黏弹区下，会破坏样品的分子或大聚集体内的瞬时键，所施加的能量将会变为不可逆损耗，同时样品剪切变稀，破坏了样品内部结构，即改变了凝胶特性。在图4.11中，可以看到复数模量（G^*）在应力测试（0.01% ~4%）范围内接近于水平，确定了线性黏弹区（LVE），在这个区域内玉米粉样品完好。在LVE内，总的来说，储藏模量（G'）在样品体系内都优于损失模量（G''），这是凝胶状黏弹性材料的一个典型特征。

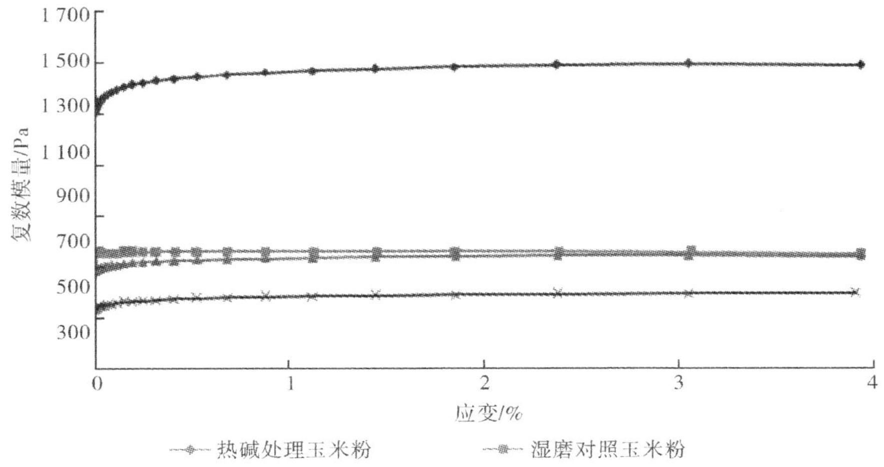

图4.11　玉米粉的线性黏弹性区域

在选定1%形变量测试下，玉米粉样品的动态频率扫描的储藏模量（G'）和损失模量（G''）显示在图4.12，在频率扫描里，可以看到碱化湿磨玉米粉的储藏模量（G'）明显高于其他玉米粉的储藏模量值。频率在0.1 ~50 Hz的扫描范围内，G'随频率的增加而小幅度增加，但G''对频率的依赖性却很大，这是具有凝胶网络状结构样品的特点。在碱性条件

下产生的羟基使 Ca^{2+} 与两个淀粉链之间形成交联，这些交联使可溶性直链淀粉嵌入到溶胀颗粒内，形成高弹性凝胶网络结构并且产生较高的储藏模量。碱化湿磨玉米粉的储藏模量增加的变化趋势趋于缓慢，表现出更好的抗剪切能力。

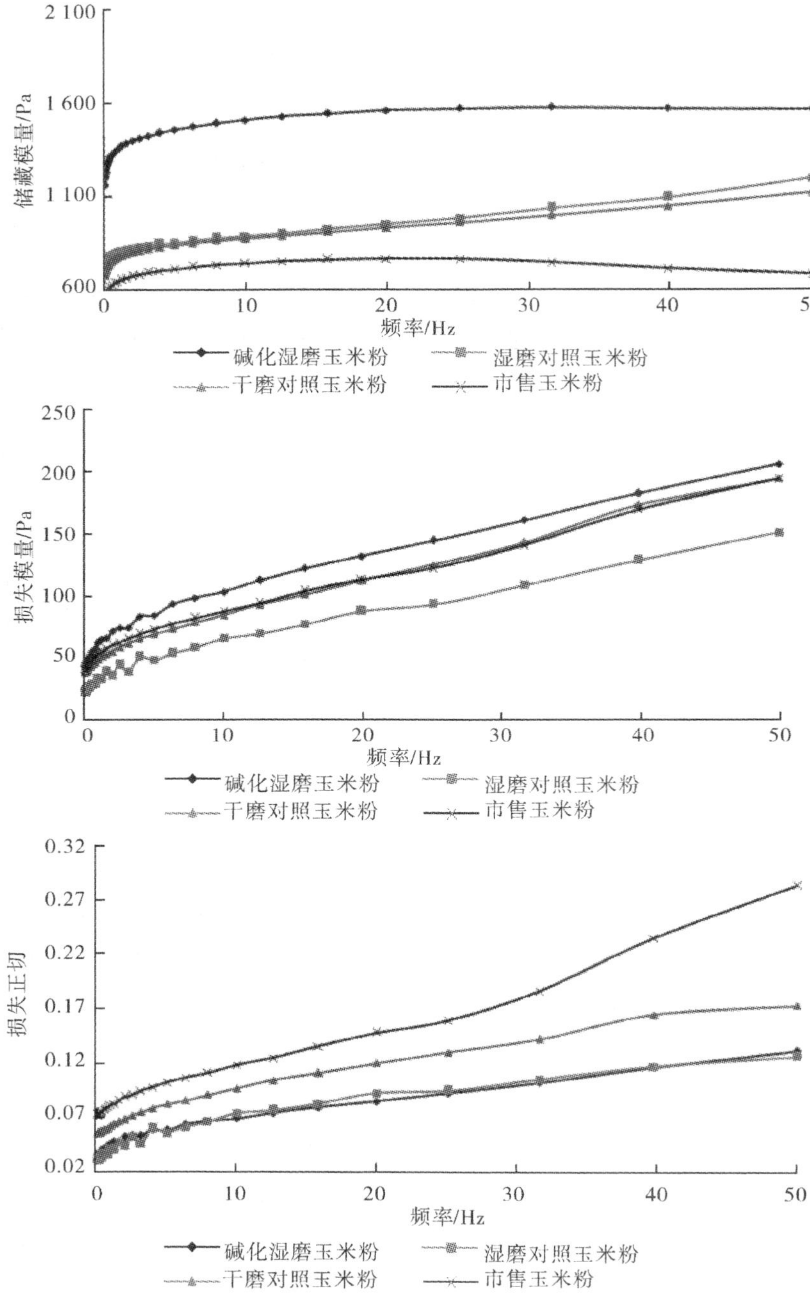

图 4.12 玉米粉的频率扫描

由图 4.13 可知，在温度扫描范围内，四种玉米粉的储藏模量 > 损失模量，故损失正切值小于 1，玉米粉体系的弹性成分占主要部分，整个体系以弹性特征为主，样品具有凝胶特性。弹性模量：碱化湿磨玉米粉 > 湿磨对照玉米粉 > 干磨对照玉米粉 > 市售玉米粉，所以湿磨玉米粉的弹性较强，尤其是热碱处理玉米粉，其能形成较强的凝胶，所以碱化湿磨玉米粉的弹性最强。从损失正切可以看到：干磨对照玉米粉 > 市售玉米粉 > 碱化湿磨玉米粉 > 湿磨对照玉米粉，表明干磨对照玉米粉体系中黏性成分占的比例较大，凝胶较弱。

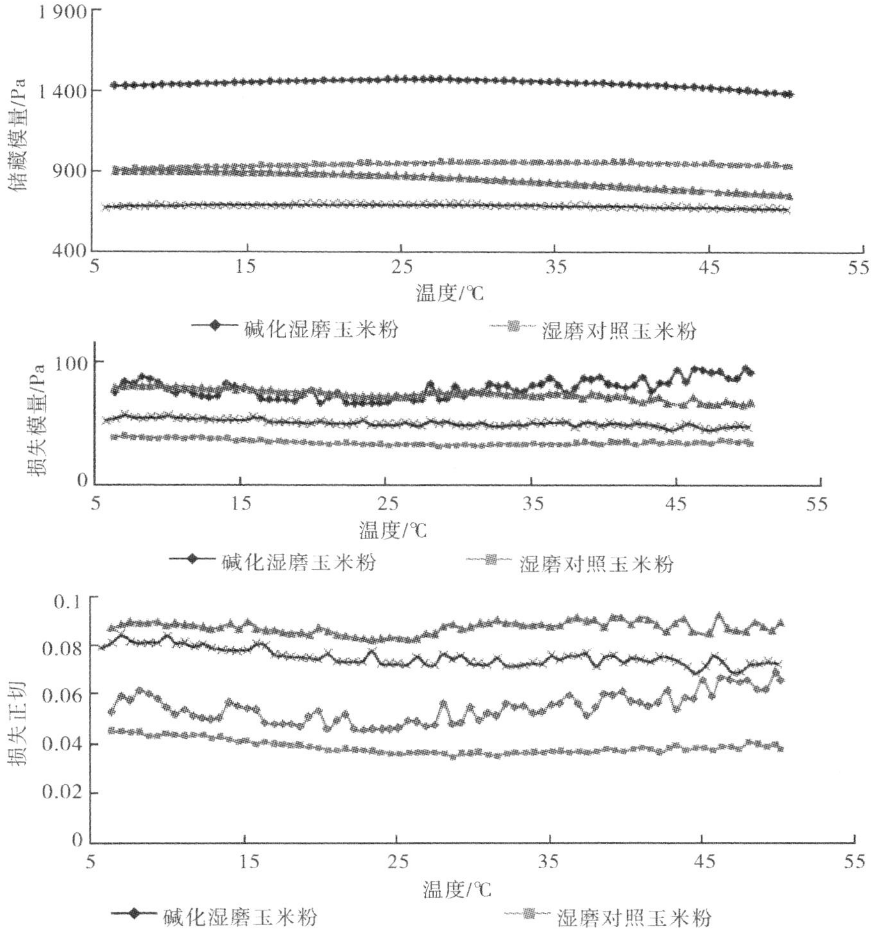

图 4. 13　玉米粉的温度扫描

复数模量（G^*）反映材料的宏观黏弹性，图 4. 14 表明，随着时间的延长，四种玉米粉的复数模量（G^*）基本不变，从图中可以看出，复数模量的大小顺序为：碱化湿磨玉米粉 > 湿磨对照玉米粉 > 市售玉米粉 > 干磨对照玉米粉，热碱处理玉米粉

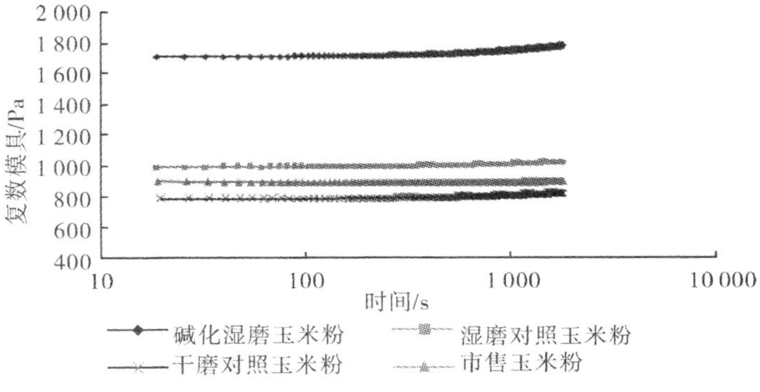

图 4. 14　玉米粉的时间扫描

的复数模量（G^*）明显大于其他玉米粉的复数模量值，说明热碱处理玉米粉抵抗形变能力最强，而干磨对照玉米粉抵抗形变能力最弱，最易发生形变。

4.2.4 玉米粉热特性（DSC）分析

图4.15为玉米粉的DSC糊化曲线。碱化湿磨样品的糊化温度高于对照样品（表4.14），这个结果可能是由于Ca^{2+}和淀粉链之间的相互作用，引起交联淀粉的改变引起的，这个结果与先前报道的研究成果相一致。由于热处理环境接近于糊化温度，所以蒸煮温度会影响热碱处理样的热特性。在蒸煮和浸泡期间，不充足的热和水分以及直链淀粉和Ca^{2+}之间的相互作用限制了淀粉的糊化。另外，热碱蒸煮样品一旦降温，糊化的淀粉就会快速地发生老化。冷却降温会使淀粉在低于糊化温度的环境下重新排列成更有序的结构。有证据显示淀粉的冷却降温造成糊化峰值温度升高。热碱处理玉米颗粒里面的淀粉微晶之间的改变可能解释了糊化温度的增加。然而，碱化湿磨玉米粉的糊化焓值较低。在碱化湿磨玉米粉里，一些淀粉颗粒的双折射消失并且相转变需要的能量也较低，这与热处理期间部分淀粉糊化相一致。热碱处理玉米粉里直链淀粉和脂质的混合物减少，这是因为在热碱浸泡加工过程中脂质发生皂化，减少了与直链淀粉之间的相互作用。干磨对照玉米粉的糊化焓最低，这是由于玉米粉中所含游离的淀粉较少，淀粉还是被蛋白紧紧包围，使淀粉不得糊化。而市售玉米粉也是干法磨制，所以此玉米粉中蛋白与淀粉并没有完全分离；此外粉质胚乳糊化焓小于角质胚乳的糊化焓。

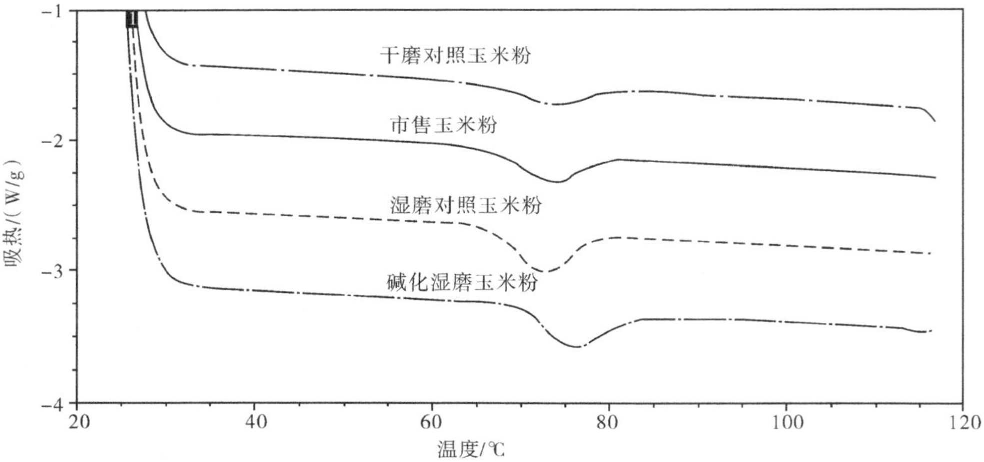

图4.15 玉米粉的DSC糊化曲线

表4.14 玉米粉的DSC糊化曲线参数

样品	T_o/℃	T_p/℃	T_e/℃	ΔH/（J/g）
碱化湿磨玉米粉	70.3±0.21a	75.4±0.12a	80.5±0.13a	14.0±0.36a
湿磨对照玉米粉	66.7±0.26b	72.2±0.23c	76.0±0.26b	15.1±0.16a
干磨对照玉米粉	66.4±0.31b	73.0±0.26b	75.9±0.14bc	8.5±0.17c
市售玉米粉	66.6±0.22b	73.2±0.12b	75.3±0.11c	10.7±0.21b

注：同一列不同字母表示显著性差异（$P<0.05$），结果均是两次平行试验的平均值±标准偏差。

表4.15是玉米糊老化5 d所测的老化特性，表4.16是玉米糊老化9 d的老化热特性。

表4.15 玉米粉的老化（5d）DSC扫描

样品	T_{o5}/℃	T_{p5}/℃	T_{e5}/℃	ΔH_5/（J/g）
碱化湿磨玉米粉	40.4±0.26c	48.1±0.16c	55.2±0.27b	3.4±0.15b
湿磨对照玉米粉	42.7±0.13b	49.7±0.13b	56.2±0.16ab	4.7±0.22a
干磨对照玉米粉	43.8±0.12a	51.4±0.12a	57.4±0.08a	1.3±0.12d
市售玉米粉	42.3±0.11b	49.2±0.14b	55.5±0.14b	2.2±0.11c

注：同一列不同字母表示显著性差异（$P<0.05$），结果均是两次平行试验的平均值±标准偏差。

表4.16 不同方法玉米粉的老化（9d）DSC扫描

样品	T_{o9}/℃	T_{p9}/℃	T_{e9}/℃	ΔH_9/（J/g）
碱化湿磨玉米粉	41.0±0.14b	50.3±0.14a	59.3±0.11a	5.0±0.11b
湿磨对照玉米粉	42.5±0.12a	51.7±0.12a	59.9±0.11a	5.9±0.11a
干磨对照玉米粉	41.8±0.14ab	50.9±0.15a	60.0±0.27a	2.6±0.05d
市售玉米粉	41.5±0.24ab	51.7±0.07a	60.0±0.08a	3.6±0.01c

注：同一列不同字母表示显著性差异（$P<0.05$），结果均是两次平行试验的平均值±标准偏差。

储藏时间5~9 d淀粉的熔融温度几乎没有发生改变，但发现碱化湿磨玉米粉熔融温度更低，而老化焓小于湿磨对照玉米粉。湿磨对照玉米粉显示比碱化湿磨玉米粉的熔融温度较高，这也与玉米粉的转变焓相一致。这些值表明碱化湿磨技术会减少淀粉老化，因为许多直链淀粉溶解在浸泡液里，而直链淀粉是产生老化的主要原因，这可以通过测定破坏样品体系所需的能量来观察到。市售玉米粉的老化焓低，这也是粉质胚乳的典型特征。随着老化时间的延长，玉米粉熔融温度变化不大，但老化焓却随着时间的加长而增大。

4.2.5 玉米粉偏光显微特性分析

通过普通光学显微镜观察（图4.16），碱化湿磨和湿磨玉米粉中的玉米淀粉都具有偏光十字现象，说明经过热碱处理的碱化淀粉颗粒结晶结构完整，热碱处理过程并没有对淀粉颗粒的结晶结构产生破坏。碱化湿磨玉米粉在加热过程中，当温度达到75℃时出现了小部分的颗粒溶胀破裂，温度继续升高达到80℃时，多数淀粉颗粒已经破损，糊化程度较高。与之相比较的湿磨对照玉米粉在75℃下多数颗粒已经溶胀破裂，80℃时基本无法观察到完整的淀粉颗粒，由此可见碱化湿磨玉米粉糊化温度明显高于湿磨对照玉米粉，说明了钙-淀粉之间的交联，能够明显升高碱化湿磨玉米粉的糊化温度。普通光学和偏光显微镜的观察结果与RVA糊化黏度曲线的结果一致，碱化湿磨玉米粉的糊化温度与其热碱有密切关系。钙-淀粉相互作用，形成网络结构，使淀粉更难糊化，致使糊化温度升高，这与上述分析结果一致。

与湿磨对照玉米粉相比，碱化湿磨玉米粉结构较疏松，几乎无大聚集体；而湿磨对照玉米粉可以明显观察到聚集体，蛋白仍部分包围着淀粉。这也就说明了热碱处理能够使蛋白释放出淀粉颗粒，改善玉米粉中淀粉的吸水膨胀能力。

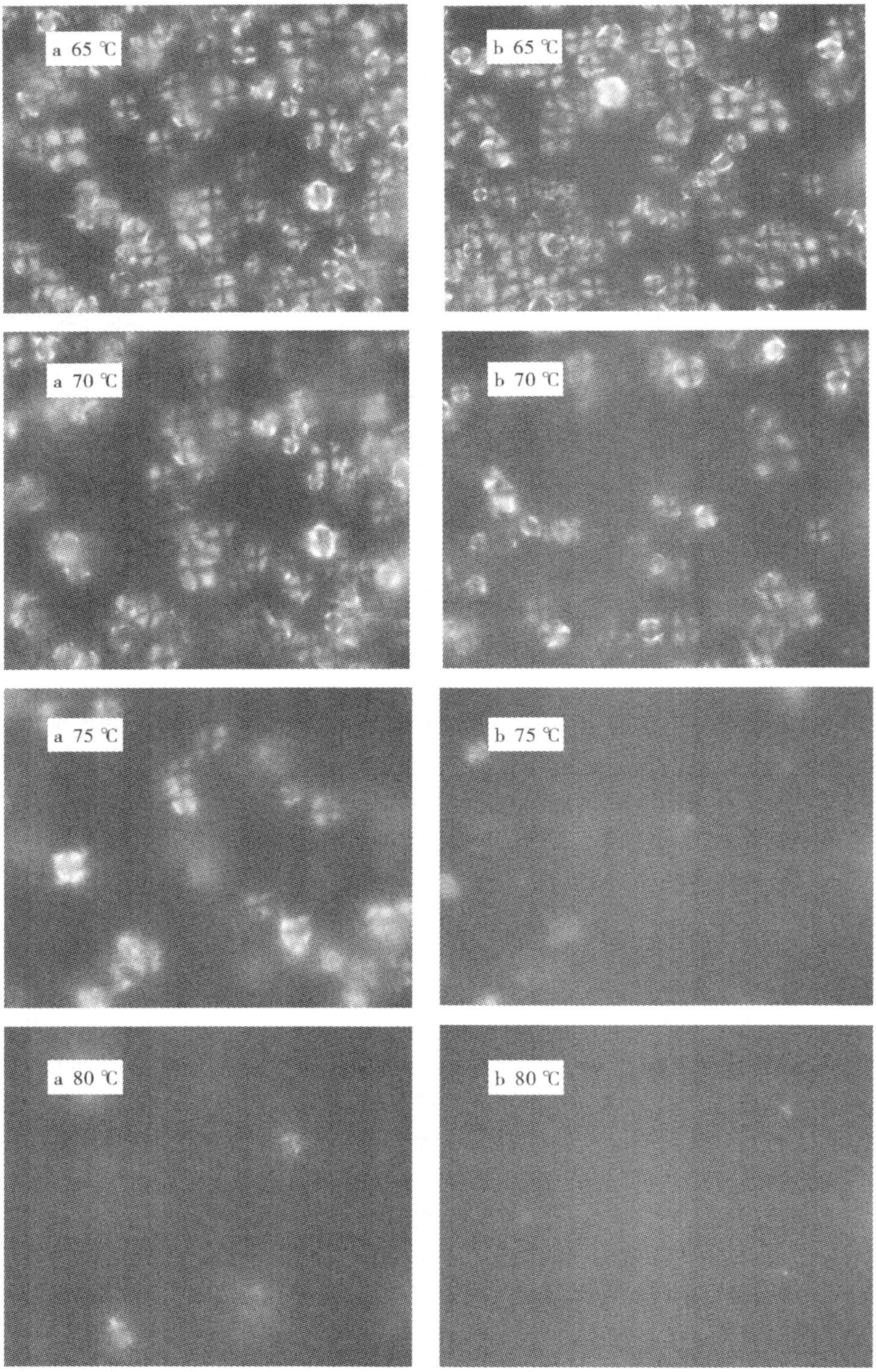

图 4. 16　碱化湿磨玉米粉（a）和湿磨对照玉米粉（b）偏光图像

4.2.6　玉米粉扫描电子显微镜（SEM）形态观察

从图4.17a中可以看到，有些淀粉颗粒几乎变形，说明热碱处理会使部分淀粉糊化。当SEM倍数增加时，我们看到碱化湿磨玉米粉的淀粉颗粒完全暴露于外界，几乎没有蛋白围绕；而湿磨对照玉米粉的淀粉表面结合有蛋白，说明热碱处理影响蛋白的结构，能够使蛋白与淀粉分离。

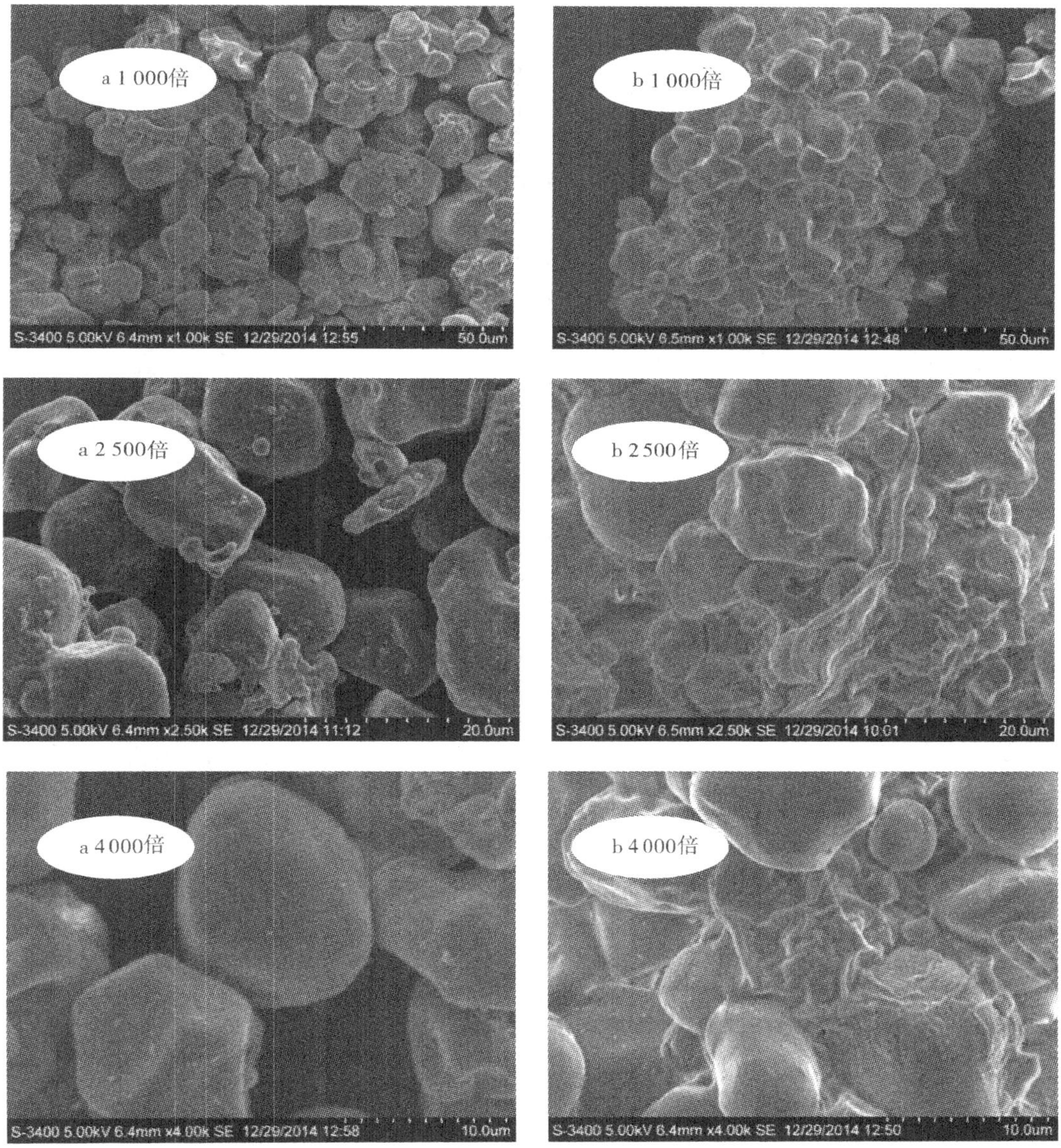

图4.17　碱化湿磨玉米粉（a）和湿磨对照玉米粉（b）电镜（SEM）图像

图 4.18 是干磨对照玉米粉和市售玉米粉的电镜（SEM）图像。从图 c 我们可以看到，淀粉几乎完全被蛋白所包围，只有少部分的小淀粉颗粒暴露于外面，这也验证了干磨对照玉米粉的糊化黏度曲线和热特性，这种玉米粉在糊化过程中很难吸收水分，因为蛋白对淀粉的包围较紧密。这也可能是在制备时，完全是大胚乳细胞变为小胚乳，没有使淀粉与蛋白达到分离。从淀粉形态可以看出干磨对照玉米淀粉是多角形态，这是因为在干燥期间，蛋白质收缩产生压力而使淀粉颗粒被挤压成多角形，结构紧密，这是角质胚乳的特点。而从市售玉米粉的电镜图可以看到，胚乳组织松散，细胞较大，淀粉颗粒既大且圆，蛋白质基质较薄，说明市售玉米粉是粉质胚乳占多数。

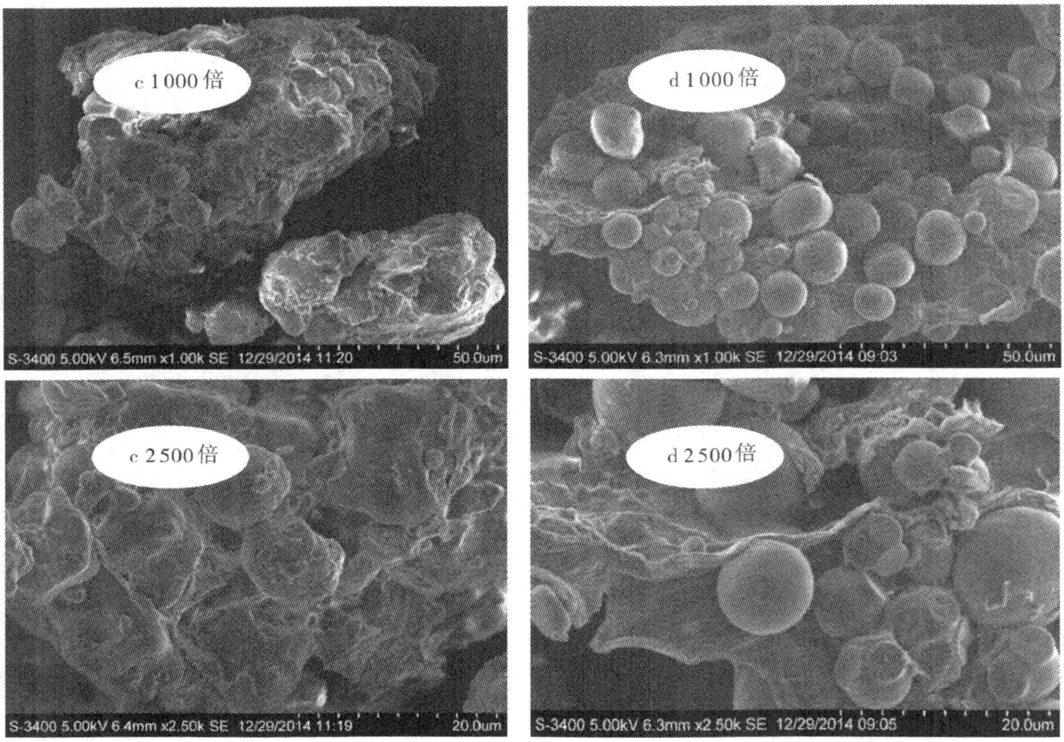

图 4.18 干磨对照玉米粉（c）和市售玉米粉（d）电镜（SEM）图像

4.2.7 玉米粉 X 射线衍射分析

淀粉颗粒是微结晶结构的集合体。X 射线衍射现象起因于淀粉结晶部分的晶格与 X 射线满足一定角度时，照射在晶格面的 X 射线就会发生强烈的衍射，再根据衍射线的位置，可得到各种结晶物质的特征参数。衍射峰的宽度与微结晶体的大小有关，微结晶越大则峰越宽，背景面积主要来源于非结晶领域，而结晶领域决定了衍射线的面积，因此通过两面积的比对可以得出结晶度。

淀粉多晶体系可以看成由亚微晶结构、微晶结构以及非晶结构形成的，亚微晶结构是一种介于微晶结构和非晶结构之间的晶粒体，该晶形不完整，在 X 射线测试时不会出现尖锐峰，但是会出现像非晶的弥散峰；微晶结构在 X 射线照射下会出现明显的尖峰特征，因此可以测得尖峰衍射峰和弥散衍射峰的比例及变化规律，以此来判定淀粉的结晶类型以及在处理过程中的晶型变化特性等。

淀粉颗粒的晶型可分为 A 型、B 型、C 型三种形态。A 型晶体大多是玉米淀粉及谷物淀粉，结晶强度高；B 型晶体多为马铃薯及其他根茎类淀粉、老化淀粉，结晶强度较弱；C 型晶体一般为豆类淀粉，结晶性介于 A 型、B 型之间；此外水热处理或与有机物形成复配物的淀粉晶体出现 V 型结构，这种结晶形式不存在于天然淀粉中，它是由一种单螺旋结构产生，仅有在淀粉糊化后，直链淀粉与醇、碘及脂肪酸等类脂物形成复配物后产生。

图 4. 19 中 a 为干磨对照玉米粉的 X 射线衍射图谱。干磨对照玉米粉的衍射曲线由尖锐衍射峰和弥散衍射峰两部分组成，具有典型的结晶衍射峰，从衍射曲线上可以看到，干磨对照玉米粉是典型的多晶体体系，这说明干磨对照玉米粉的淀粉颗粒是由结晶体和非结晶体两部分组成的，其中干磨对照玉米粉在 2θ 为 15. 056°、17. 097°、18. 208°和 23. 099°呈现强烈的衍射峰，此为 A 型结晶淀粉的特征峰。

图 4. 19 中 b 为市售玉米粉的 X 射线衍射图谱。从衍射曲线上可以看到，市售玉米粉也是典型的多晶体体系，其中市售玉米粉在 2θ 为 15. 212°、17. 067°、18. 086°和 22. 899°呈现强烈的衍射峰，此为 A 型结晶淀粉的特征峰。

图 4. 19 中 c 为碱化湿磨玉米粉的 X 射线衍射图谱。由图中可知，碱化湿磨玉米粉也是典型的多晶体结构，碱化湿磨玉米粉在 2θ 为 14. 910°、17. 195°、17. 932°和 23. 132°呈现强烈的衍射峰。说明碱化湿磨玉米粉的晶型也为 A 型。

图 4. 19 中 d 为湿磨对照玉米粉的 X 射线衍射图谱。由图中可知，湿磨对照玉米粉也是典型的多晶体结构，玉米粉在 2θ 为 14. 974°、17. 001°、18. 195 和 22. 911°呈现强烈的衍射峰。说明湿磨对照玉米粉的晶型也为 A 型。

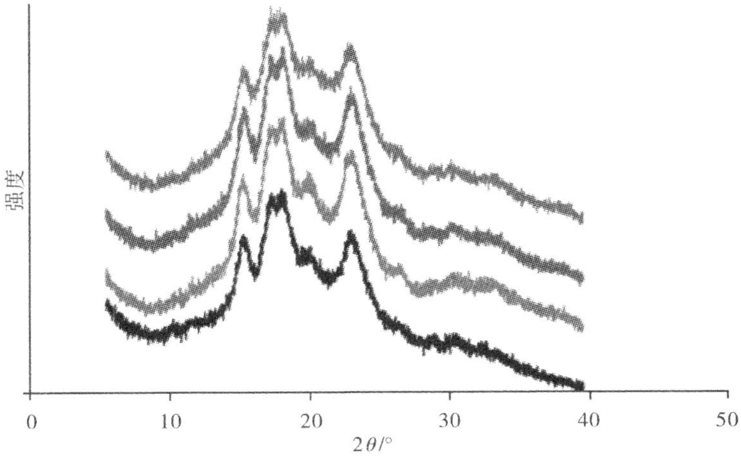

从上到下依次为：a. 干磨对照玉米粉；b. 市售玉米粉；c. 碱化湿磨玉米粉；d. 湿磨对照玉米粉

图 4. 19　玉米粉的 X 射线衍射图谱

表 4. 17 是四种玉米粉的相对结晶度分析结果。

表 4.17 干磨对照玉米粉市售玉米粉、碱化湿磨玉米粉以及湿磨对照玉米粉的相对结晶度

样品	总面积	结晶区面积	结晶度/%
干磨对照玉米粉	16 104	5 039	31.29
市售玉米粉	18 079	4 961	27.44
碱化湿磨玉米粉	16 629	4 909	29.52
湿磨对照玉米粉	17 636	5 564	31.55

由分析可知，干磨对照玉米粉的结晶度为 31.29%，市售玉米粉的结晶度为 27.44%，碱化湿磨玉米粉的结晶度为 29.52%，湿磨对照玉米粉的结晶度为 31.55%，四种玉米粉的结晶度相比，湿磨对照玉米粉的结晶度最高，干磨对照玉米粉次之，市售玉米粉最低。这个结果表明：湿磨对照玉米粉中的射线可照射的结晶淀粉最多，而碱化湿磨玉米粉中的结晶淀粉相对较少，这是因为在碱化湿磨加工过程中，部分淀粉已经糊化形成老化淀粉，即 B 型结晶，所以碱化湿磨玉米粉的结晶度相对较低。市售玉米粉的结晶度最低，这是因为玉米粉中 X 射线所能测得的结晶体较少，导致一个较低的相对结晶度，有可能是因为市售玉米粉内的淀粉有的未成熟，没有形成结晶结构，这些结果与 DSC 研究分析一致。

5　玉米主食专用粉湿法加工改良技术

玉米湿法加工是玉米经浸泡、研磨、分离得到淀粉、油和饲料（玉米蛋白粉和玉米蛋白饲料）等组分的过程。玉米湿法加工涉及化学、生物化学和机械作业来分离玉米籽粒中的各组分。

玉米湿法加工是玉米加工的主要途径，玉米湿法加工的浸泡时间一般需要 50 h 左右，另外还需添加二氧化硫破坏蛋白质亚基之间的二硫键，但二氧化硫的使用对环境和健康都是一个问题。在玉米湿法加工基础上衍生的玉米酶 - 湿法加工，利用蛋白酶制剂代替二氧化硫的使用，在减少浸泡时间的前提下，一定程度上解决了二氧化硫污染的问题。

近年来，实验室规模玉米湿法加工方法已经开发，即通过减少玉米用量、优化湿法加工过程参数和开发新的湿法加工过程，用于研究玉米品质对湿法加工过程的影响。实验室规模玉米湿法加工方法的样品量，从 1 kg、300 g、100 g 到 10 g，甚至 2 ~ 10 粒。实验室规模玉米湿法加工方法的一个挑战是淀粉、蛋白质、纤维等组分的有效分离，实验室分离过程中使用的设备与工业分离过程有一定的差距，但能准确用于评价小产量工艺或者区分组分上的差异。

实验室规模玉米湿法加工方法已利用多种技术提高组分的得率和质量，尽可能地模拟传统玉米湿法加工（表 5.1），如浸泡方式的模拟，采用静态浸泡、循环浸泡和逆流浸泡三种方式来模拟工业生产中的浸泡过程。

表 5.1　不同玉米湿法加工各组分得率比较

	组分得率/%						淀粉中蛋白质含量/%	浸泡时间/h	样品量/g
	可溶物	胚	纤维	淀粉	蛋白粉	回收率			
实验室规模得率：静态浸泡									
Eckhoff（1996）	6.8	5.2	10.2	67.3	8.8	98.3	—	24	100
Vignaux（2006）	6.9	5.9	10.3	63.2	11.	98.3	0.66	40 ~ 48	100
实验室规模得率：循环浸泡									
Eckhoff（1991）	6.2	6.0	8.8	67.3	9.8	98.1	0.32	48	1500
Eckhoff（1993）	7.0	7.0	9.9	64.8	9.9	98.6	0.32	36	1000
Singh et al（1995）	3.4	6.6	11.2	62.6	15.4	99.2	0.64	24	1000

续表

	组分得率/%						淀粉中蛋白质含量/%	浸泡时间/h	样品量/g
	可溶物	胚	纤维	淀粉	蛋白粉	回收率			
实验室规模得率：逆流浸泡									
Steinkeet al (1991)	7.7	6.7	10.7	64.9	10.0	100	0.42	48	300
Yaptenco (1993)	7.0	5.8	9.1	65.9	9.5	97.3	—	36	1 000
工业生产得率									
Blanchard (1992)	6.5	7.5	12.0	68.0	5.6	99.6	0.30～0.35	30～50	

注："—"指文献中没有提及。

5.1 实验室规模（50 g）玉米湿法加工方法

玉米湿法加工工艺中，玉米通常在二氧化硫含量为0.20%～0.25%的浸泡水（pH值为2.5左右），温度为49～53 ℃条件下浸泡50 h左右。浸泡是生产玉米淀粉的核心工序，在浸泡时，玉米胚乳得到软化，利于后期研磨，同时二氧化硫通过断裂谷蛋白分子间或分子内的二硫键瓦解蛋白质基质。

实验室规模玉米湿法加工方法是对玉米湿法加工的模拟，用于评估玉米加工特性及为玉米育种提供技术支持等方面。以50 g的用量，采用静态浸泡方式模拟在不同浸泡时间对玉米淀粉生产得率和淀粉特性的影响，优选合适的浸泡时间，建立实验室规模玉米湿法加工评价方法（图5.1）。

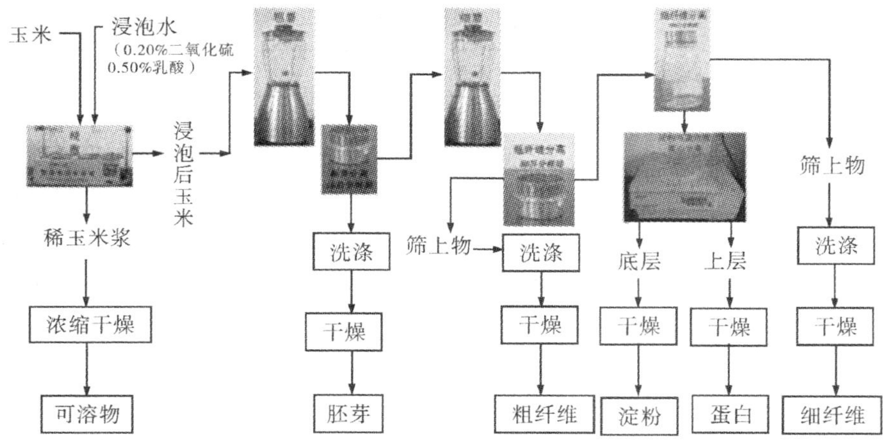

图5.1 实验室规模玉米湿法加工过程

5.1.1 实验室规模玉米湿法加工过程

操作要点：

（1）浸泡：50 g 玉米在 150 mL 包含 0.20%（*W/W*）二氧化硫和 0.50%（*W/W*）乳酸，52 ℃的浸泡液中浸泡。

（2）粗磨：玉米与 150 mL 水在组织捣碎机（钝刀）中，以 50% 速度研磨 30 s。

（3）胚芽提取：粗磨后的乳液过 7 目分样筛，对筛上物挑拣，取胚置于 16 目分样筛上，用 100 mL 水清洗。

（4）细磨：将脱胚后的乳液转移至组织捣碎机中，全速细磨 4 min。

（5）纤维分离：分别过 50 目和 200 目分样筛，筛上物分别为粗纤维和细纤维，分别用 500 mL 水洗涤。

（6）淀粉和蛋白质分离：采用 65%（*W/W*）的蔗糖溶液离心分离，纤维分离后的麸质乳液经真空抽滤，采用蔗糖溶液分离三次，然后洗去蔗糖溶液。

（7）得到的湿法加工各组分在 50 ℃的烘箱中干燥 24 h。

5.1.2 玉米化学组分与物理特性

玉米品种影响玉米的可湿磨性（分离容易度）及湿法加工各组分的产量和质量，所用玉米的化学组分和物理特性见表 5.2。

表 5.2 玉米的化学组分和物理特性

	化学组分			物理特性	
	淀粉含量/%（干基）	蛋白含量/%（干基）	脂肪含量/%（干基）	容重/（g/L）	密度/（g/cm^3）
玉米	71.52 ±0.69	8.50 ±0.05	3.88 ±0.13	778.71 ±3.50	1.290 ±0.003

1. 浸泡时间对湿法加工各组分的影响

玉米经加工得到湿法加工各组分见图 5.2（除可溶物）。由表 5.3 可知，不同浸泡时间下，湿法加工的回收率高于 98.44%，与表 5.4 中实验室规模玉米湿法加工方法所得回收率相当。

不同浸泡时间下，淀粉得率与蛋白粉得率之和的范围为 70.38% ~72.82%（表 5.3），表 5.4 中淀粉得率与蛋白粉得率之和范围为 67.3% ~78.3%，其中淀粉与蛋白质的分离方法采用离心分离的为 67.3%，淀粉与蛋白质的分离方法采用淀粉溜槽分离的为 75.0% ~78.3%，本实验采用离心分离法分离淀粉与蛋白质。

经方差分析可知，浸泡时间对蛋白粉得率、蛋白粉纯度（蛋白粉中蛋白质含量）和可溶物得率有极显著的影响（$P<0.01$），对淀粉得率、淀粉纯度（淀粉中蛋白质含量）、粗纤维得率、细纤维得率和回收率的影响不显著（$P>0.05$）。

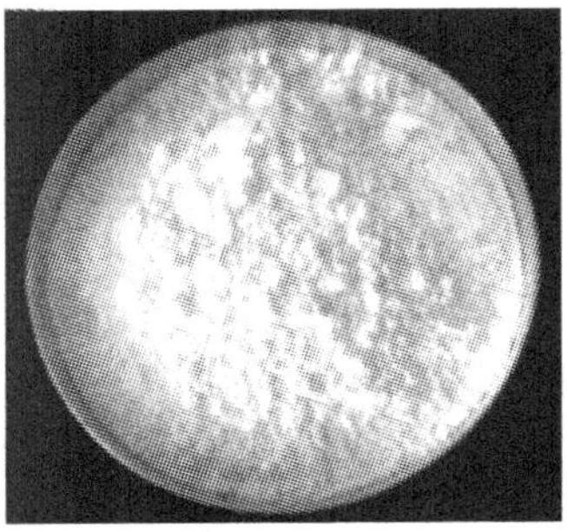

a. 淀粉

b. 蛋白粉

c. 胚芽

d. 粗纤维

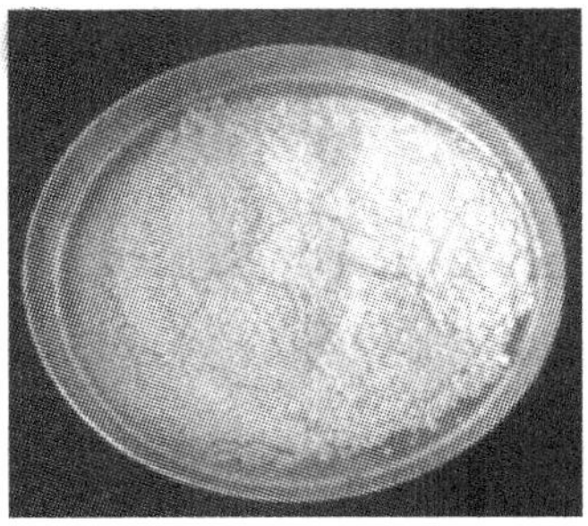

e. 细纤维

图 5.2　玉米湿法加工各组分

表 5.3　浸泡时间对回收率和淀粉与蛋白粉得率和的影响

浸泡时间/h	淀粉得率/% + 蛋白粉得率/%	回收率/%
40	72.82 ±0.38a	99.90 ±0.06a
48	71.94 ±0.22ab	99.74 ±0.35a
56	70.72 ±0.61bc	99.19 ±0.57a
64	70.38 ±0.74c	98.44 ±2.15a
72	70.75 ±0.51bc	99.25 ±0.38a

注：同列小写字母不同表示显著性差异（$P<0.05$）。

表 5.4　不同实验室规模玉米湿法加工方法比较

	样品量	浸泡时间/h	淀粉与蛋白质分离方式	组分得率/%						
				淀粉	淀粉中蛋白质含量	蛋白粉	可溶物	胚	纤维	回收率
Singh and Eckhoff (1996)	300g	48	离心	58.4	0.6	8.9	7.2	6.6	19.2	100.3
	100g	24	淀粉溜槽	67.3	—	8.8	6.8	5.2	10.2	98.3
	1000g	36	淀粉溜槽	67.4	—	8.6	4.3	5.9	9.8	98.3

续表

	样品量	浸泡时间/h	淀粉与蛋白质分离方式	组分得率/%						
				淀粉	淀粉中蛋白质含量	蛋白粉	可溶物	胚	纤维	回收率
Seetharaman and White（2004）	10 粒	72	沉淀	59.1	2.2	—	—	—	—	—
	10 粒	48	沉淀	53.5	3.1	—	—	—	—	—
	10 粒	48	离心	56.7	0.9	—	—	—	—	—
	10 粒	72	离心	63.8	0.9	—	—	—	—	—
Vignaux and Fox（2006）	10g	40	淀粉溜槽	63.2	0.7	11.8	6.9	5.93	10.3	98.3
	100g	48	淀粉溜槽	66.9	0.3	11.4	5.2	5.5	9.9	99.2
	100g	40	淀粉溜槽	67.0	0.3	11.1	5.5	6.7	8.5	99.0

注：“—”指文献中没有提及。

（1）淀粉的得率和纯度：浸泡时间为 40h 时，淀粉得率（61.76%）最低，浸泡时间为 72h 时，淀粉得率（63.62%）最高，且不同浸泡时间下的淀粉得率（表 5.5）在实验室玉米湿法加工方法加工 133 种商业玉米所得淀粉得率的范围内。Vignaux 等采用 100 g 实验室规模玉米湿法加工方法加工玉米（品种 619248）得到淀粉得率为 63.40%，与我们实验结果相近，但是与品种 617741 和 617746 相比，淀粉得率存在 2% ~3% 的差距，可能与玉米品种和样品数量有关。样品数量的减少，引起不均一研磨，产生未破碎的大颗粒，蛋白质网络结构限制淀粉释放。Ji 等研究小规模淀粉分离时发现淀粉得率随着样品数量的增加而增加。有研究表明玉米湿法加工的效果与玉米的品质参数相关。

淀粉纯度为 61.76% ~63.62%（表 5.5），高于 Vignaux 等通过 100g 实验室规模湿法加工方法得到淀粉的纯度，与通过 10g 实验室规模湿法加工方法得到淀粉的纯度相近。与表 5.4 相比可知，淀粉纯度的变化与样品量、淀粉与蛋白质的分离方式有关。本文采用 65% 蔗糖溶液离心分离淀粉与蛋白质，可能造成淀粉与蛋白质不完全分离。

表 5.5　浸泡时间对湿法加工得到淀粉和蛋白粉的得率和纯度的影响

浸泡时间/h	淀粉得率/%	淀粉中蛋白质含量/%	蛋白粉得率/%	蛋白粉中蛋白质含量/%
40	61.76 ±0.34c	0.79 ±0.04a	11.06 ±0.05a	13.08 ±0.28c
48	62.56 ±0.62abc	0.56 ±0.03a	9.39 ±0.40b	23.95 ±3.16b
56	62.32 ±0.65bc	0.63 ±0.10a	8.40 ±0.05c	29.83 ±4.63ab
64	63.22 ±0.40ab	0.62 ±0.16a	7.17 ±0.33d	29.80 ±2.48ab
72	63.62 ±0.24a	0.84 ±0.21a	7.13 ±0.27d	32.54 ±3.33a

注：同列小写字母不同表示显著性差异（$P<0.05$）。

（2）蛋白粉的得率和纯度：蛋白粉得率与玉米籽粒中蛋白质含量成正比。当浸泡时间为40 h时，蛋白粉得率（11.06%）最高，浸泡时间为72 h时，蛋白粉得率（7.13%）最低（表5.5）。这些结果与淀粉的讨论结果相一致。浸泡时间为40 h，蛋白粉得率（11.06%）高于玉米中蛋白质含量为8.50%。当浸泡时间为48 h和56 h时，蛋白粉得率分别为9.39%、8.40%，与玉米中蛋白含量（8.50%）相近，当浸泡时间为64h，蛋白粉得率（7.17%）低于玉米中蛋白质含量（8.50%），可能是浸泡时间过长引起的。

由表5.5可知，浸泡时间从40 h到72 h，蛋白粉纯度（蛋白粉中蛋白质含量）从13.08%增加到32.54%（$P<0.05$），纯度较低，可能是淀粉与蛋白质的分离不彻底。当浸泡时间为40 h时，蛋白粉的纯度为13.08%，测定细纤维中的蛋白含量在16%左右，高于玉米纤维中的蛋白质含量（大约11%），可能是细纤维洗涤不充分。

（3）胚芽、纤维和可溶物的得率：胚芽的提取是在粗磨后，过7目分样筛，用镊子拣出，置于16目分样筛上进行洗涤。由表5.6可知，胚芽得率的范围为6.62%～7.44%（$P>0.05$），胚芽得率的变化与Vignaux等通过10 g实验室规模玉米湿法加工方法得到的结果一致，这两种实验室规模湿法加工方法中胚芽提取的方法相同。

表5.6 浸泡时间对湿法加工组分（胚芽、粗纤维、细纤维、可溶物）得率

浸泡时间/h	胚芽得率/%	粗纤维得率/%	细纤维得率/%	可溶物得率/%
40	6.62±0.55a	10.46±0.35ab	4.58±0.50a	5.42±0.05c
48	6.71±0.04a	11.15±0.40a	4.38±0.20a	5.56±0.05c
56	7.30±0.09a	10.00±0.42b	4.40±0.21a	6.78±0.45a
64	7.44±0.32a	10.16±0.05b	4.47±1.03a	5.98±0.12bc
72	7.38±0.28a	10.57±0.17ab	4.52±0.43a	6.21±0.16ab

注：同列小写字母不同表示显著性差异（$P<0.05$）。

粗纤维是经细磨后乳液过50目分样筛，得到的筛上物。粗纤维得率范围为10.00%～11.15%（表5.6），高于Vignaux等的结果，可能是研磨的程度或纤维分离造成的。细纤维是细磨后乳液过200目分样筛得到的筛上物。由表5.6可知，细纤维得率为4.50%左右。在工业生产中，通常采用压力曲筛对纤维进行分离洗涤。

浸泡时间的延长提高可溶物得率（$P<0.05$，表5.6）。当浸泡时间从40 h增加到72 h，蛋白粉得率从11.06%降低到7.13%（$P<0.05$），且淀粉得率变化不显著（$P>0.05$）。实验室研究表明采用传统浸泡时间时，可溶物得率升高使淀粉得率和蛋白粉得率降低。

2. 浸泡时间对玉米淀粉特性的影响

（1）玉米淀粉的颗粒形态：玉米淀粉多为多角形、圆形，同时能观察到淀粉的“粒心”，又称“脐”（图5.3）。由图5.3A～E观察到脐点附近有裂痕，与后期研磨有关。从图5.3a～e中可观察到玉米淀粉的偏光十字。

不同浸泡时间下，玉米淀粉的粒度分布基本一致，玉米淀粉的平均粒度在16.51～17.06 μm之间（表5.7），稍高于商业玉米淀粉的平均粒度15 μm，粒度分布与商业玉米淀粉粒度分布相近（5～25 μm），具有良好的均匀性，表明实验室规模玉米湿法加工方法中研磨效果较好。

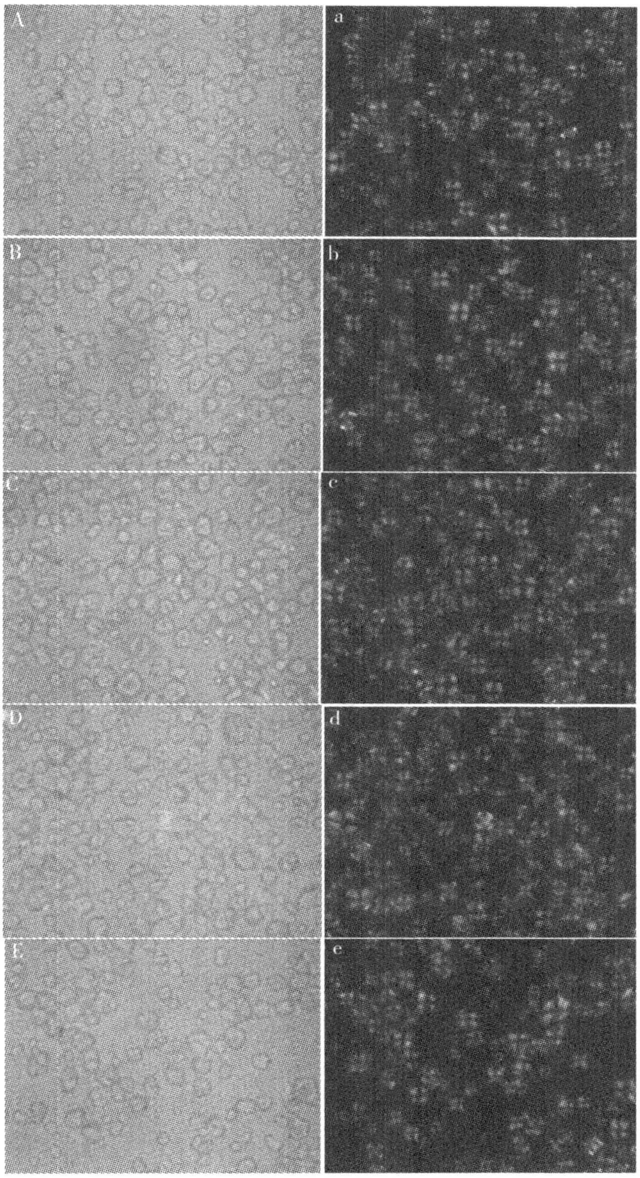

500 倍，A/a：40h、B/b：48h、C/c：56h、D/d：64h、E/e：72h，A～E 为光学图像，a～e 为偏光图像

图 5.3　在不同浸泡时间下玉米淀粉的颗粒形态

表 5.7　在不同浸泡时间下玉米淀粉的粒度分布

浸泡时间/h	*d*（10%）/μm	*d*（50%）/μm	*d*（90%）/μm	平均粒度/μm
40	12.78 ±0.29bc	16.69 ±0.05c	21.56 ±0.09b	16.66 ±0.07c
48	12.68 ±0.16bc	16.61 ±0.09cd	21.48 ±0.04b	16.58 ±0.09cd
56	12.98 ±0.17ab	16.83 ±0.04b	21.62 ±0.11b	16.80 ±0.02b

续表

浸泡时间/h	d（10%）/μm	d（50%）/μm	d（90%）/μm	平均粒度/μm
64	13.21 ±0.10a	17.10 ±0.04a	21.89 ±0.10a	17.05 ±0.04a
72	12.47 ±0.01c	16.58 ±0.03d	21.56 ±0.08b	16.51 ±0.05d

注：d（10%）/μm—10%淀粉颗粒直径小于该值；d（50%）/μm—50%淀粉颗粒直径小于该值；d（90%）/μm—90%淀粉颗粒直径小于该值；同列小写字母不同表示显著性差异（$P<0.05$）。

（2）玉米淀粉的结晶结构：淀粉颗粒通过直链淀粉和支链淀粉形成的无定形层和结晶层交替形成半结晶结构，通过X射线衍射法可测淀粉的结晶类型。

玉米淀粉为A型结晶，在衍射角15.3°、17.1°、23.5°处，有较强的吸收峰（图5.4）。由表5.8可知，玉米淀粉的结晶度在30%左右。结合图5.5和表5.8可知，浸泡时间对玉米淀粉的晶型影响不大。

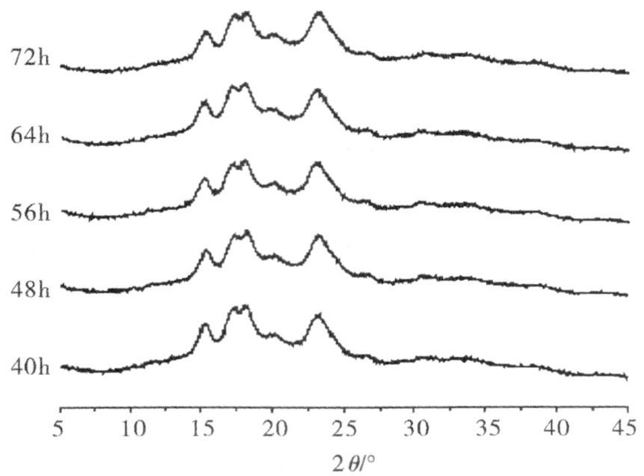

图5.4 不同浸泡时间下玉米淀粉的X射线衍射图谱

表5.8 不同浸泡时间下玉米淀粉的结晶度

浸泡时间/h	40	48	56	64	72
结晶度/%	31.09	30.45	30.56	30.72	31.35

（3）玉米淀粉的糊化特性：不同浸泡时间下，玉米淀粉的糊化特征值见表5.9，浸泡时间从48 h增加到72 h，玉米淀粉的峰值黏度（peak viscosity，*PV*）从1 668 cP降低到1 578cP（$P<0.01$），最终黏度（final viscosity，*FV*）从2 011cP降低到1 812 cP（$P<0.01$）；浸泡时间对峰谷黏度（trough viscosity，*TV*）、回生值（setback viscosity，*SV*）有显著影响（$P<0.05$），对崩解值（break down viscosity，*BV*）、峰值时间（peak time，P_{time}）和峰值温度（peak temperature，P_{temp}）影响不显著（$P>0.05$）。当浸泡时间为48 h、56 h、64 h时，三种玉米淀粉的*PV*、*FV*之间的差异不明显（$P>0.05$）；浸泡时间为40 h时，玉米淀粉的*SV*为886 cP。

最高浸泡时间为72 h，玉米淀粉的*SV*（774 cP）最低。玉米淀粉的颗粒形态和粒度分布基本一致（图5.3、表5.7）。玉米淀粉在生产时，浸泡液的pH值开始在2.5左右，随着浸泡时间增长，浸泡液的pH值维持在4.0左右。有研究表明淀粉的糊化特性与淀粉颗粒的刚度、溶胀颗粒中直链淀粉的溶出有关。这些结果表明随着浸泡时间的增长，浸泡液中pH值影响玉米淀粉的*PV*、*FV*。

表 5.9 不同浸泡时间下玉米淀粉的糊化特性

浸泡时间/h	*PV* /cP	*TV* /cP	*BV* /cP	*FV* /cP	*SV* /cP	P_{time} /min	P_{temp} /℃
40	1 668 ± 14a	1 125 ± 26a	543 ± 12bc	2 011 ± 43a	886 ± 16a	3.97 ± 0.04a	80.85 ± 0.64a
48	1 622 ± 13b	1 092 ± 6ab	530 ± 19c	1 864 ± 24b	771 ± 30b	3.97 ± 0.04a	81.12 ± 0.74a
56	1 622 ± 0b	1 039 ± 5c	583 ± 5a	1 826 ± 24b	787 ± 19b	3.93 ± 0.10a	81.60 ± 0.07a
64	1 624 ± 6b	1 050 ± 8b	574 ± 2ab	1 850 ± 24b	800 ± 15b	3.97 ± 0.04a	80.78 ± 0.88a
72	1 578 ± 4c	1 038 ± 26c	540 ± 22bc	1 812 ± 12b	774 ± 10b	3.97 ± 0.05a	80.90 ± 0.84a

注：同列小写字母不同表示显著性差异（$P < 0.05$）。

（4）玉米淀粉的热力学特性：淀粉在过量水（淀粉:水 > 1:2）中受热（温度高于糊化温度），颗粒的分子排列遭到破坏，结晶区熔化。不同浸泡时间下，玉米淀粉的热力学特性见表 5.10，浸泡时间对 T_o、T_p 和 ΔH 有极显著的影响（$P < 0.01$）。由表 5.10 可知，浸泡时间为 48 h 时，玉米淀粉的 T_o（64.89 ℃）、T_p（70.93 ℃）、T_c（75.80 ℃）最低；当浸泡时间为 40 h 时，玉米淀粉的 T_o，最高，为 66.78 ℃。浸泡时间为 40 h 时，玉米淀粉具有较高的 T_o，表明淀粉开始糊化时需要的能量多。

ΔH 的差异反映淀粉中支链淀粉结晶区的熔化，进一步反映双螺旋（形成支链淀粉结晶区）之间的结合力的差异。由表 5.10 可知，当浸泡时间为 48 h 增加到 72 h，玉米淀粉的 ΔH 从 12.22 J/g 增加到 14.09 J/g（$P < 0.01$），可能是淀粉韧化导致淀粉内部结晶区更加有序排列。淀粉韧化是指淀粉在过量的水中进行湿热处理（处理温度低于糊化温度），引起一些结晶区部分熔化，无定形区的部分淀粉链重新排列组合，导致淀粉的结晶区排列更加有序、均匀，获得较高的熔化温度。

表 5.10 浸泡时间对玉米淀粉糊化温度和糊化焓的影响

浸泡时间/h	T_o/℃	T_p/℃	T_c/℃	ΔH（J/g）
40	66.78 ± 0.35a	71.91 ± 0.34a	76.67 ± 0.53ab	12.69 ± 0.06c
48	64.89 ± 0.42b	70.93 ± 0.19b	75.80 ± 0.42b	12.22 ± 0.30d
56	65.76 ± 0.09b	71.29 ± 0.15b	76.33 ± 0.26ab	12.65 ± 0.13c
64	65.36 ± 0.80b	71.12 ± 0.22b	76.38 ± 0.18ab	13.54 ± 0.25b
72	65.38 ± 0.15b	71.74 ± 0.13a	76.96 ± 0.84a	14.09 ± 0.08a

注：同列小写字母不同表示显著性差异（$P < 0.01$）。

3. 加工方法的精密度

商业玉米（混合品种）经本方法加工 12 次，玉米淀粉得率为 62.83%，标准偏差为 0.58%（表 5.11），低于 Steinke 和 Johnson 通过实验室规模玉米湿法加工方法（淀粉与蛋白质的分离方法为离心和沉淀）的淀粉得率的标准偏差 0.70%，高于 Eckhoff 等通过 100 g 实验室规模玉米湿法加工方法（淀粉与蛋白质的分离方法为淀粉溜槽）的淀粉得率的标准偏差 0.36%。

表 5.11　混合玉米经评价方法加工得到湿法加工组分得率和回收率

淀粉 得率/%	蛋白粉 得率/%	粗纤维 得率/%	细纤维 得率/%	胚芽 得率/%	可溶物 得率/%	回收率/%
62.82 ±0.58	6.80 ±0.88	10.11 ±0.45	4.61 ±0.67	7.15 ±0.43	5.92 ±0.36	97.41 ±0.12

5.2　玉米主食专用粉酶法改良技术

5.2.1　玉米粉的制备

酶法加工玉米粉的制备过程参考实验室规模（50 g）玉米湿法加工方法，加工过程见图 5.5。

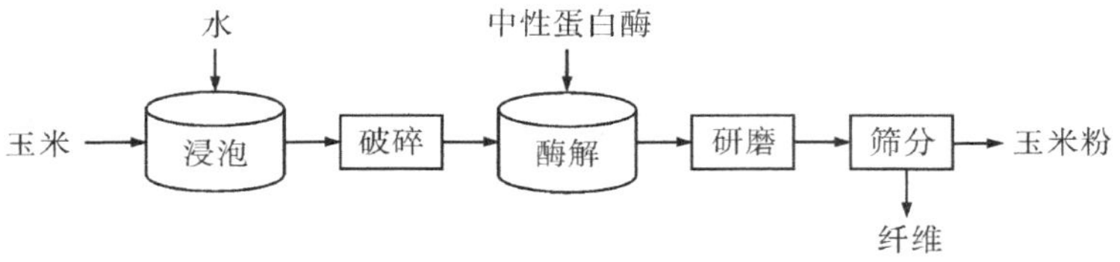

图 5.5　玉米粉的酶法加工过程

操作要点：

（1）第一次浸泡：50 g 玉米在 150 mL、50 ℃的水中浸泡。

（2）粗破碎：玉米与 150 mL 水在组织捣碎机（钝刀）中，以 50% 的速率研磨 1 min。

（3）酶解过程：在 50 ℃、pH 值为 6.60 下，破碎后的样品加酶水解。

（4）研磨：水解后的样品经灭酶，在胶体磨中研磨。

（5）筛分：研磨后的乳液过 100 目分样筛，留存筛下物。

（6）抽滤：真空抽滤得到玉米粉，并清洗多次，去除异味。

（7）干燥：玉米粉在 40 ℃的烘箱中干燥 12 h。

5.2.2　不同因素对玉米粉制备的影响

1. 第一次浸泡时间对玉米粉制备的影响

玉米粉制备时，第一次浸泡时间为 2 ~ 10 h，时间间隔为 2 h（酶添加量为 0.15 mL、酶解时间为 4 h）。

由图 5.6 可知，随着第一次浸泡时间的增加，玉米粉的保水力和膨胀率先增加后趋于平稳，第一次浸泡时间对膨胀率有显著性的影响（$P < 0.05$）。当第一次浸泡时间为 6 h 时，

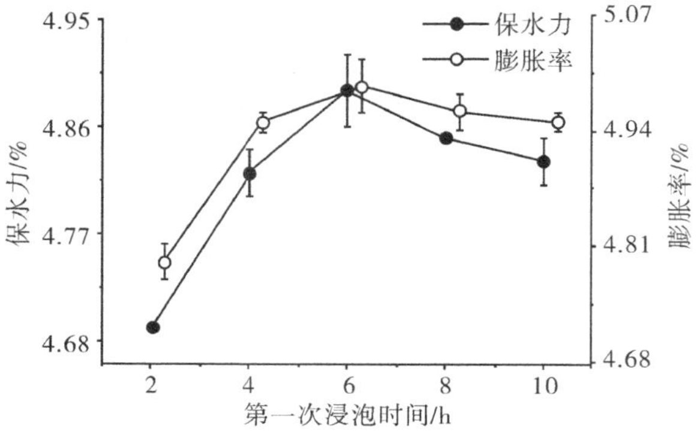

图 5.6　第一次浸泡时间对玉米粉制备的影响

玉米粉的保水力和膨胀率最高。玉米经第一次浸泡后，玉米籽粒吸水膨胀，研磨时颗粒易破碎，有利于中性蛋白酶作用。

表 5.12 为第一次浸泡时间对玉米粉糊化特性的影响，随着第一次浸泡时间增加玉米粉的糊化温度显著降低（$P<0.05$）。当第一次浸泡时间为 4 h 时，玉米粉的 P_{temp} 为 80.37 ℃，与第一次浸泡时间为 6 h、8 h、10 h 时的 P_{temp} 相当，显著低于第一次浸泡时间为 2 h 时的 P_{temp}（81.10 ℃）。

表 5.12　第一次浸泡时间对玉米粉糊化特性的影响

第一次浸泡时间/h	*PV* /cP	*TV* /cP	*BV* /cP	*FV* /cP	*SV* /cP	P_{time} /min	P_{temp} /℃
2	2906 ± 45a	1555 ± 21a	1350 ± 23a	3304 ± 164a	1748 ± 142a	3.26 ± 0.18a	81.10 ± 0.14a
4	2882 ± 76a	1457 ± 14a	1424 ± 91a	3168 ± 23a	1711 ± 38a	3.10 ± 0.04a	80.37 ± 0.88ab
6	3019 ± 3a	1554 ± 99a	1465 ± 96a	3291 ± 123a	1737 ± 24a	3.20 ± 0.00a	79.42 ± 0.17bc
8	2867 ± 53a	1485 ± 4a	1382 ± 48a	3164 ± 5a	1679 ± 1a	3.26 ± 0.09a	79.12 ± 0.10bc
10	2873 ± 12a	1477 ± 24a	1396 ± 12a	3238 ± 36a	1760 ± 12a	3.23 ± 0.04a	78.45 ± 0.70c

注：同列小写字母不同表示显著性差异（$P<0.05$）。

由表 5.13 可知，第一次浸泡时间对玉米粉的 T_o 显著影响（$P<0.05$），对 T_p 极显著影响（$P<0.01$）。第一次浸泡时间为 2 h 时，玉米粉的 T_o 最高（69.08 ℃），第一次浸泡时间为 10 h 时，玉米粉 T_o 最低（65.58 ℃），玉米粉较高的 T_o 表明玉米粉中淀粉起始糊化时需要能量较多，这与玉米粉中淀粉的分布排列等因素有关。

表 5.13　第一次浸泡时间对玉米粉热力学特性的影响

第一次浸泡时间/h	T_o/℃	T_p/℃	T_c/℃	ΔH/（J/g）
2	69.08 ± 1.20a	72.26 ± 0.34c	77.30 ± 0.01ab	12.77 ± 0.33a
4	68.51 ± 0.05a	73.51 ± 0.00a	78.47 ± 0.49a	12.19 ± 0.91a
6	67.79 ± 0.31a	72.83 ± 0.26b	78.11 ± 0.51ab	11.88 ± 0.48a
8	68.53 ± 0.27a	73.47 ± 0.21a	78.11 ± 0.83ab	12.68 ± 0.21a
10	65.58 ± 0.28b	71.14 ± 0.03d	76.82 ± 0.55ab	12.65 ± 0.48a

注：同列小写字母不同表示显著性差异（$P<0.05$）。

2. 酶添加量对玉米粉制备的影响

玉米粉制备时，酶添加量取 0.05 ~ 0.45 mL，添加量间隔为 0.10 mL（第一次浸泡时间取 4 h、酶解时间为 4 h）。

图 5.7 为酶添加量对玉米粉保水力和膨胀率的影响，随着酶添加量的增加，玉米粉的保水力和膨胀率显著增加后趋于平稳（$P<0.05$）。当酶添加量超 0.25 mL 后，玉米粉的

保水力和膨胀率基本保持不变，在加热糊化时，玉米粉的膨胀程度和吸水能力相当，说明中性蛋白酶的水解作用达到最大，玉米粉中淀粉与蛋白质的结合状态相当。

酶添加量仅对 BV 和 P_{time} 有显著性影响（$P<0.05$），对其他糊化特征值影响不显著（表 5.14）。制备玉米粉时，中性蛋白酶的作用是水解包围着淀粉的蛋白质，从而释放出淀粉，减弱淀粉与蛋白质的结合程度。随着酶添加量的增加，蛋白酶的作用达到最大，最后保持一致。

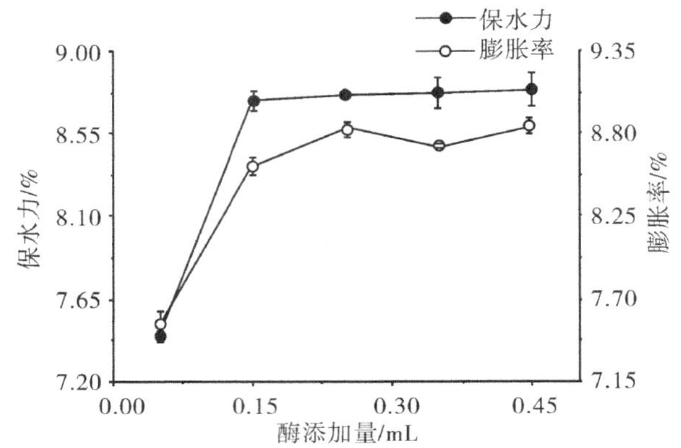

图 5.7 酶添加量对玉米粉制备的影响

表 5.14 酶添加量对玉米粉糊化特性的影响

酶添加量 /mL	PV /cP	TV /cP	BV /cP	FV /cP	SV /cP	P_{time} /min	P_{temp} /℃
0.05	2 950 ±35a	1 478 ±65ab	1 472 ±29a	3 194 ±62a	1 716 ±2a	3.06 ±0.00c	79.05 ±0.70a
0.15	2 882 ±76ab	1 457 ±14ab	1 424 ±91a	3 168 ±23a	1 711 ±38a	3.10 ±0.04c	78.57 ±0.88a
0.25	2 897 ±26ab	1 411 ±26b	1 486 ±0a	3 069 ±77a	1 658 ±50ab	3.23 ±0.04b	79.12 ±0.88a
0.35	2 794 ±2b	1 544 ±16a	1 249 ±19b	3 124 ±9a	1 580 ±7c	3.33 ±0.00a	79.72 ±0.03a
0.45	2 883 ±25ab	1 507 ±29a	1 376 ±4a	3 129 ±43a	1 622 ±14bc	3.06 ±0.00c	78.75 ±0.21a

注：同列小写字母不同表示显著性差异（$P<0.05$）。

由表 5.15 可知，随着酶添加量的增加，玉米粉的 T_o 显著增加（$P<0.05$）。当酶添加量为 0.05 mL 时，玉米粉的 T_o（68.96 ℃）最高，当酶添加量超过 0.25 mL 时，玉米粉的 T_o 变化不明显（$P>0.05$）。在酶解阶段，随着酶添加量的增加，中性蛋白酶的水解作用增大，最后保持一致。

表 5.15 酶添加量对玉米粉热力学特性的影响

酶添加量/ml	T_o/℃	T_p/℃	T_c/℃	ΔH/（J/g）
0.05	68.96 ±0.01a	73.76 ±0.28a	79.11 ±0.16a	12.77 ±0.26a
0.15	68.72 ±0.24a	73.58 ±0.04a	78.76 ±0.21a	13.31 ±0.52a
0.25	68.69 ±0.03b	73.89 ±0.02a	78.88 ±0.14a	12.24 ±0.77a
0.35	68.14 ±0.02b	73.94 ±0.21a	78.80 ±0.28a	12.06 ±0.57a
0.45	67.99 ±0.01b	74.05 ±0.00a	79.38 ±0.37a	13.70 ±0.43a

注：同列小写字母不同表示显著性差异（$P<0.05$）。

3. 酶解时间对玉米粉制备的影响

玉米粉制备时，酶解时间取 2～10 h，时间间隔为 2 h（第一次浸泡时间取 4 h、酶添加量为 0.15 mL）。

随着酶解时间的增加，玉米粉的保水力和膨胀率先显著增加，后趋于平稳（$P<0.05$）。当酶解时间超过 6h 后，玉米粉的保水力和膨胀率变化不大（图 5.8），说明玉米粉在糊化时吸水膨胀能力相当，中性蛋白酶水解作用已达到最大。

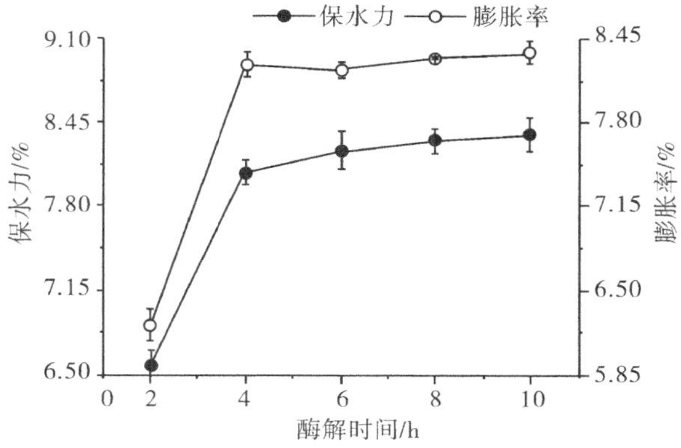

图 5.8 酶解时间对玉米粉制备的影响

由表 5.16 可知，随着酶解时间的增加，玉米粉的糊化温度，从 80.17 ℃降到 78.77 ℃（$P<0.05$），当酶解时间超过 6 h 后，糊化温度变化不显著（$P>0.05$）。酶解时，随着酶解时间的增加，中性蛋白酶的水解作用最后保持一致，造成玉米粉中淀粉与蛋白质的结合状态存在差异。玉米粉糊化时，颗粒间淀粉与蛋白质的结合差异影响颗粒的溶胀。

表 5.16 酶解时间对玉米粉糊化特性的影响

酶解时间/h	PV /cP	TV /cP	BV /cP	FV /cP	SV /cP	P_{time} /min	P_{temp} /℃
2	2 976 ±4a	1 364 ±12b	1 611 ±7a	3 083 ±20ab	1 719 ±8a	3.2 ±0.00c	80.17 ±0.17a
4	2 858 ±147ab	1 401 ±41ab	1 457 ±189a	3 041 ±38bc	1 640 ±80ab	3.43 ±0.14ab	79.57 ±0.31ab
6	2 842 ±16ab	1 392 ±19ab	1 450 ±36a	2 943 ±9d	1 551 ±10a	3.40 ±0.00ab	79.05 ±0.45b
8	2 885 ±7ab	1 438 ±29a	1 447 ±21a	3 133 ±17a	1 695 ±12a	3.36 ±0.04bc	79.00 ±0.21b
10	2 764 ±10b	1 293 ±4c	1 471 ±6a	2 989 ±22cd	1 696 ±18a	3.56 ±0.04a	78.77 ±0.03b

注：同列小写字母不同表示显著性差异（$P<0.05$）。

由表 5.17 可知，酶解时间对玉米粉的 T_c 有显著性的影响（$P<0.05$）。中性蛋白酶水解作用随着酶解时间的增加而增加，最后保持一致。结合表 5.16 可知，玉米粉中淀粉与蛋白质的结合差异影响玉米粉的糊化，当酶解时间超过 6 h 后，玉米粉的 T_c 显著降低（$P<0.05$）。

表 5.17 酶解时间对玉米粉热力学特性的影响

酶解时间/h	T_o/℃	T_p/℃	T_c/℃	ΔH/（J/g）
2	68.37 ±0.16a	73.80 ±0.29ab	79.35 ±0.13a	12.73 ±0.40a
4	69.19 ±0.15a	73.91 ±0.05a	79.04 ±0.04a	12.53 ±0.99a

续表

酶解时间/h	T_o/℃	T_p/℃	T_c/℃	ΔH/（J/g）
6	69.56 ±0.12a	74.16 ±0.18a	79.05 ±0.41a	12.22 ±0.59a
8	69.17 ±0.04a	73.75 ±0.08ab	78.37 ±0.04b	12.40 ±0.14a
10	68.90 ±0.01a	73.33 ±0.17b	78.19 ±0.14b	12.68 ±0.31a

注：同列小写字母不同表示显著性差异（$P<0.05$）。

5.3 酶法改良玉米主食专用粉特性分析

选取酶法玉米粉、湿法玉米粉（酶法玉米粉的对照样品：制备过程与酶法玉米粉一致，不添加中性蛋白酶进行酶解）、干法玉米粉（玉米经垂直旋风磨研磨，过100目分样筛的筛下物），从颗粒形态、结晶结构、糊化特性、热力学特性及流变学特性方面，研究中性蛋白酶对玉米粉中淀粉与蛋白质结合方式的影响。

5.3.1 玉米粉的化学成分

三种玉米粉的淀粉含量、蛋白质含量、脂肪含量和水分含量见表5.18。三种玉米粉的化学成分存在显著差异（$P<0.05$），这与玉米粉的制备方式有关。与酶法玉米粉和湿法玉米粉相比，干法玉米粉的蛋白质含量（6.93%）最高，表明酶法制粉和湿法制粉中蛋白质流失较多。

表5.18 玉米粉的化学成分

样品	淀粉含量/%	蛋白质含量/%	脂肪含量/%	水分含量/%	其他/%
干法玉米粉	75.04 ±0.75b	6.93 ±0.01a	3.11 ±0.01a	11.22 ±0.07a	3.70 ±0.05a
湿法玉米粉	82.68 ±0.67a	4.79 ±0.01b	2.59 ±0.01c	7.85 ±0.03b	2.09 ±0.06c
酶法玉米粉	82.77 ±0.06a	4.29 ±0.07b	2.04 ±0.01b	8.05 ±0.10c	2.85 ±0.10b

注：同列小写字母不同表示显著性差异（$P<0.05$）。

5.3.2 玉米粉的颗粒形态

与干法玉米粉相比，酶法玉米粉的颗粒分布均匀，且颗粒粒径较小（图5.9）。干法玉米粉中的大颗粒较多（图5.9A中箭头），为玉米胚乳碎片，其中淀粉颗粒嵌在蛋白质基质中（图5.9a）。湿法玉米粉中颗粒形状为多角形、圆形，存在淀粉与蛋白质粘连的颗粒（图5.9B中箭头），相对于干法玉米粉的大颗粒粒径小，且数量少（图5.9B/b）。由图5.9C/c）可知，酶法玉米粉颗粒粒径小，且分布均匀。酶法玉米粉制备中，加入中性蛋白酶，起到水解包围着淀粉的蛋白质基质的作用，有利于淀粉与蛋白质的分离，使得玉米粉中裸露的淀粉颗粒增多，且淀粉颗粒上粘连的蛋白质较少。

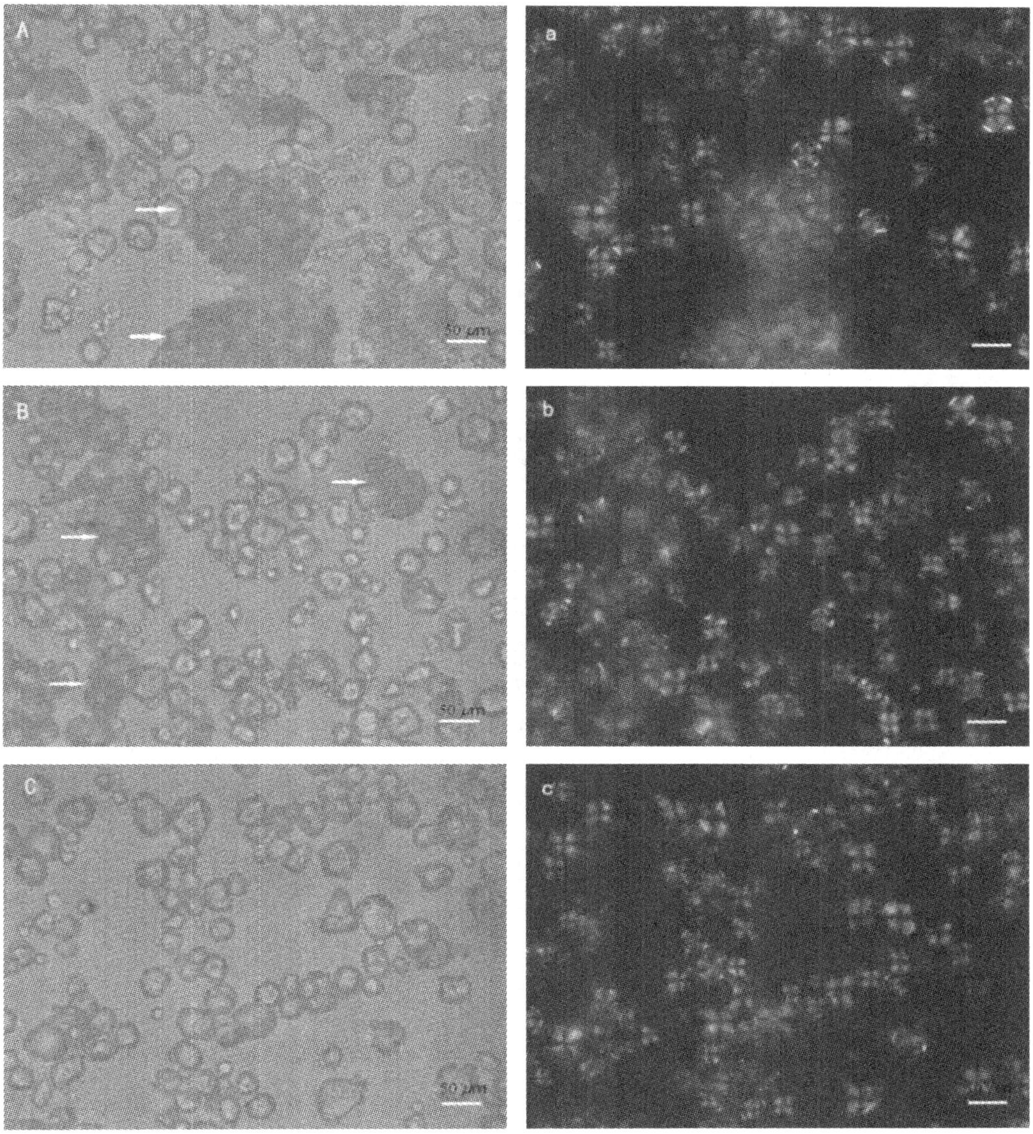

A/a：干法玉米粉，B/b：湿法玉米粉，C/c：酶法玉米粉（A～C：光学图像，a～c：偏光图像）

图 5.9 玉米粉颗粒形态－偏光显微镜图

干法玉米粉为玉米胚乳碎片，其中蛋白质基质包裹着淀粉颗粒，裸露出的淀粉颗粒较少（图 5.10A/a）；湿法制粉中，玉米在浸泡阶段，水分通过颗粒间隙扩散，蛋白质基质部分溶解。湿法玉米粉颗粒多为淀粉与蛋白质粘连而成、淀粉部分释放（图 5.10B/b）；与湿法玉米粉相比，酶法玉米粉中释放的淀粉颗粒较多（图 5.10C），从 SEM 图中明显观察到淀粉表面黏附着蛋白质、聚集的蛋白质碎片和蛋白质颗粒（图 5.10c 中箭头所示）。酶法玉米粉的制备基于湿法制粉，加入中性蛋白酶水解蛋白质。从图 5.10a～c 中明显观察到三种玉米粉颗粒间淀粉与蛋白质结合程度的差异，酶法玉米粉中淀粉与蛋白质的结合最弱。

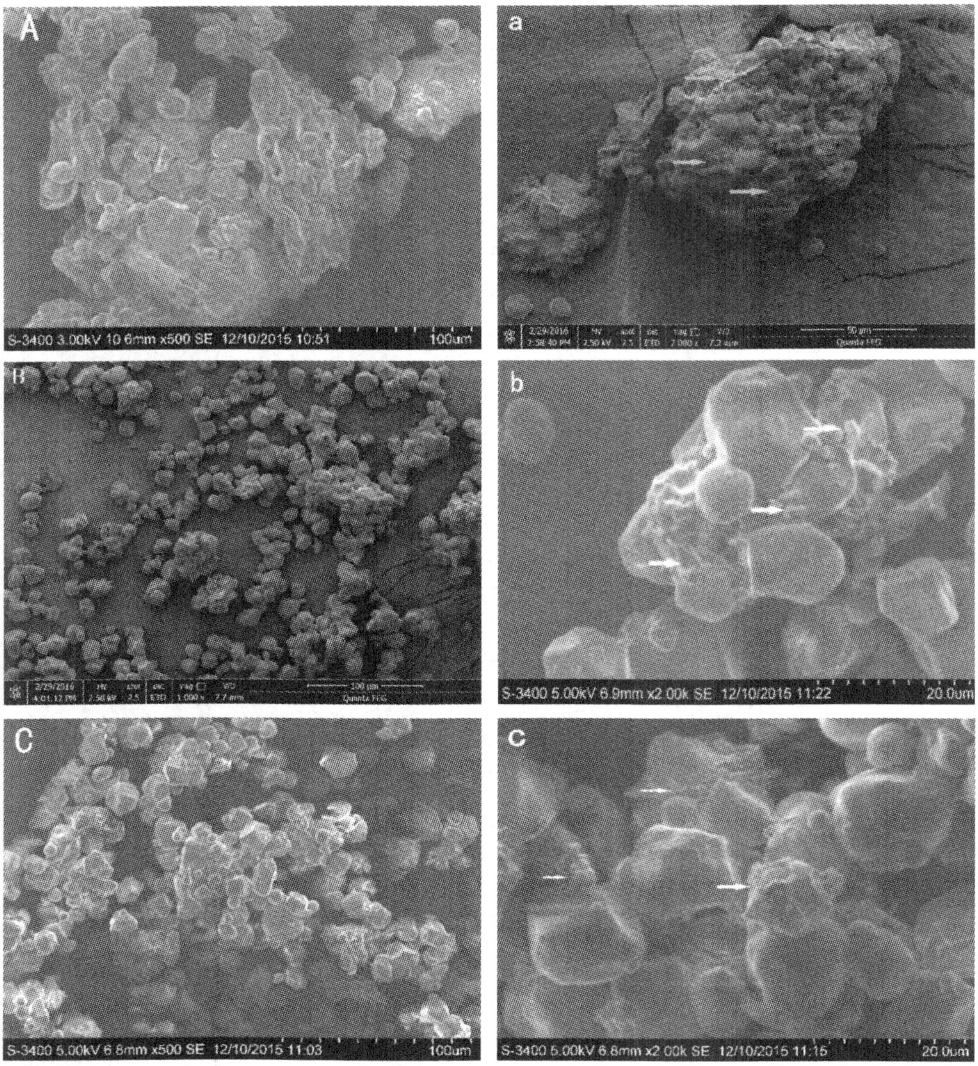

A/a：干法玉米粉，B/b：湿法玉米粉，C/b：酶法玉米粉

图 5.10 玉米粉的颗粒形态－扫描电镜图

干法玉米粉（43.67 μm）＞湿法玉米粉（18.92 μm）＞酶法玉米粉（16.74 μm）（图 5.11，$P<0.01$），且三种玉米粉的粒度分布存在极显著的差异（表 5.19，$P<0.01$）。酶法玉米粉的平均粒径（16.74 μm）与玉米淀粉的平均粒径（16.58 μm）相当。酶法玉米粉制备时，中性蛋白酶作用于包围着淀粉的蛋白质，以削弱淀粉与蛋白质的结合力，结合后续研磨，有效降低玉米粉颗粒大小。

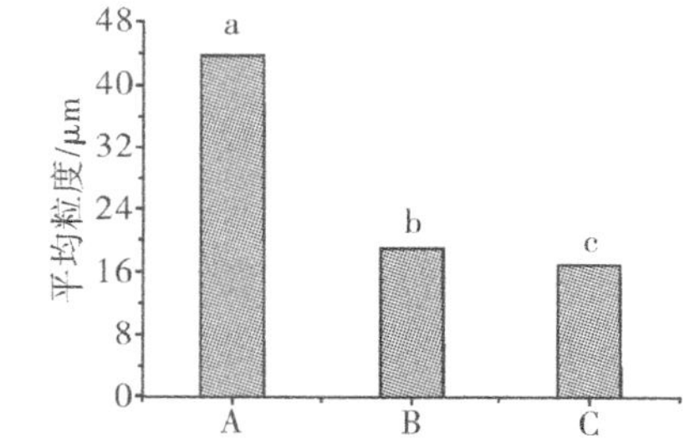

A：干法玉米粉，B：湿法玉米粉，C：酶法玉米粉；柱形图中小写字母不同表示显著性差异（$P<0.01$）。

图 5.11 玉米粉的平均粒径

表 5.19 玉米粉的粒度分布

样品	d（10%）/μm	d（50%）/μm	d（90%）/μm
A	16.51 ±0.46a	37.91 ±0.74a	141.71 ±0.42a
B	13.97 ±0.11b	18.41 ±0.11b	26.56 ±1.08b
C	11.74 ±0.11c	16.74 ±0.11c	24.43 ±0.41c

注：d（10%）/μm——10%淀粉颗粒直径小于该值；d（50%）/μm——50%淀粉颗粒直径小于该值；d（90%）/μm——90%淀粉颗粒直径小于该值；同列小写字母不同表示显著性差异（P<0.01）。

5.3.3 玉米粉的结晶结构

三种玉米粉均在 15.3°、17.1°、23.5°处有较强的吸收峰，可知三种玉米粉都为 A 型结晶（图 5.12）。利用软件对玉米粉的衍射图进行积分可得玉米粉的结晶度，酶法玉米粉、湿法玉米粉和干法玉米粉的结晶度分别为 32.43%、30.40% 和 27.18%。玉米经干法研磨制备玉米粉时，玉米粉中淀粉颗粒破损，淀粉结晶结构破坏及淀粉分子断裂（尤其是支链淀粉）。

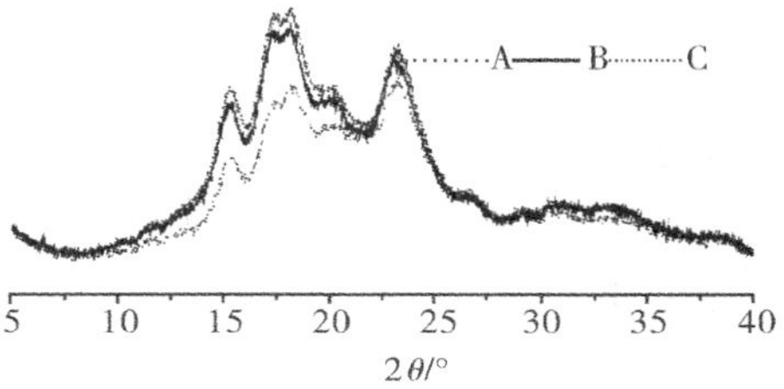

A：干法玉米粉，B：湿法玉米粉，C：酶法玉米粉

图 5.12 玉米粉的 X 射线衍射图谱

酶法玉米粉是基于湿法加工过程，结合中性蛋白酶水解蛋白质，减弱颗粒间淀粉与蛋白质的结合程度，在后续研磨时，淀粉破损较少。

5.3.4 玉米粉的糊化特性

玉米粉的糊化是玉米粉在过量水中受热，淀粉颗粒发生相变的过程，从有序到无序的状态，包括结晶区（内部和表面）和支链淀粉双螺旋结构的熔化。研究表明，玉米淀粉或玉米淀粉与多糖的混合体系，温度从 50 ℃到 60 ℃时，淀粉的粒径变化不大；温度升高，淀粉颗粒吸水膨胀，从 70 ℃到 90 ℃时，颗粒的粒径几乎增大一倍。图 5.13 为玉米粉在 65 ℃、70 ℃、75 ℃糊化时的偏光图像。玉米粉在 50 ~60 ℃期间，颗粒溶胀，颗粒破裂极少；65 ℃时，三种玉米粉中淀粉的偏光十字消失的少；70 ℃时，淀粉的偏光十字消失过半；75 ℃时，干法玉米粉中存在少量的偏光十字，湿法玉米粉和酶法玉米粉中偏光十字完全消失（图 5.13）。

玉米粉的糊化曲线及糊化特征值见图 5.14 和表 5.20，三种玉米粉的糊化特性存在显著性差异（P<0.05）。三种玉米粉的 P_{temp} 变化范围为 78.22 ~80.45 ℃，且干法玉米粉的 P_{temp}（80.45 ℃）最高。干法玉米粉较高的 P_{temp} 表明干法玉米粉中淀粉颗粒不易溶胀和破裂。蒸煮阶段（温度 50 ℃升到 95 ℃），体系黏度的增加反映了玉米粉乳液受热时淀粉的吸水和溶胀能力。酶法玉米粉的 PV（2 997 cP）高于干法玉米粉 PV（1 328 cP）和湿法玉米粉的 PV（2 964 cP）（P<0.05）。在冷却阶段（温度 95 ℃降到 50 ℃），体系黏度的增加归因于蛋白质与直链淀粉缠结及直链淀粉本身通过氢键形成聚集。三种玉米粉的 FV、

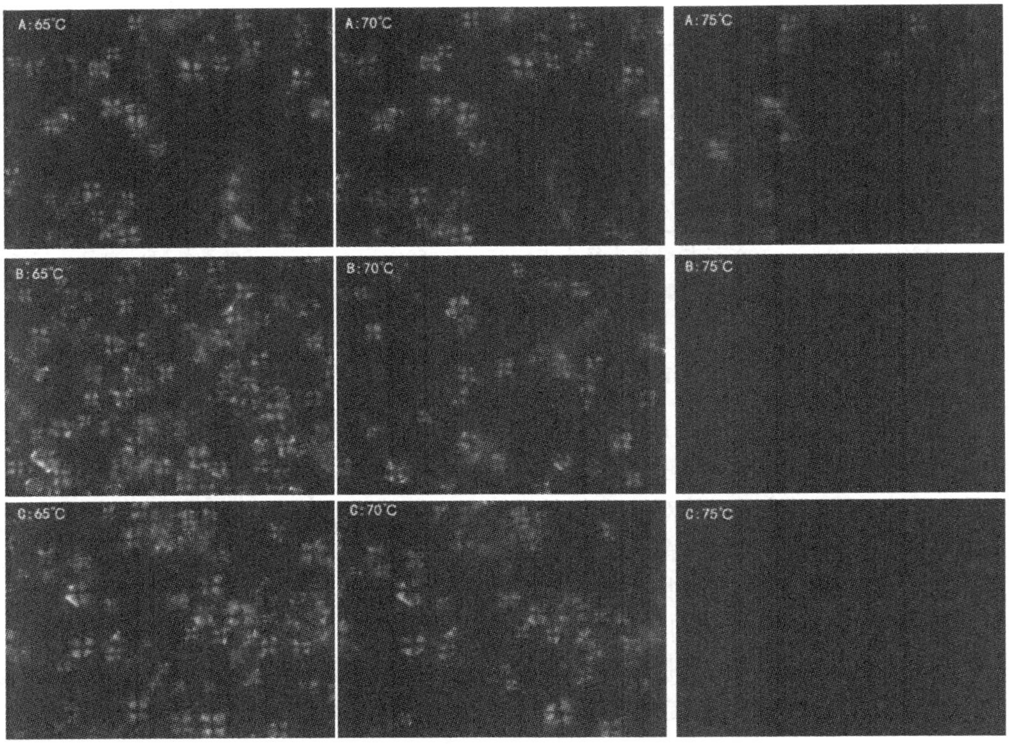

A：干法玉米粉，B：湿法玉米粉，C：酶法玉米粉

图 5.13　玉米粉在 65 ℃、70 ℃、75 ℃糊化的偏光图像

SV 的变化范围分别为 2 715 ~3 300 cP、1 891 ~2 010 cP，且酶法玉米粉的 *FV*（3 300 cP）最高。玉米粉制备方式影响玉米粉的粒径分布，三种玉米粉颗粒的平均粒径和粒度分布情况见图 5.12 和表 5.19。结合粒度和图像（偏光显微镜、SEM）分析可知，与干法玉米粉相比，酶法玉米粉颗粒小，其颗粒中淀粉与蛋白质的结合弱。曾洁等人在研究不同粒径玉米粉的性质时发现玉米粉粒径越小，越容易糊化。在探究制粉方法影响糯玉米的加工品质时，研究者发现湿法制粉的糊化特性优于干磨制粉，这与我们的结果一致。玉米粉的酶法制备以湿法制粉为基础，结合中性蛋白酶水解蛋白质，破坏蛋白质基质，达到减弱淀粉与蛋白质之间结合程度的目的。在糊化时，玉米粉中淀粉与蛋白质结合弱的颗粒吸水和溶胀较快。

表 5.20　玉米粉的糊化特征值

样品	*PV*/cP	*TV*/cP	*BV*/cP	*FV*/cP	*SV*/cP	P_{time}/min	P_{temp}/℃
干法玉米粉	1 328 ±5c	704 ±9c	623 ±3c	2715 ± 39b	2 010 ±30a	3. 73 ± 0. 00a	80. 45 ± 0. 56a
湿法玉米粉	2 964 ±4b	1 265 ±36b	1 699 ±41a	3 156 ± 68a	1 891 ±31c	3. 23 ± 0. 04b	78. 22 ± 0. 03b
酶法玉米粉	2 997 ±5a	1 387 ±15a	1 610 ±21b	3 300 ± 16a	1 913 ±32bc	3. 20 ± 0. 00b	79. 45 ± 0. 21a

注：同列小写字母不同表示显著性差异（$P<0.05$）。

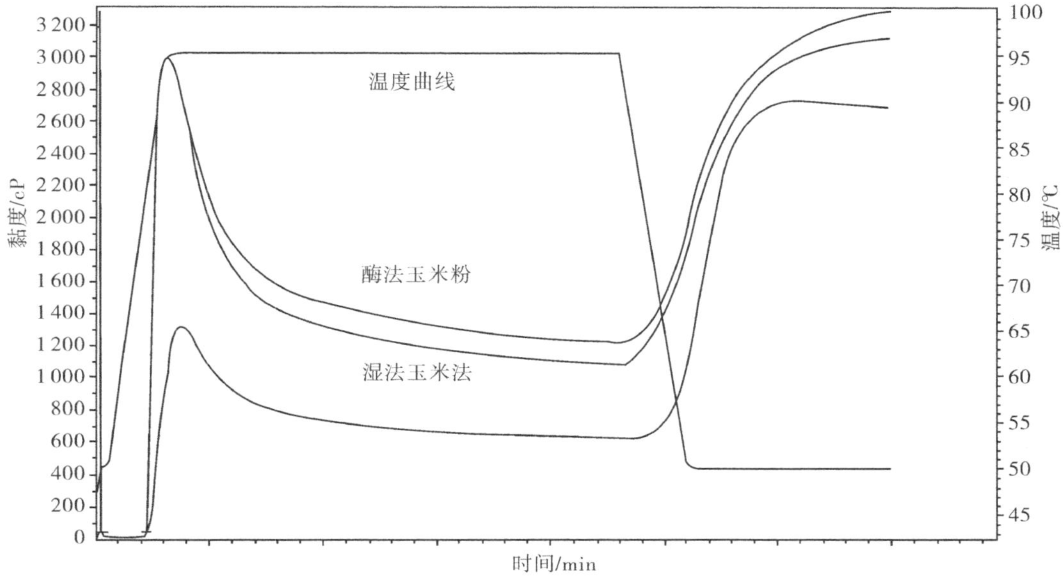

图 5.14 玉米粉的糊化曲线

5.3.5 玉米粉的热力学特性

玉米粉的 DSC 曲线及热力学参数见图 5.16 和表 5.21，玉米粉的 T_o、T_p、T_c、ΔH 有显著性差异（$P<0.05$）。三种玉米粉的 T_o、T_p、T_c 的变化范围分别为 68.54 ~ 69.99 ℃、72.75 ~ 75.36 ℃、78.33 ~ 79.32 ℃，且干法玉米粉的 T_o（69.99 ℃）、T_p（75.36 ℃）、T_c（79.32 ℃）最高（表 5.21）。不同玉米粉之间糊化温度的差异可能归因于玉米粉中淀粉的颗粒大小及颗粒中淀粉的分布排列。与表 5.10 相比可知，三种玉米粉的 T_o、T_p、T_c 高于纯玉米淀粉的 T_o（64.89 ℃）、T_p（70.93 ℃）和 T_c（75.80 ℃）。与纯淀粉 - 水体系相比，玉米粉中的蛋白质降低淀粉的水合能力。

DSC 从能量吸收的角度研究玉米粉糊化，ΔH 为淀粉整体结晶区熔化的响应，受淀粉颗粒形态、大小及分布状态等影响。三种玉米粉的 ΔH 变化范围为 6.59 ~ 13.43 J/g（表 5.21），且酶法玉米粉的 ΔH（13.43 J/g）最大，干法玉米粉的 ΔH（6.59 J/g）最小（$P<0.05$）。玉米粉结晶结构的测定可知，酶法玉米粉的结晶度最大（32.43%），湿法玉米粉的结晶度居中（30.40%），干法玉米粉的结晶度最小（27.18%）。另外，三种玉米粉的颗粒形态、粒度分布及颗粒间淀粉与蛋白质的结合状态差异明显。在偏光显微镜下观察经 DSC 扫描后的样品，糊化过的干法玉米粉中存在弥散的团状物（图 5.15A），糊化过的湿法玉米粉中也有少量存在（图 5.15B），但糊化过的酶法玉米粉中未发现弥散的团状物（图 5.15C）。这些结果表明玉米粉的糊化与颗粒大小、颗粒中淀粉的分布及颗粒中淀粉与蛋白质的结合状态有关。

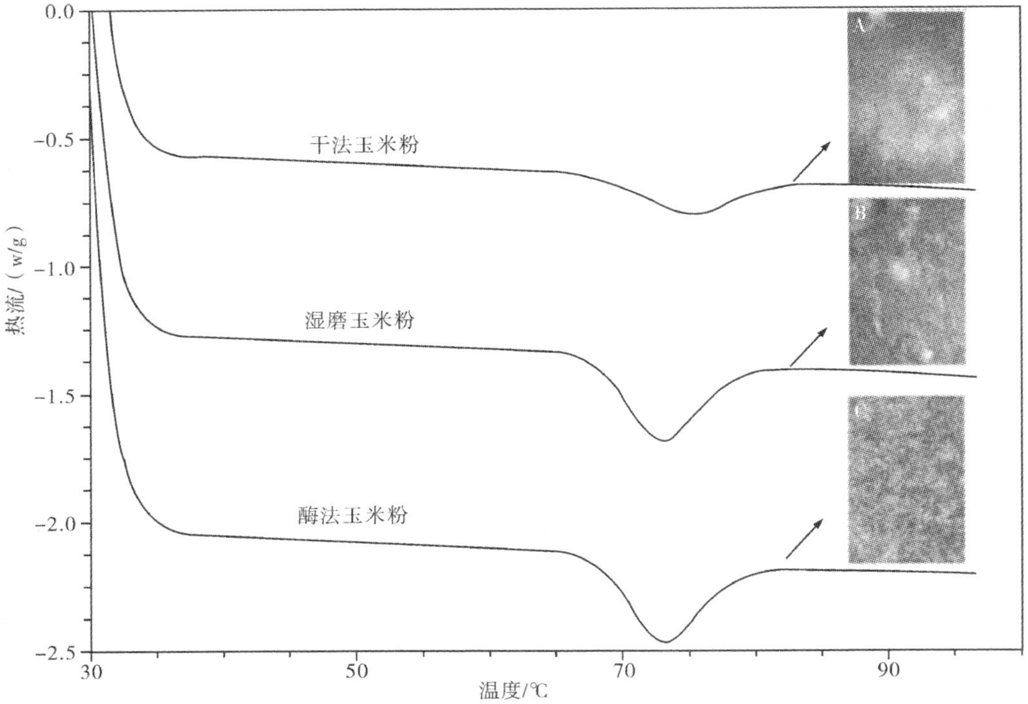

图 5.15　玉米粉的 DSC 曲线

表 5.21　玉米粉的糊化温度和糊化焓

样品	T_o/℃	T_p/℃	T_c/℃	ΔH/（J/g）
干法玉米粉	69.99 ±0.17a	75.36 ±0.01a	79.32 ±0.47a	6.59 ±0.14c
湿法玉米粉	68.36 ±0.07b	72.75 ±0.05b	78.33 ±0.04a	12.63 ±0.02b
酶法玉米粉	68.54 ±0.31b	72.89 ±0.09b	78.41 ±0.25a	13.43 ±0.00a

注：同列小写字母不同表示显著性差异（$P<0.05$）。

5.3.6　玉米粉糊的流变特性

材料的流变特性反映材料自身的结构。在糊化时，玉米粉中淀粉颗粒溶胀，体积增加，并伴随着颗粒组分（主要是直链淀粉）的溶出以及三维网络结构的形成。在加热和剪切作用下，玉米粉中淀粉展现出的这些变化产生流变特性，玉米粉的流变特性取决于颗粒形状、颗粒粒径分布、颗粒间的相互作用和持续相的黏度等因素。

1. 稳态流变特性

在 0.1 ~ 100s^{-1}整个剪切速率范围内，三种玉米粉糊（质量分数为 5%）的表观黏度随着剪切速率的增加而降低（图 5.16），表现出非牛顿流体的性质（$n<1$）。在 0.1 ~ 100s^{-1}整个剪切速率范围内，酶法玉米粉糊和湿法玉米粉糊的表观黏度高于干法玉米粉糊的表观黏度。与干法玉米粉相比，酶法玉米粉和湿法玉米粉在受热糊化时，玉米粉颗粒易溶胀，直链淀粉易溶出，分子链间缠结较多，在剪切力作用下，酶法玉米粉糊和湿法玉米

粉糊不易流动。干法玉米粉糊的流动曲线与酶法玉米粉糊和湿法玉米粉糊的流动曲线几乎平行（图 5.16），且都表现出剪切稀化的性质。

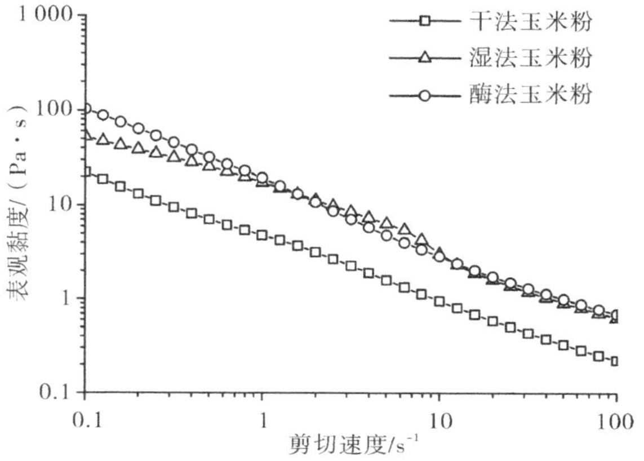

图 5.16 玉米粉糊的流动特性曲线：表观黏度与剪切速率的关系

在食品加工过程中，在重力作用下滴流的剪切速率范围为 0.1 ~ 10s^{-1}，管流的剪切速率范围为 1 ~ 10s^{-1}，挤出的剪切速率范围为 1 ~ 100s^{-1}。对于酶法玉米粉糊与湿法玉米粉糊，在剪切速率为 0.1 ~ 1s^{-1}范围内，酶法玉米粉糊的表观黏度高于湿法玉米粉，在剪切速率为 1 ~ 100s^{-1}范围内，酶法玉米粉糊与湿法玉米粉糊的表观黏度相当。在高剪切速率下，两种玉米粉糊中分子链间的缠结结构遭到破坏又不能快速恢复。在玉米粉制备中，湿法制粉优于干法制粉，在湿法的基础上，结合中性蛋白酶水解蛋白质，能有效地减弱玉米粉中淀粉与蛋白质的结合程度，提高玉米粉的胶黏特性，达到增稠的目的。

三种玉米粉糊的剪切应力与剪切速率的关系通过 Herrschel - Bulkey 模型拟合，参数见表 5.22，方程与曲线有较好的相关性（R^2 = 0.97 ~ 0.99）。对 τ_0 和 K 的变化趋势为：酶法玉米粉 > 湿法玉米粉 > 干法玉米粉（P < 0.05，表 5.22），且酶法玉米粉的 *FV*（3 300 cP）> 湿法玉米粉的 *FV*（3 156 cP）> 干法玉米粉的 *FV*（2 715 cP）（P < 0.05，表 5.20），表明酶法玉米粉糊中直链淀粉间的分子聚集较多。

表 5.22 玉米粉糊的 Herrschel – Bulkey 模型参数

样品	τ_0/Pa	K/（Pa・s）	n	R^2
干法玉米粉糊	2.425 4 ± 0.183 0c	2.053 6 ± 0.230 7b	0.501 9 ± 0.019 5b	0.994 4 ± 0.000 8a
湿法玉米粉糊	11.907 6 ± 0.429 0b	3.657 8 ± 0.443 0a	0.579 3 ± 0.005 3a	0.979 7 ± 0.011 7a
酶法玉米粉糊	13.062 4 ± 0.002 4a	4.043 5 ± 0.019 9a	0.576 6 ± 0.003 8a	0.994 2 ± 0.003 9a

注：同列小写字母不同表示显著性差异（< 0.05）。

2. 动态流变特性

图 5.17 为玉米粉凝胶（质量分数为 6%）的频率扫描，在 0.1 ~ 100 rad/s 频率内，三种样品的 $G' > G''$（图 5.17a），说明在凝胶结构中，样品的弹性起主要作用。在整个 0.1 ~ 100 rad/s 频率内，随频率的增加，三种样品 G' 变化不明显，G'' 稍微增加。这些现象表明玉米粉形成典型的生物多聚体凝胶网络结构。对于 G'，酶法玉米粉 > 湿法玉米粉 > 干法玉米粉，表明酶法玉米粉形成的凝胶网络结构优于湿法玉米粉凝胶和干法玉米粉凝胶。与干法玉米粉和湿法玉米粉相比，酶法玉米粉充分糊化，在凝胶形成时蛋白质与直链淀粉间相互作用、直链淀粉本身重新结合形成双螺旋结构，有利于形成稳定的凝胶网络。

在 0.1 ~ 100 rad/s 频率内，三种样品的 $\tan\delta = G''/G'$ 随着频率的增加稍微增加，且干法玉米粉凝胶的 tanδ 最大且变化明显，酶法玉米粉凝胶的 tanδ 最小（图 5. 17b），表明酶法玉米粉凝胶结构较强。

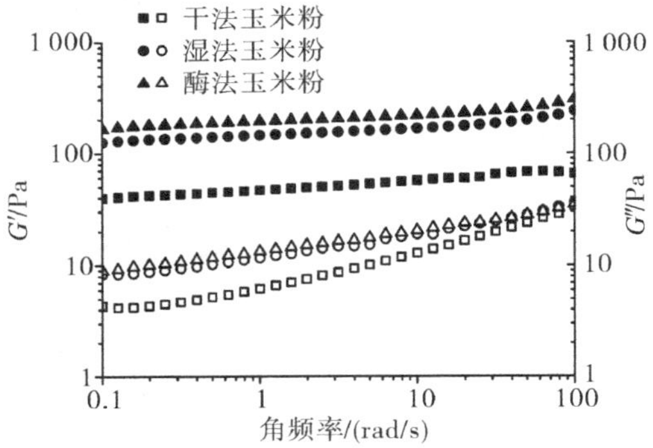

a. 弹性模量G′(■、▲、●)、黏性模量G″(□、△、○)

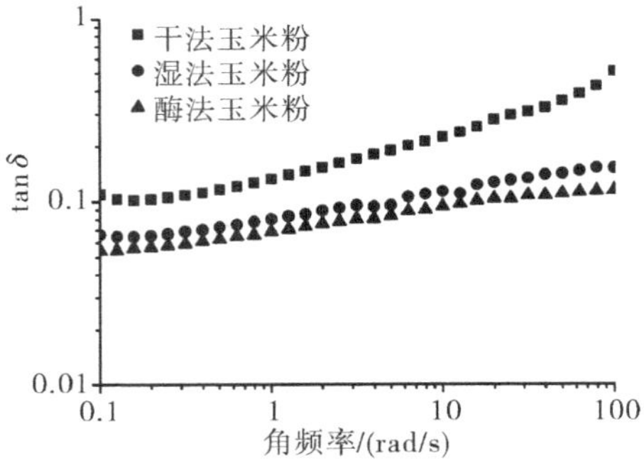

b. 损耗角正切tanδ

图 5. 17　玉米粉凝胶的频率扫描

6 玉米主食专用粉生物改良技术

玉米因其制品口感粗糙，很难登上主食餐桌，而且传统玉米食品经过短时间冷却后易变硬回生。谷物发酵食品作为传统食品在非洲的西南和亚洲的东南部被长期食用。虽然地区不同，但方法大体相同，都是把玉米、高粱及小米等谷物浸泡在水中自然发酵，使谷粒变软而更容易粉碎或者湿磨成浆。人们利用这种发酵的方法来提高食品的口味、质地、保质期和营养。玉米蛋白质不能像小麦面筋蛋白质一样形成网状的面筋结构，因此玉米面团的黏性主要通过对淀粉的改性来达到增黏的目的。提高玉米面团品质，扩大玉米粉的加工范围，是当前玉米粉生产要解决的关键课题。玉米粉的主要成分是淀粉，因此加工中淀粉的结构和性质的变化在很大程度上决定了最终产品的性质，比如直链淀粉的含量对玉米淀粉的口感、质地等有很大的影响。利用蛋白酶和乳酸菌对玉米粉进行改性，研究玉米粉的生物改性工艺。通过生物改性，改变了玉米粉中各组分的含量，改变玉米粉中淀粉和蛋白的结合程度，使淀粉得到释放，从而提高玉米粉的膨胀率和保水力，改善玉米粉的凝胶特性。

将固体蛋白酶配成浓度为1%的酶液，活力为6 740 U/g；研究不同的酶用量、处理时间、处理温度及反应pH值对玉米粉性质的影响。取玉米粉50 g［过60目（目为非法定计量单位，表示每平方英寸的孔数）筛］、100 g不同浓度（0.1%，0.25%，0.5%，1%，2%）的蛋白酶溶液于250 mL的三角瓶中进行反应，pH值7.0，处理不同温度（31 ℃，34 ℃，37 ℃，40 ℃，43 ℃）、不同时间（6 h，12 h，18 h，24 h，30 h），制备玉米粉。将反应完成后的玉米粉进行抽滤，用蒸馏水清洗三遍，去除异味，然后放入50 ℃的干燥箱中热风干燥8 h，水分为10%左右，再用高速万能粉碎机粉碎，过80目筛。

玉米碴粉碎成玉米粉与乳酸菌悬液以1:2（*M*:*V*）浸泡后干燥。乳酸菌悬液的配制：乳酸菌进行活化增殖培养后，接种至MRS液体培养基，在37 ℃下培养24～48 h，直到乳酸菌浓度达到3×10^8 cfu/mL（cfu表示集落菌数）。将发酵完成后的玉米粉进行抽滤，用蒸馏水清洗三遍，去除酸味，然后放入50 ℃的干燥箱中热风干燥8 h，水分为10%左右，再用高速万能粉碎机粉碎，过80目筛。

6.1 蛋白酶处理对玉米粉组分的影响

6.1.1 酶用量的影响分析

随着酶用量的增加，蛋白质和脂肪的含量是逐渐减少的。当蛋白酶用量达到一定程度时，蛋白质和脂肪的减少趋于平缓（表6.1）。这主要是蛋白酶水解玉米粉中的蛋白质引起的。随着蛋白酶用量的增加，蛋白酶对蛋白质的水解作用也增强，蛋白质含量下降的也更明显。当蛋白酶用量超过3%时，蛋白的含量趋于平稳，这是因为玉米粉中蛋白的含量是一定的，玉米粉外部的蛋白容易被水解，而内部的蛋白与淀粉的结合更紧密，蛋白酶的水解作用就不容易达到，所以蛋白酶的含量趋于平稳。在玉米粉中，脂肪也与淀粉、蛋白结合在一起的，随着蛋白酶对蛋白质的水解作用的加强，脂肪的结合作用变弱，会使脂肪溶出，含量减少。总淀粉含量和直链淀粉含量都会上升。这是由于蛋白酶对淀粉不会有水解作用，而随着蛋白和脂肪的减少，就会使淀粉和直链淀粉的含量相对上升。

表6.1 蛋白酶用量对玉米粉各成分的影响

酶用量/%	0	1	2	3	4	5
蛋白质/%	6.891 1	5.286 3	4.851 7	4.652 8	4.606 9	4.622 8
脂肪/%	1.108 7	0.654 6	0.543 8	0.452 6	0.436 3	0.430 3
总淀粉/%	75.56	81.27	84.77	87.85	88.26	88.67
直链淀粉/%	18.89	20.32	21.19	21.96	22.07	22.17

6.1.2 处理时间的影响分析

随着酶解时间的增加，蛋白质和脂肪的含量逐渐减少（表6.2）。在酶解18 h时，蛋白和脂肪的含量达到最低，之后蛋白质和脂肪含量几乎不再减少。因此处理时间为18 h是酶解的最佳时间。因为处理时间超过18 h，玉米粉外部的蛋白质被水解，而与淀粉结合得更紧密的内部的蛋白质不容易被酶作用到，所以含量不会再减少。随着时间的增加，总淀粉和直链淀粉的含量也逐渐增加，在18 h时，增幅达到最大，这也是蛋白和脂肪的减少引起的。在时间达到30 h时，淀粉的含量会有降低的情况出现，这可能是在后期，微生物对淀粉有一些水解作用，从而使淀粉含量降低。

表6.2 蛋白酶处理时间对玉米粉成分的影响

处理时间/h	0	6	12	18	24	30
蛋白质/%	6.891 1	5.473 4	4.871 2	4.501 9	4.500 3	4.490 1
脂肪/%	1.108 7	0.613 4	0.481 4	0.413 7	0.410 8	0.411 2
总淀粉/%	75.56	79.46	84.57	87.55	88.01	87.67
直链淀粉/%	18.89	19.87	21.14	21.89	22.00	21.92

6.1.3 处理温度的影响分析

40 ℃时蛋白质和脂肪的含量达到最低值，淀粉和直链淀粉的含量达到最大（表 6.3）。这是由蛋白酶的活性引起的，温度太低或太高都会影响蛋白酶的活性。由此可知，40 ℃是最佳处理温度。

表 6.3 蛋白酶处理温度对玉米粉成分的影响

处理温度/℃	0	31	34	37	40	43
蛋白质/%	6.891 1	5.074 8	4.813 8	4.691 6	4.524 7	4.601 5
脂肪/%	1.108 7	0.582 1	0.526 9	0.484 7	0.420 3	0.427 7
总淀粉/%	75.56	81.37	84.76	86.22	88.57	88.31
直链淀粉/%	18.89	20.34	21.19	21.56	22.14	22.08

6.2 发酵处理对玉米粉各成分的影响

6.2.1 接种量的影响分析

从表 6.4 中可以看出，随着接种量的增加，蛋白质含量下降，在接种量为 10% 时，蛋白质含量降到最低值，这和乳酸菌的生长代谢有关，在其生长代谢过程中会产生蛋白酶和淀粉酶，起到水解蛋白质的作用。在乳酸菌生长代谢过程中，玉米粉中的蛋白质是其唯一的氮源，当乳酸菌过量时，氮的来源就显得不足，反而会影响乳酸菌的生长，降低它的作用。所以接种量 10% 为最佳条件。当接种量为 15% 时，脂肪含量达到最低值，但是与 10% 时脂肪含量相差不大，所以取接种量为 10% 。随着接种量的提高，淀粉含量呈现先升高再降低的趋势，这也与乳酸菌的活性有关，当接种量为 10% 时，乳酸菌能以最快的速度繁殖，其代谢也最快，作用力就最大。

表 6.4 接种量对玉米粉成分的影响

接种量/%	0	1	5	10	15	20
蛋白质/%	6.891 1	6.117 4	5.443 8	5.047 6	5.183 2	5.122 9
脂肪/%	1.108 7	0.776 4	0.621 8	0.521 7	0.518 4	0.526 7
总淀粉/%	75.56	82.29	84.47	87.35	86.58	86.11
直链淀粉/%	18.89	20.57	21.12	22.04	21.65	21.53

6.2.2 发酵时间的影响分析

从表 6.5 中可以看出，随着时间的增加，蛋白质和脂肪的含量是逐渐减少的，但 18 h 之后蛋白含量基本保持不变，这与乳酸菌的代谢有关。时间小于 12 h，这个阶段是乳酸菌的指数生长期，代谢活力旺盛，随着时间的增加，积累的乳酸和蛋白酶增加最快；在 12 ~ 18 h 时，乳酸菌进入平稳期，此时随着时间的增加积累的乳酸、淀粉酶和蛋白酶也渐渐达到最高值；达到 18h 时达到最高，此时积累的乳酸、淀粉酶和蛋白酶最多，使蛋白得到最大程度的降解，脂肪的流失也最大，之后就趋于稳定。所以 18h 为最佳的发酵时间。乳酸菌在代谢过程中还会产生淀粉酶，这也是在 18 h 之后淀粉含量会降低的原因。

表 6.5　发酵时间对玉米粉成分的影响

发酵时间/h	0	6	12	18	24	30
蛋白质/%	6.8911	6.3019	5.8941	5.1604	5.1348	5.1262
脂肪/%	1.1087	0.8004	0.6509	0.5316	0.5268	0.5201
总淀粉/%	75.56	79.15	84.67	87.59	87.03	86.42
直链淀粉/%	18.89	19.76	21.17	21.89	21.76	21.61

6.2.3 发酵温度的影响分析

从表 6.6 中可以看出，发酵温度为 40 ℃时，蛋白质含量和脂肪含量最低，这可能是 40 ℃最适合乳酸菌生长。在这一温度下，乳酸菌生长最旺盛，代谢时所产生的酸和酶也最多，所以对蛋白质和脂肪的降解程度最强。此时淀粉含量和直链淀粉含量也达到最大值。

表 6.6　发酵温度对玉米粉成分的影响

处理温度/℃	0	31	34	37	40	43
蛋白质/%	6.8911	5.9469	5.6127	5.2943	5.1165	5.3007
脂肪/%	1.1087	0.6928	0.6519	0.5761	0.5247	0.5368
总淀粉/%	75.56	81.33	84.56	86.74	87.31	86.04
直链淀粉/%	18.89	20.33	21.14	21.69	21.83	21.51

6.2.4 pH 值的影响分析

从表 6.7 中可以看出，发酵初始 pH 值为 6.5 时，蛋白质和脂肪的含量最低。因为所用的菌种是植物乳杆菌而不是嗜酸乳杆菌，植物乳杆菌虽然发酵产生乳酸但环境过酸也不利于其生长，pH 值过高也不利于植物乳杆菌的生长。由此可知，初始 pH 值对乳酸菌的生长还是有影响的，所以取 pH 值为 6.5 为最佳值。

表 6.7　pH 值对玉米粉成分的影响

pH	原玉米	4.5	5.5	6.5	7.0	7.5
蛋白质/%	6.8911	6.3019	5.8941	5.1304	5.1648	5.2962
脂肪/%	1.1087	0.8004	0.6509	0.5216	0.5348	0.5401
总淀粉/%	75.56	85.62	86.94	87.83	87.07	85.13
直链淀粉/%	18.89	21.41	21.74	21.96	21.79	21.28

6.3　蛋白酶对玉米粉膨胀率、保水力的影响

6.3.1　酶用量对膨胀率和保水力的影响

随着酶用量的增加，玉米粉的膨胀率和保水力呈上升的趋势，但当酶用量超过 0.5% 时，膨胀率和保水力的升高趋势不明显（图 6.1）。

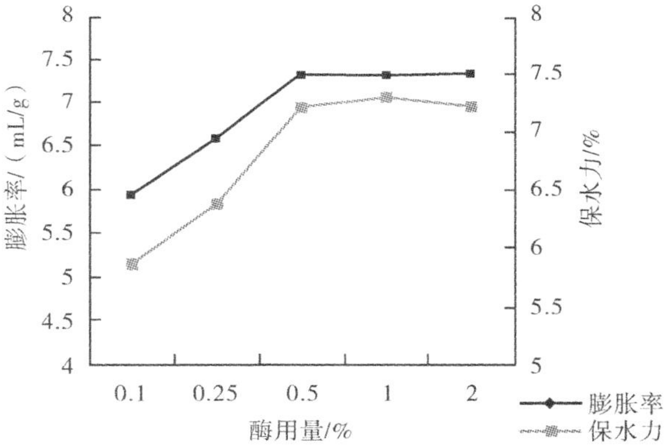

图 6.1　酶用量对膨胀率和保水力的影响

玉米粉的膨胀率和保水力与玉米粉颗粒的内部结构有很大关系，玉米粉颗粒内部的淀粉与蛋白质结合得非常紧密，这是限制玉米粉膨胀吸水的主要因素，也是造成玉米粉口感差、加工品质差的关键点。而蛋白酶对玉米粉中的蛋白质有一定的降解作用，就可以起到使淀粉与蛋白分离的效果，使淀粉得到释放，从而提高玉米粉的膨胀率和保水力，改善玉米粉的凝胶特性。

酶用量超过 0.5%，随着酶量的增加而玉米粉的膨胀率和保水力不会明显地提高，这可能与蛋白酶的水解能力有关，酶处理开始阶段，玉米粉外层的蛋白容易被酶水解，使外部的淀粉很快得到释放，此时玉米粉的膨胀率和保水力提高得很快。而玉米粉内部的与淀粉结合得更紧密的蛋白不容易被水解，这也是酶用量增加而膨胀率和保水力不会明显增加的原因。

6.3.2　时间对膨胀率和保水力的影响

随着处理时间的增加，玉米粉的膨胀率和保水力呈先升后降的趋势（图 6.2）。玉米粉的膨胀率在 18 h 时达到最大值，而保水力在 24 h 时达到最大值，但相对于 18 h 时的膨胀率增加幅度不大，所以取 18 h 为最佳处理时间。

超过 24 h 后，玉米粉的膨胀率和保水力的下降幅度增大，这可能是玉米粉自然发酵在起作用。在酶处理的同时也存在自然发酵，初始阶段，由于时间短，作用不明显，但时

间越长，自然发酵的作用就能显现出来。在自然发酵过程中，微生物在生长代谢时会产生淀粉酶，造成淀粉水解，这可能是使玉米粉膨胀率和保水力降低的原因。

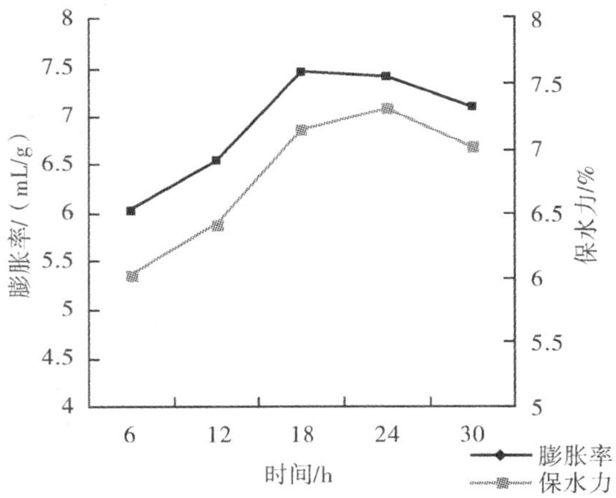

图 6.2 处理时间对膨胀率和保水力的影响

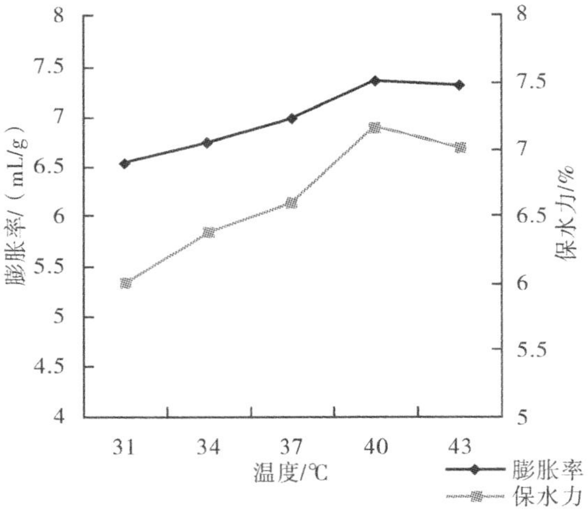

图 6.3 温度对膨胀率和保水力的影响

6.3.3 温度对膨胀率和保水力的影响

随着温度的升高，玉米粉的膨胀率和保水力呈先升后降的趋势（图 6.3），这可能与酶活的最适温度有关，本试验采用的中性蛋白酶的最适温度为 40 ℃，从图 6.3 中也可以看出，40 ℃时，作用最强，所以取 40 ℃为最佳时间。

6.4 乳酸菌对玉米粉膨胀率、保水力的影响

6.4.1 接种量对膨胀率和保水力的影响

实验条件为：发酵温度为 40 ℃，pH 值为 6.5，发酵时间为 18 h，分别取接种量为 1%，5%，10%，15%，20%。接种量对膨胀率和保水力的影响见图 6.4。

随着接种量的增加，膨胀率和保水力都呈现先增高后减少的趋势，在接种量为 10% 时达到最大值。植物乳酸菌在发酵玉米粉的过程中会产生乳酸和一些酶，其中有淀粉酶和蛋白酶，它们的含量随着菌体浓度的增加而增加。玉米粉的膨胀率

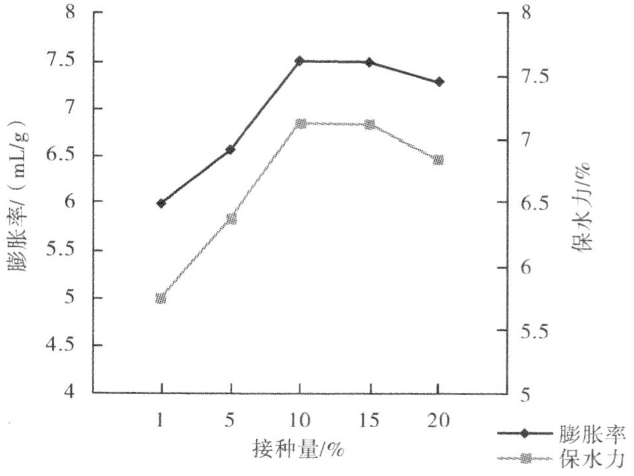

图 6.4 接种量对膨胀率和保水力的影响

和保水力与玉米粉颗粒的内部结构有很大关系，玉米粉颗粒内部的淀粉与蛋白质结合得非常紧密，这是限制玉米粉膨胀吸水的主要因素，也是造成玉米粉口感差、加工品质差的关键点。而淀粉酶和蛋白酶能对淀粉和蛋白有一定的降解，就可以起到使淀粉与蛋白分离的效果，使淀粉得到释放，从而提高玉米粉的膨胀率和保水力，改善玉米粉的凝胶特性。

乳酸菌在发酵过程中产生的淀粉酶和蛋白酶会随着菌体的浓度增加而增加，因此玉米粉的膨胀率和保水力会随着接种量的增大而提高。但当接种量大于10%时，膨胀率和保水力却随着接种量的增加而减小。这可能是因为一方面乳酸菌在代谢过程需要氮源，而玉米粉中的蛋白质是植物乳杆菌生长所能获得的唯一氮源，且蛋白质含量不多，接种量虽大，但乳酸菌的生长情况却不一定好；另一方面，接种量大，乳酸和淀粉酶的产量会更大，对淀粉颗粒的降解能力反而会更大，会影响淀粉颗粒的完整度，从而影响到淀粉的性质，使玉米粉的膨胀率和保水力下降。

6.4.2　发酵时间对膨胀率和保水力的影响

实验条件：发酵温度为40 ℃，pH值为6.5，接种量为10%，分别取发酵时间为6 h、12 h、18 h、24 h、30 h。发酵时间对膨胀率和保水力的影响见图6.5。

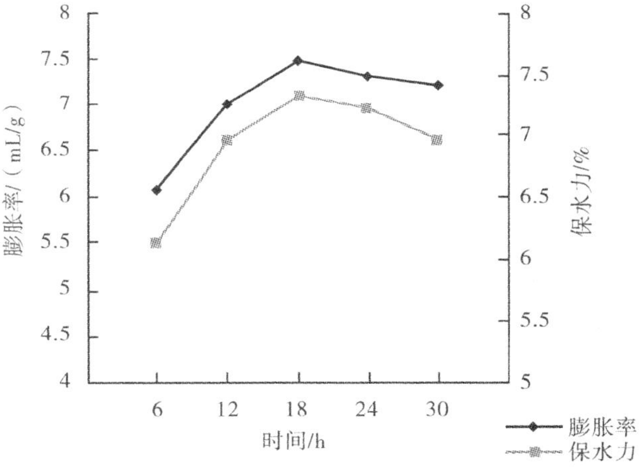

图6.5　发酵时间对膨胀率和保水力的影响

随着发酵时间的增加膨胀率和保水力先增大后减小，在发酵时间为18 h时达到最大。产生这种现象的原因与乳酸菌的生长代谢有关。时间小于12 h，这个阶段是乳酸菌的指数生长期，代谢活力旺盛，随着时间的增加，积累的乳酸、淀粉酶和蛋白酶增加最快；在12～18h时乳酸菌进入平稳期，此时随着时间的增加，积累的乳酸、淀粉酶和蛋白酶也渐渐达到最高值；当达到18 h时达到最高，此时积累的乳酸、淀粉酶和蛋白酶最多，发酵最充分，膨胀率、保水力达到最大值。当时间大于18 h时乳酸菌代谢下降，膨胀率和保水力下降。

6.4.3　发酵温度对膨胀率和保水力的影响

实验条件：接种量为10%，发酵时间为18 h，pH值为6.5，分别取发酵温度为31 ℃、34 ℃、37 ℃、40 ℃、43 ℃。发酵温度对膨胀率和保水力的影响见图6.6。

随着发酵温度的变化，玉米粉的膨胀率和保水力先升高后下降。在40 ℃时，二者的值均达到最大。说明40 ℃是乳酸菌在发酵玉米粉这一生化过程中的最适温度。温度过低，乳酸菌生长缓慢，发酵能力也相应变弱，发酵过程中产生的乳酸和酶变少，乳酸和酶对淀粉和蛋白质的降解程度就低，就不利于淀粉与蛋白的分离，也就会阻碍淀粉的膨胀和吸水，从而导致膨胀率和保水力下降。当温度过高时，也会影响乳酸菌的活性，降低乳酸菌的发酵力，从而降低玉米粉的膨胀率和保水力。

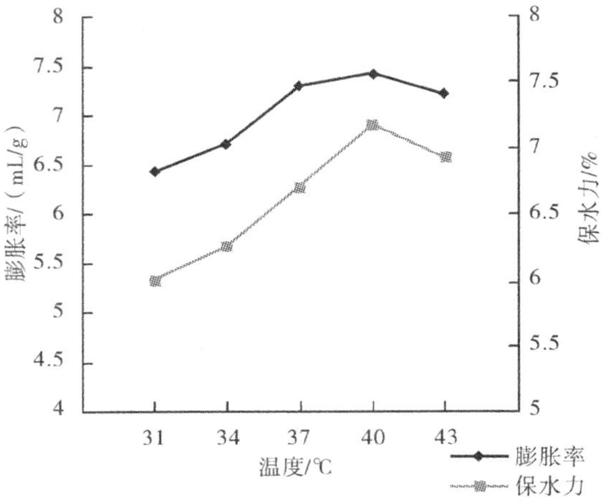

图 6.6　发酵温度对膨胀率和保水力的影响

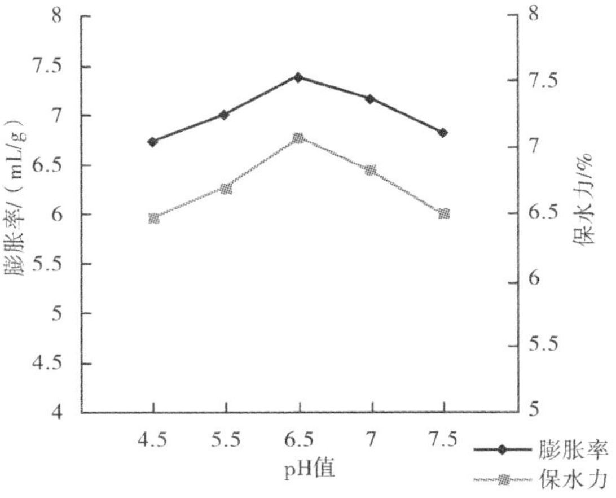

图 6.7　pH 值对膨胀率和保水力的影响

6.4.4　pH 值对膨胀率和保水力的影响

实验条件：发酵温度为 40 ℃，发酵时间为 18 h，接种量为 10%，分别取 pH 值为 4.5、5.5、6.5、7.0、7.5。pH 值对膨胀率和保水力的影响见图 6.7。

随着 pH 值的变化，玉米粉的膨胀率和保水力先升高然后下降，在 pH 值为 6.5 时，二者的值均达到最大。因为所用的菌种是植物乳杆菌而不是嗜酸乳杆菌，植物乳杆菌虽然发酵产生乳酸但环境过酸也不利于其生长，同样，pH 值过高也不利于植物乳杆菌的生长，因此，pH 值过高过低都会影响植物乳杆菌的发酵力，也会影响到玉米粉的膨胀率和保水力。

6.5　生物改良玉米主食专用粉特性分析

6.5.1　蛋白酶对玉米粉黏度的影响

1. 酶用量对黏度的影响

淀粉糊化特性对淀粉类谷物的应用及其制品品质起着至关重要的作用。从图 6.8 和表 6.8 中的数据中可以看出，蛋白酶处理对玉米粉的糊化特性有显著的影响，原玉米粉的糊化温度较高，没有出现明显的峰值和最低值，而且黏度很低，崩解值和回生值都很小。蛋白酶处理后玉米粉的糊黏度、衰减值和回生值等都发生明显改变。糊化提前开始，黏度得到了很大的提高，出现了明显的峰值和最低值，说明经过蛋白酶处理的玉米粉更容易糊化。这是因为蛋白酶处理对玉米粉中的蛋白质有水解作用，可以使玉米粉中紧密结合的淀粉和蛋白得到分离，使被蛋白质包裹的淀粉得到释放，提高了淀粉的吸水能力和膨胀能力，使玉米粉更易糊化。当蛋白酶用量为 0.5% 时，峰值黏度达到最大，最终黏度、崩解值和回生值也最大，说明酶用量为 0.5% 处理过的玉米粉的糊化特性最好，这种条件处理的玉米粉的凝胶强度也最大，玉米粉的可塑性最好，加工品质最好。

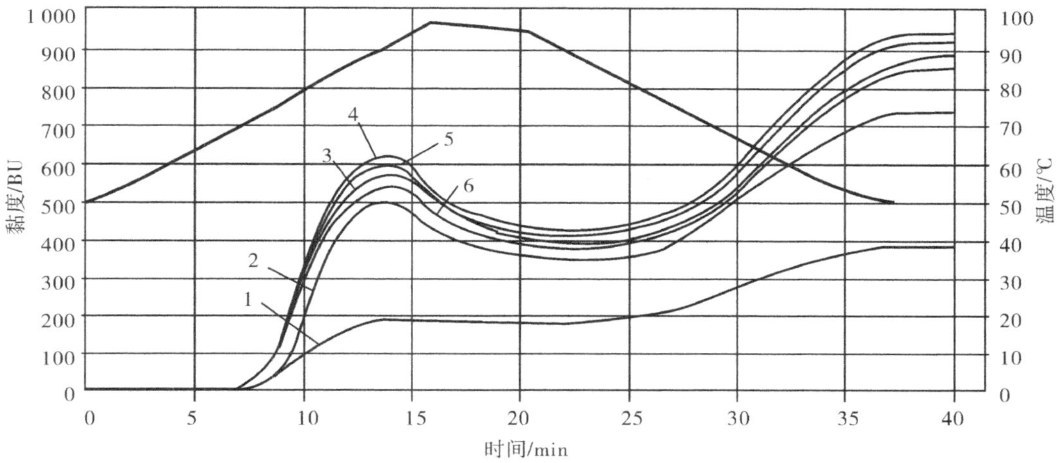

图 6.8 不同酶用量处理玉米粉的糊化曲线

1. 原玉米 2. 0.1% 3. 0.25% 4. 0.5% 5. 1% 6. 0.2%

表 6.8 不同酶用量处理玉米粉的糊化特性指标

实验	糊化温度/℃	峰值黏度/BU	最低黏度/BU	最终黏度/BU	崩解值/BU	回生值/BU
1	74.0	197	183	364	14	181
2	70.0	577	404	798	173	394
3	70.5	600	422	851	178	429
4	70.1	624	440	876	184	436
5	70.4	542	390	777	152	387
6	71.4	539	376	770	163	394

2. 酶解时间对黏度的影响

随着处理时间的变化，玉米粉的峰值黏度、崩解值和回生值都呈先升高后降低的趋势。当处理时间为 18 h 时，各值达到最大值，说明在此条件下玉米粉的糊化特性最好。时间超过 24 h 以后，玉米粉的峰值黏度下降，这可能是玉米粉自然发酵在起作用。因为在酶处理的同时也存在自然发酵，初始阶段，由于时间短，作用不明显，时间越长，自然发酵的作用就能显现出来。在自然发酵过程中，微生物在生长代谢时会产生淀粉酶，造成淀粉水解，这可能是影响玉米粉糊化特性的原因。如图 6.9 和表 6.9 所示。

表 6.9 不同时间处理玉米粉的糊化特性指标

实验	糊化温度/℃	峰值黏度/BU	最低黏度/BU	最终黏度/BU	崩解值/BU	回生值/BU
1	74	197	183	364	14	181
2	72.5	459	305	644	154	339
3	70.5	497	363	776	134	413
4	70.1	600	422	910	178	488
5	70.5	542	390	777	152	387
6	70.4	523	373	757	150	384

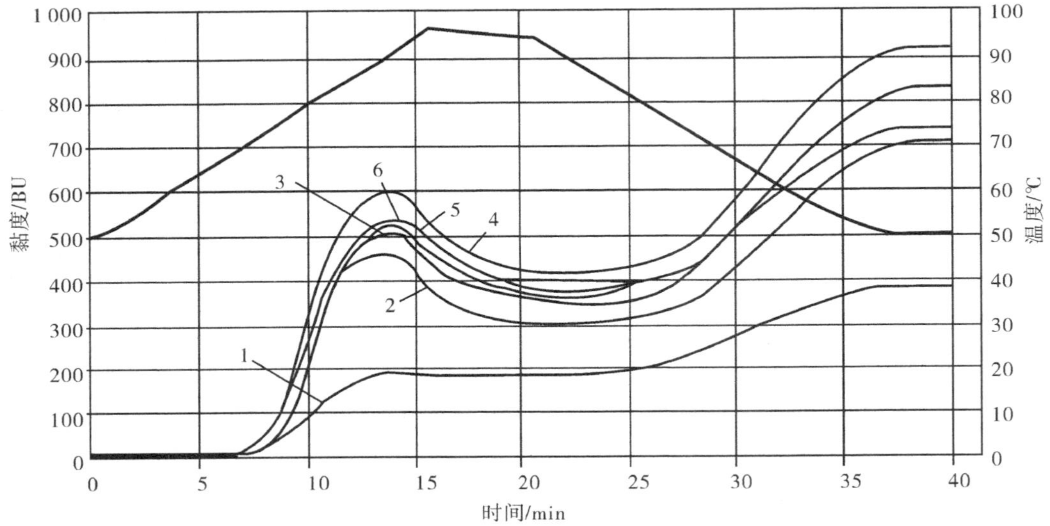

图 6.9 不同时间处理玉米粉的糊化曲线

1. 原玉米 2. 6 h 3. 12 h 4. 18 h 5. 24 h 6. 30 h

3. 温度对黏度的影响

如图 6.10 和表 6.10 所示，随着温度的升高，玉米粉糊化开始的温度逐渐降低，峰值黏度和回生值先升高后降低，在 40 ℃时达到最大，此时玉米粉的糊化特性最好，所以取 40 ℃为最佳时间。

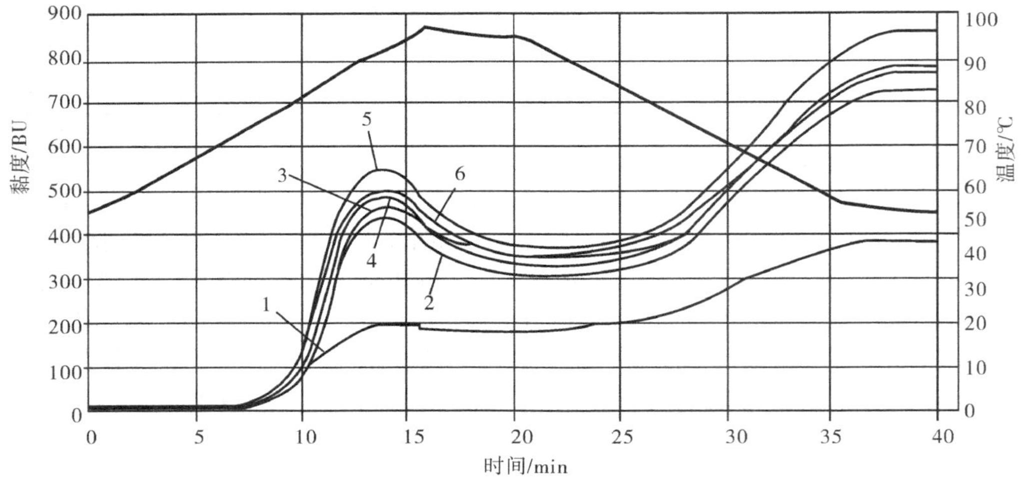

图 6.10 不同温度处理玉米粉的糊化曲线

1. 原玉米 2. 31 ℃ 3. 34 ℃ 4. 37 ℃ 5. 40 ℃ 6. 43 ℃

表 6.10 不同温度处理玉米粉的糊化特性指标

实验	糊化温度/℃	峰值黏度/BU	最低黏度/BU	最终黏度/BU	崩解值/BU	回生值/BU
1	74	197	183	364	14	181
2	72. 7	437	310	677	127	367

续表

实验	糊化温度/℃	峰值黏度/BU	最低黏度/BU	最终黏度/BU	崩解值/BU	回生值/BU
3	73	460	357	707	103	350
4	72.6	483	334	723	149	389
5	71.8	546	379	796	167	417
6	71.5	497	353	718	144	365

6.5.2 乳酸菌发酵对玉米粉黏度的影响

1. 接种量对黏度特性的影响

淀粉糊化特性对淀粉类谷物的应用及其制品品质起着至关重要的作用。发酵对玉米粉的糊化特性有显著的影响，发酵前后糊黏度、衰减值和回生值等都发生明显改变。从图6.11和表6.11中明显地可以看出，乳酸菌发酵处理的玉米粉提前糊化，糊化所需时间缩短，并且出现了明显的峰值和最低值，说明经过发酵的玉米粉更易糊化。这是因为乳酸菌发酵处理的玉米粉，一方面使包裹在淀粉外面的蛋白质水解，淀粉与蛋白分离，易于淀粉吸水；另一方面玉米粉保水力增强，吸水量增加，因此糊化温度提前。

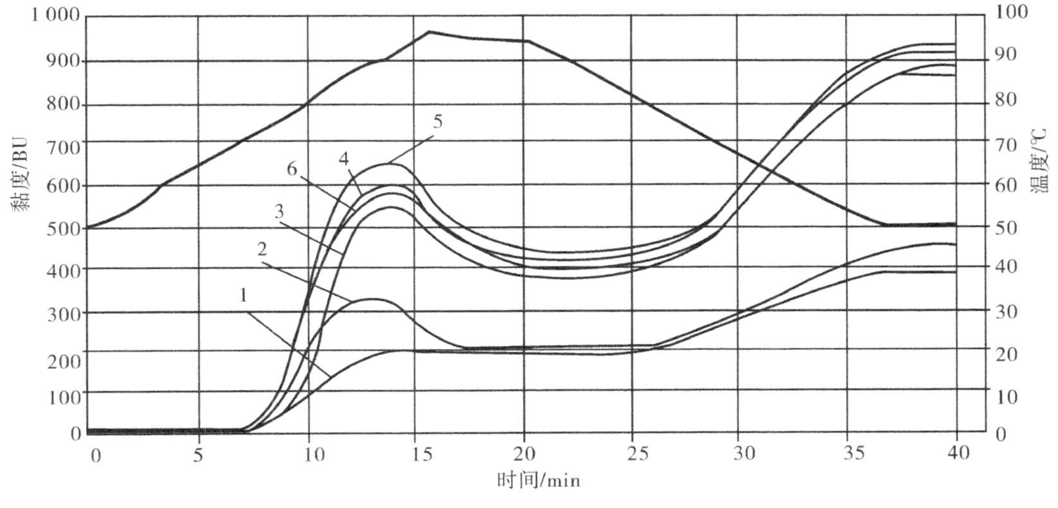

图 6.11 不同接种量发酵玉米粉的糊化曲线

1. 原玉米粉 2. 接种量 1% 3. 接种量 5% 4. 接种量 10% 5. 接种量 15% 6. 接种量 20%

表 6.11 不同接种量发酵玉米粉的糊化特性指标

实验	糊化温度/℃	峰值黏度/BU	最低黏度/BU	最终黏度/BU	崩解值/BU	回生值/BU
1	74	197	183	364	14	181
2	71.8	323	191	707	132	216
3	71.8	546	379	757	167	417

续表

实验	糊化温度/℃	峰值黏度/BU	最低黏度/BU	最终黏度/BU	崩解值/BU	回生值/BU
4	70.4	650	444	796	206	420
5	70.5	600	422	738	178	429
6	70	577	404	715	173	394

从图6.11中可以看出，原玉米粉没有出现明显的峰，而且崩解值和回生值都很小，这说明在原玉米粉中，淀粉与蛋白质和脂类物质结合得很紧密，限制了淀粉的膨胀，影响了玉米粉的黏度，从而限制了玉米粉的加工特性。因为玉米粉中没有面筋蛋白，玉米粉的可塑性、加工特性都是通过淀粉形成的凝胶来支撑的。

从图6.11和表6.11中的数据中可以看出，接种量为10%的玉米粉的峰值黏度最高，崩解值和回生值最高，说明此时玉米粉形成的凝胶最强，玉米粉的可塑性最好。

2. 发酵时间对黏度特性的影响

从图6.12和表6.12中的数据中可以看出，发酵时间为18 h时，玉米粉的峰值黏度最高，崩解值和回生值最高。这可能是因为此时乳酸菌的产物对玉米粉的作用最强，玉米粉中淀粉含量最高。淀粉的糊化特性与淀粉的纯度及直链淀粉和支链淀粉的含量有关。乳酸菌发酵可以降低玉米中的淀粉和蛋白质结合程度，使淀粉颗粒得到释放，发酵也可以降解支链淀粉的长链，提高直链淀粉的含量，这就使得发酵后的玉米粉的峰值黏度和最终黏度提高，玉米粉的凝胶特性也最好。

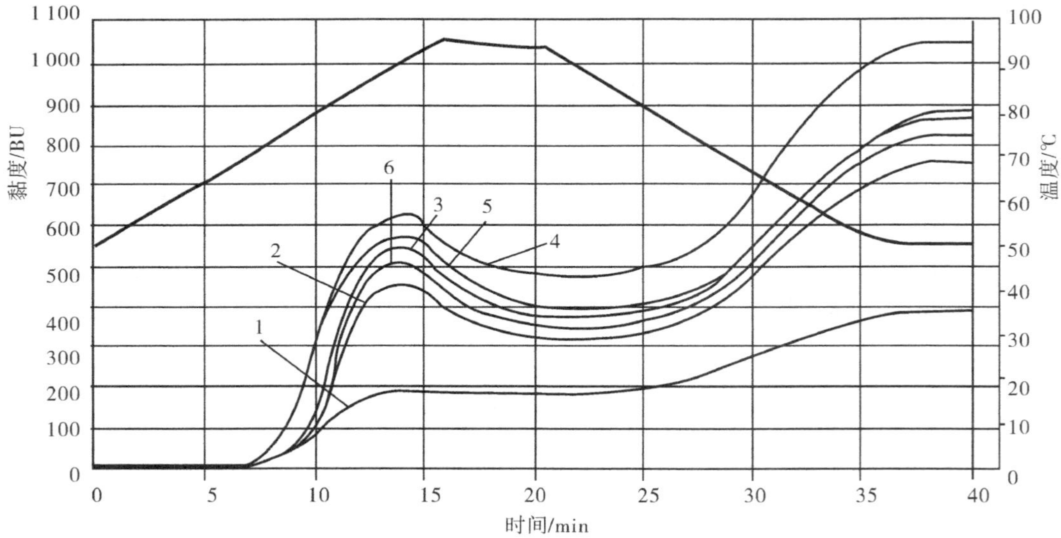

图6.12 不同发酵时间发酵玉米粉的糊化曲线

1. 原玉米粉 2. 发酵6 h 3. 发酵12 h 4. 发酵18 h 5. 发酵24 h 6. 发酵30 h

表 6.12　不同发酵时间发酵玉米粉的糊化特性指标

实验	糊化温度/℃	峰值黏度/BU	最低黏度/BU	最终黏度/BU	崩解值/BU	回生值/BU
1	74	197	183	364	14	181
2	72	458	324	700	134	376
3	71.8	546	379	796	167	417
4	70.3	629	481	992	148	511
5	70	577	404	798	173	394
6	71.9	509	353	757	156	404

3. 发酵温度对黏度特性的影响

从图 6.13 和表 6.13 中的数据中可以看出，40 ℃时玉米粉的糊化温度最低，峰值黏度、崩解值和回生值最高，此条件下所得的玉米粉易糊化，且形成的凝胶特性也最好。这是因为 40 ℃是乳酸菌发酵玉米粉的最优温度，此条件下乳酸菌对玉米粉的作用较强，所得的玉米粉中的淀粉含量高，且淀粉颗粒也会在发酵作用下变得更均匀。

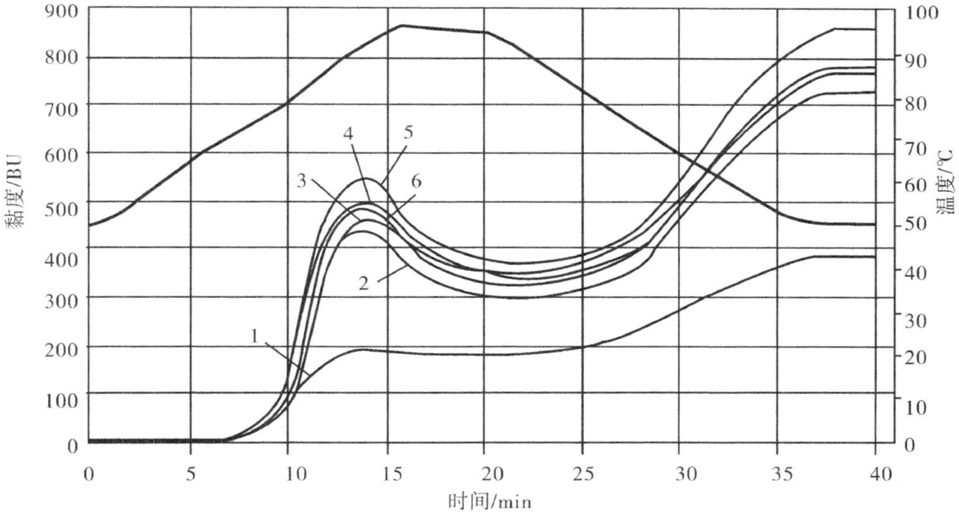

图 6.13　不同发酵温度发酵玉米粉的糊化曲线

1. 原玉米粉　2. 发酵温度：31 ℃　3. 发酵温度：34 ℃　4. 发酵温度：37 ℃
5. 发酵温度：40 ℃　6. 发酵温度：43 ℃

表 6.13　不同发酵温度发酵玉米粉的糊化特性指标

实验	糊化温度/℃	峰值黏度/BU	最低黏度/BU	最终黏度/BU	崩解值/BU	回生值/BU
1	74	197	183	364	14	181
2	72.7	437	310	677	127	367
3	73	460	357	707	103	350
4	72.6	483	334	723	149	389

续表

实验	糊化温度/℃	峰值黏度/BU	最低黏度/BU	最终黏度/BU	崩解值/BU	回生值/BU
5	71.5	550	375	801	175	426
6	71.5	497	353	718	144	365

4. pH 值对玉米粉黏度特性的影响

从图 6.14 和表 6.14 中的数据中可知，初始 pH 值为 6.5 时所得玉米粉的糊化温度最低，峰值黏度、崩解值和回生值最高，从前文可知，该条件下的玉米粉的膨胀率和保水力最高，且此条件下所得的玉米粉的凝胶特性也最好，玉米粉的加工品质最好。

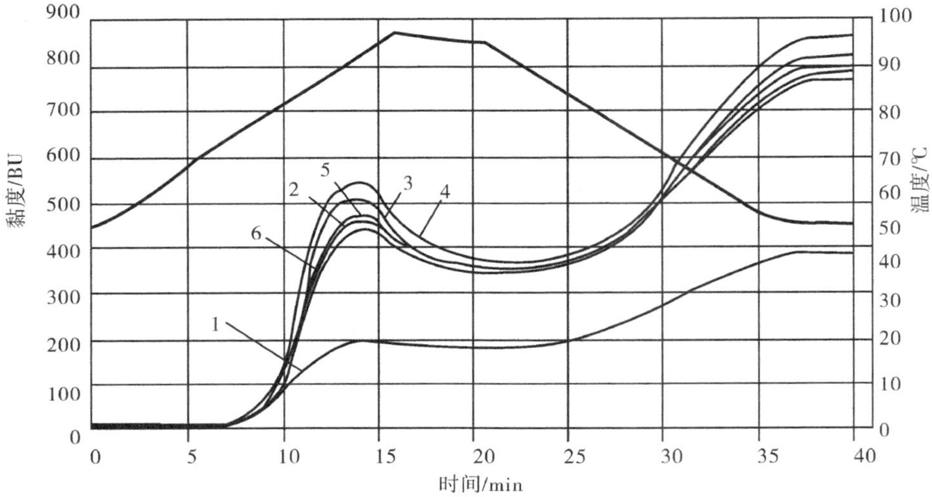

图 6.14 不同 pH 值发酵玉米粉的糊化曲线

1. 原玉米粉 2. pH4.5 3. pH5.5 4. pH6.5 5. pH7.0 6. pH7.5

表 6.14 不同 pH 值发酵玉米粉的糊化特性指标

实验	糊化温度/℃	峰值黏度/BU	最低黏度/BU	最终黏度/BU	崩解值/BU	回生值/BU
1	74	197	183	364	14	181
2	73	460	357	707	103	350
3	71.9	509	353	757	156	404
4	71.8	546	379	796	167	417
5	71.9	473	364	738	109	374
6	71.4	444	353	715	91	362

6.5.3 玉米粉光学显微特征分析

淀粉偏光十字的产生是由于淀粉颗粒内部存在着两种不同的结构，即晶体结构和无定形结构的缘故。在淀粉的结晶区的淀粉分子是有序排列的，而在非结晶区淀粉分子是无序排列的，由于淀粉结晶区和非结晶区结构在折射率和密度上的不同，就会产生各向异性现象，当偏振光通过淀粉颗粒时就会产生偏光十字。淀粉的偏光十字是淀粉颗粒的重要性质之一，淀粉颗粒通过糊化或其他处理如微细化等会使淀粉颗粒内部分子链有序排列的结晶结构受到破坏，偏光十字就会改变或消失，因此淀粉颗粒偏光十字的变化一定程度上可反映淀粉颗粒结晶结构的变化，原玉米粉和发酵玉米粉的偏光十字如图 6. 15 所示。

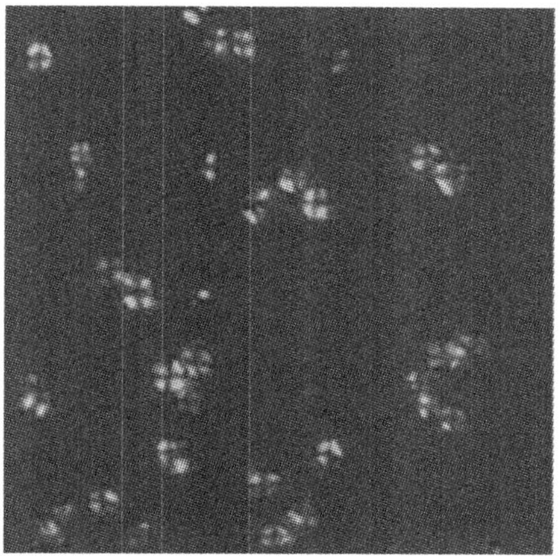

a. 玉米原淀粉

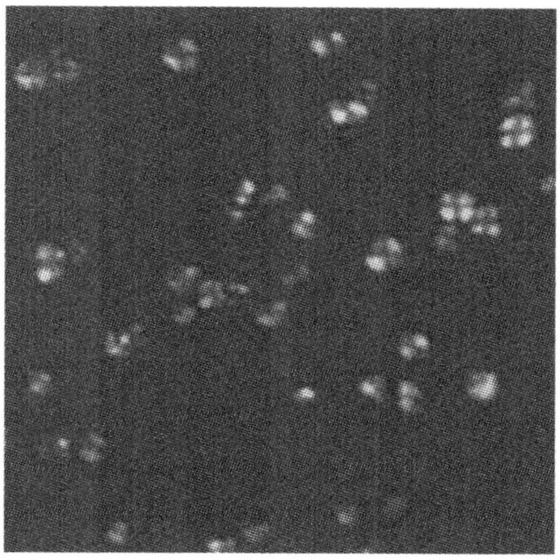

b. 发酵18 h后玉米淀粉

图 6. 15 原玉米淀粉和发酵后玉米淀粉颗粒的偏光十字（500 倍）

图 6. 15a 为原玉米粉淀粉的偏光十字，其偏光十字明亮清晰，淀粉颗粒的偏光十字保持完好，表明玉米淀粉是典型的晶体结构，为多晶颗粒体系。图 6. 15b 为发酵 18 h 后玉米淀粉颗粒的偏光十字，发酵后玉米淀粉仍存在明显的偏光十字，与未发酵处理的对照样淀粉颗粒无明显差异。由此可知，发酵处理对淀粉颗粒的结晶结构改性较弱，淀粉结晶结构受到的破坏程度较小，可能由于玉米粉发酵过程中产生的酸或酶主要影响淀粉的无定形区，而对淀粉的结晶区影响较小。

6. 5. 4 不同玉米粉样品的 DSC 分析

原玉米粉和发酵玉米粉的 DSC 糊化性质测定结果如图 6. 16、图 6. 17 和表 6. 15 所示。从表 6. 17 中可以看出，原玉米粉的糊化开始温度为 66. 33 ℃，发酵玉米粉的糊化温度为 63. 36 ℃，发酵后的糊化开始温度低于原玉米粉的，即经过处理后的玉米粉更易糊化，这与之前布拉班德黏度仪测得的特征曲线结果一致，同样是因为乳酸菌发酵处理的玉米粉，一方面使包裹在淀粉外面的蛋白质水解，使被蛋白质包裹的淀粉释放出来，淀粉与蛋白质分离，有利于淀粉吸水膨胀；另一方面玉米粉保水力增强，吸水量增加，因此糊化温度提前。发酵处理还能降解支链淀粉的长链部分，使玉米粉中的直链淀粉含量增加，而直链淀粉含量的增加有利于吸收更多的水分，使糊化提前。

发酵后玉米粉的吸热焓值有明显的提高，吸热焓上升了 1. 25 J。说明发酵对玉米粉中淀粉的结构影响较大。经过发酵处理，淀粉吸水糊化能力增强，但结晶结构在淀粉中占的相对比例增加了，因此糊化温度虽然较低，但糊化吸热却有所增加。其直接原因是发酵过程也产生了大量的乳酸以及一些酶类，酸和酶的水解作用首先发生在结合力较弱的无定形区，使无定形区的淀粉分子链水解而溶出，造成结晶结构的相对比例增加，糊化焓上升。

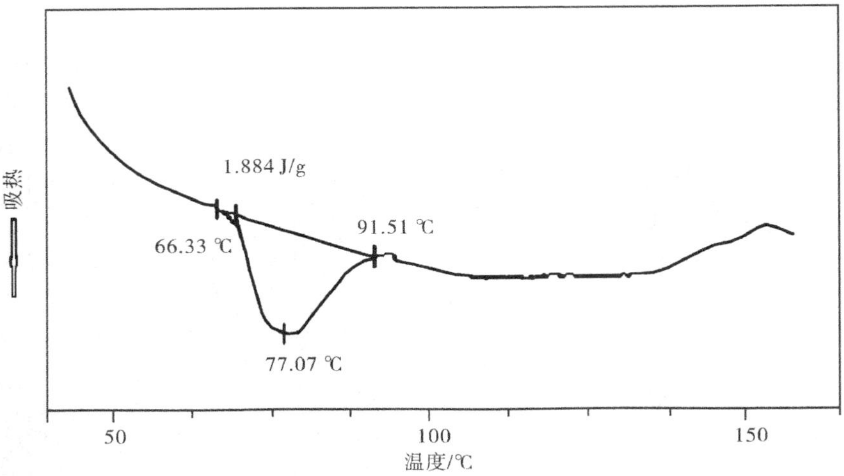

图 6.16 原玉米粉 DSC 分析图谱

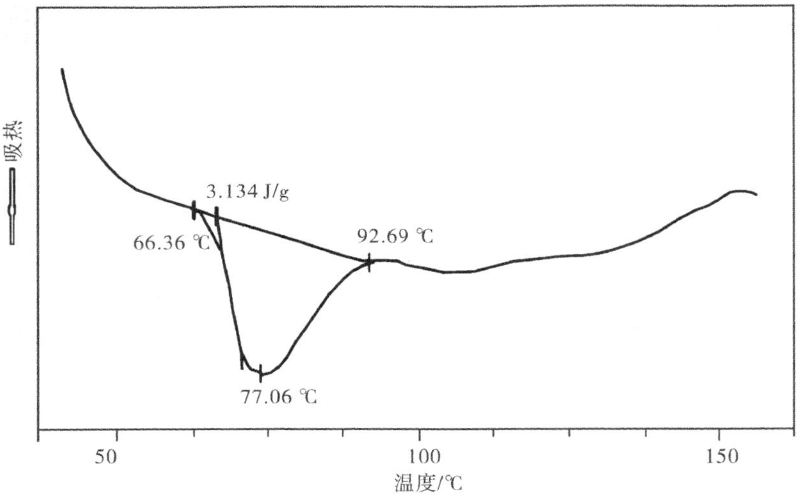

图 6.17 发酵玉米粉 DSC 分析图谱

而由于无定形区的破坏，水分更易渗入淀粉颗粒内部，使淀粉分子的水合能力增强，使糊化较容易，从而降低了糊化温度。但是由于结晶区的比例增大的缘故，糊化的整个过程由于发酵处理而延长。从表 6.17 中也可以直接看出，发酵后玉米粉的糊化温度范围变大。

表 6.15 DSC 实验结果

	T_o/℃	T_p/℃	T_c/℃	T_c-T_o/℃	ΔH/（J/g）
原玉米粉	66.33	77.07	91.51	25.18	1.884
发酵玉米粉	63.36	74.06	92.69	29.33	3.134

注：T_o 为糊化开始温度，T_p 为糊化峰值温度，T_c 为糊化终止温度，T_c-T_o 为糊化温度范围，ΔH 为糊化焓。

6.5.5 X 射线衍射分析

淀粉分子中包括结晶结构和无定形结构两部分，当 X 射线波长与晶体中原子间距相等时，通过晶体时会发生衍射现象，而对非晶部分则不存在，因而可以用 X 射线衍射研究其晶体结构。

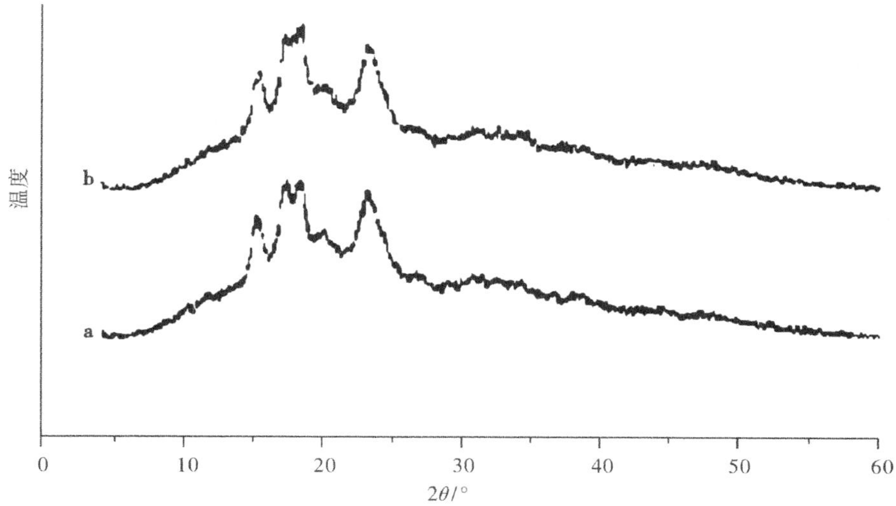

图 6.18 原玉米淀粉 a、发酵玉米粉 b 的 X 射线衍射图谱

表 6.16 不同处理后大米粉（A）及其淀粉（B）的相对结晶度

样品	总面积/mm^2	结晶区面积/mm^2	结晶度/%
原玉米粉	2 333 589	887 522	38.03
发酵玉米粉	1127735	461 270	40.90

图 6.18 中 a 为原玉米粉的 X 射线衍射图谱。原玉米粉具有典型的结晶衍射峰，它的衍射曲线由尖峰衍射特征和弥散衍射特征两部分组成，是典型的多晶体体系，这说明原玉米粉颗粒是由结晶和非结晶两部分组成的，其中的玉米粉在 2θ 为 15.00°、17.13°、18.02°和 23.08°呈现强烈的衍射峰，为 A 型淀粉的特晶态特征峰。

图 6.18 中 b 为发酵玉米粉的 X 射线衍射图谱。可以看出发酵后玉米粉的晶型仍为 A 型，发酵并没有改变玉米粉的晶型。

原玉米粉与发酵玉米粉与其淀粉的相对结晶度分析结果见表 6.16。分析可知，与原玉米粉的结晶度为 38.03%，发酵后玉米粉的结晶度为 40.90%，相对结晶度相比，发酵玉米粉的相对结晶度有所增加。这个结果表明：浸泡发酵后淀粉粒的结构有一定程度的改变，当酸或酶水解淀粉时，由于淀粉的结晶区淀粉链之间排列紧密，不容易被酸或酶水解，而结构较为松散的无定形区受到削弱或遭到一定程度的破坏，在发酵过程中，微生物所产的酸和酶水解直链淀粉和无定形区的支链淀粉，导致一个高的相对结晶度，与 DSC 研究结果一致。

6.5.6 SEM 扫描电子显微镜形态观察

从图 6.19 中明显可以看出，原玉米粉颗粒分布不均，大小差异显著，并且可以看出原玉米粉中淀粉和蛋白质及脂类物质紧密地结合在一起。

由图 6.20 中可以看出，发酵后的玉米粉颗粒明显变小，颗粒分布趋于均匀，大小差不明显，无较大的颗粒。

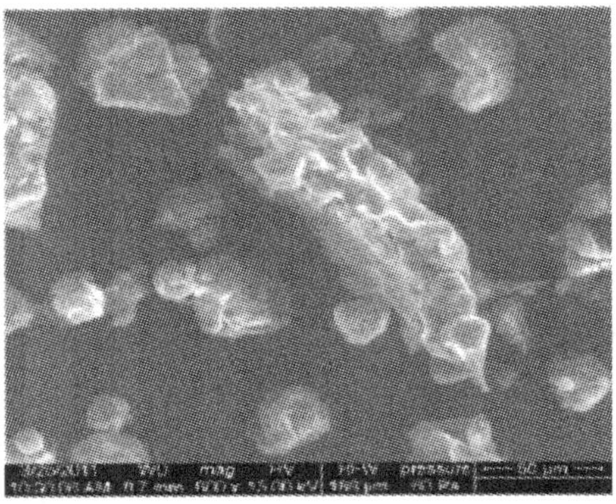

图 6.19 原玉米粉扫描电镜图（800 倍）

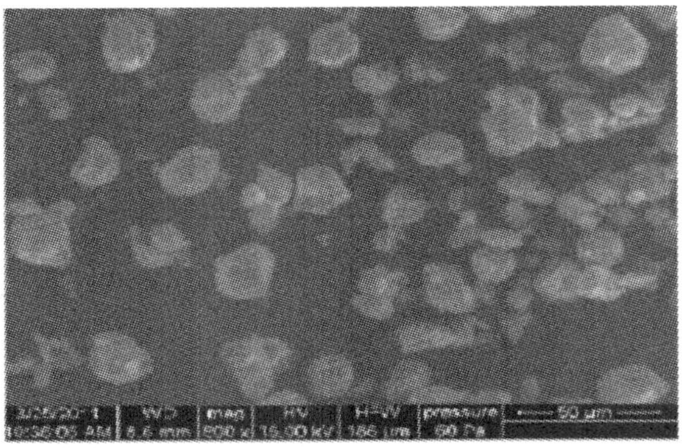

图 6.20 发酵玉米粉扫描电镜图（800 倍）

扫描电镜可以直观地揭示发酵玉米粉理化性质改变的原因：在发酵过程中，由于乳酸菌的生长代谢，会产生乳酸等有机酸以及蛋白酶、淀粉酶等酶类，在酸和酶的作用下，蛋白质和脂肪水解，玉米粉中淀粉与蛋白质的结合被打断或变得疏松，玉米粉颗粒大小趋于均匀，被蛋白质和脂肪包裹的淀粉也更多地暴露出来，从而提高了淀粉的吸水膨胀能力，改善了玉米粉的凝胶特性，使玉米粉的糊化特性也变得更好。

7　玉米主食面团发酵持气关键技术

7.1　无面筋食品的充气方法

面包的气体保留不足和体积过小，是生产无面筋面包制品遇到的主要问题。由于无面筋蛋白材料的性质和小麦面团不同，严格按照传统的技术是行不通的。无面筋玉米粉中可利用的基质在微生物产气过程中起着重要的作用，亲水胶体可以提高产品保留气体的能力。采用适宜的机械方式产生的气体可以有效改善无面筋面团体积不足的缺陷，比如在加工过程中机械搅拌代替传统的手工揉和，高速搅拌混合会使气泡分布均匀，并且可以让面团有最大的气体保留量。

面包和蛋糕产品生产过程的充气方法分为3类：生物充气、化学充气、物理充气。这种划分方法不是很严谨，化学发酵剂在面包生产中使用频率很小，但在蛋糕和无面筋蛋白面包中有着重要作用，物理充气方法作为一个有多种潜能的方法也得到不断改进。

7.1.1　生物充气法

为了获得低密度、细腻的面包心，可利用微生物进行生物充气的方法，例如酵母发酵，只要有适宜的环境，就会持续地产生 CO_2。形成 CO_2 的速率取决于微生物的种类、微生物的生存能力和生物活性，另外温度、湿度、可利用的基质、pH 值、离子强度和存在的营养物等也会影响 CO_2 的产生速率。研究结果表明，最终泡沫的体积取决于最初发酵时初始泡沫的大小，这说明了初步混合过程对于产生小气核的重要性。

在面团中有多种可以产生 CO_2 气体的微生物，啤酒酵母是最常见的。混有多种酵母和乳酸菌的混合物常用于制作发酵面团，用发酵面团做无面筋面包已经被广泛地研究。发酵面团是多相混合物，由于制作条件变化较大，对质构和感官特性的影响也很大。其中有些功能是有利的，例如谷蛋白的降解，经发酵后微生物指标的稳定性和产生的风味物质。目前的研究主要是为了提高充气量和气体的保留量。

为了通过微生物提高充气量，要求所有基本的营养物必须是可利用的，而且要有最适宜的 pH 值和温度范围。在酵母产生 CO_2 过程中，最主要的基质是单糖和二糖，但是在无面筋面包配方中常用的玉米粉和淀粉由于缺少单糖，所以常常另外添加单糖和二糖。此外，预糊化、机械损伤或者淀粉降解酶都会促进淀粉的降解而产生单糖。

7.1.2 化学充气

用化学膨松剂作为代替品或与酵母一起使用是一种提高无面筋面包体积的方法。类似于生物发酵，利用化学膨松剂充气的方法主要取决于 CO_2 的生成速率和面团持气性。尽管在传统的面包中，采用化学膨松剂的方法比较少，但是它们通常和酵母一起添加到无面筋面包中。比较了从西班牙市场购得的 11 种无面筋面包，其中有 7 种含有化学膨松剂。另外，据报道称化学膨松剂在无面筋面包和小麦面包配方中都是常见的。考虑到产品的特殊特性和产品的要求，认真挑选焙烤粉的类型、配料和浓度是十分重要的。

通过组合两种不同的酸性载体来代替单一的或者两种组分的焙烤粉，在制作过程中产生两方面的作用。一方面酸能够在搅拌混合物的过程中快速释放 CO_2；另一方面酸能够有效阻止焙烤过程中由于高温导致的气体逐渐下降。另外，化学膨松剂的弊端是法定的限制条件和对口味产生的不良影响。在含有糖和脂肪的产品中，碳酸钠和焦磷酸钠产生肥皂味，而且会额外增加涩味。在未来的科研中，应该重点研究化学膨松剂如何更好地控制无面筋蛋白面包充气。

7.1.3 物理充气

化学和生物充气的方法通常包含搅拌或揉和过程，这对气泡的大小及分布产生了重要影响。最初气核的数量和分布，对二次发酵和焙烤过程中气泡连续生长的动力学和气泡的稳定是有影响的。物理充气的主要目的是改变传统生产过程，以满足生产无面筋面团的要求。

1. 搅拌混合充气

在传统的面包制作过程中，搅拌混合的主要目的是让原料分布得更加均匀，随后的揉和会合并气核，进而形成面筋结构。

当揉混含面筋蛋白的面团时，由于面团的黏性，螺旋或钩状结构利用面团的黏性充分包裹所有材料。糊状物和无面筋蛋白面团通常是有黏性的，但是黏着力较小，为了提供均匀分布的组分，在搅拌混合的过程中，需要用刮刀刮制面团。

在揉和和搅拌过程中，力对气泡产生的作用是复杂的，因此只有少量的研究分析了在不同构造和不同的媒质中面团的流动特性或剪切速度。相比于在二次发酵和焙烤过程中的拉伸应力，面团搅拌时产生的剪切应力是主要的，因为搅拌装置会形成一个平行于材料表面的张力。在揉和过程中，面团中的面片相互叠压，通过新形成的表面结构来捕获气体。搅拌器的选择和过程中参数的设置对于获得的气泡大小和数量有重要影响。尽管这个技术已经满足含面筋蛋白的配方要求，但是它是否适合无面筋面团还是一个问题。

面筋蛋白形成的网状结构通过剪切变得不稳定，分散混合的作用可以使气体进入蛋糕糊中，这主要依靠于高的剪切应力。强烈的变形会使气泡破裂，分散混合可以用于无面筋面团的充气，因为它缺少面筋网络结构，且稠度与蛋糕糊相似。搅拌过程通常是用行星式搅拌机在高速下搅拌混合。行星式搅拌机，公转总是比自转慢，两者是相反的转动方向，这就意味着局部速度高于整体的速度。传统的揉和，在搅拌过程中通过表面曝气的方式获得气体，在高剪切区域气泡的主要变化是分散和破裂，材料通过狭窄的通道时受到力产生了这些剪切区域，例如在搅拌夹具和壁之间。

在很多研究中，无面筋面团简称为糊，用行星式搅拌机代替传统的揉和过程。小麦面团有较多的气体，这与较高的搅拌速度有相关；在无面筋面团中搅拌速度和体积之间并没有相关性。长时间搅拌造成气泡相对减少，形成的气泡体积较大，这可能是提供更多的表面活性物质或增加面团的黏度补偿了一些不稳定因素造成的干扰。

另一个重要的因素是搅拌器的夹具，包括螺旋挂钩、直挂钩、刀片和轮叶或搅拌桨，搅拌桨可以是梨形、圆柱体的或是十字形的，由粗的、细的金属丝组成，这取决于材料的性质和想要达到的目的。当用绞线搅拌时，所用的材料和水的比例为1:1而不是1:0.8，因为这种夹具要求面团更易流动。结果表明，绞线比扁平的揉捏夹具更适合无面筋面团的搅拌，但是较高的水合作用对面团产生的影响还不清楚。

2. 压力或超声混合充气

在混合过程中，增加压力会使蛋糕糊的含气量增加，气泡的尺寸减小。当压力释放时，产生的小气泡便会膨胀，这就节约了时间和原料。超声可以作为一种处理技术，在介质中传导生成压力、剪切和温度梯度。一种专利方法是用带有搅拌器的大功率超声波清洗器，通过超声气化提高蛋糕糊的充气量。超声对糊充气在实验室操作是很好的方法，但在工业生产时会大大地增加操作成本。

总之，适合无面筋面团要求的搅拌混合工艺是很有前途的技术，未来的试验应进一步研究搅拌混合参数对无面筋面团温度、结构和气体体积分数的影响。

7.2 亲水胶体在无面筋面包中的应用

面包是一种传统食品，主要由小麦面粉制成。面筋蛋白作为小麦中的一种基本结构组分，决定了面包的质量。为了模拟面筋的黏弹性，亲水胶体已经在各种各样的无面筋食品配方中得到应用，它们包括许多不同的化学结构，且具有特殊功能的水溶性多糖。

制作无面筋面包需要大量的谷物粉、淀粉和许多物质，例如酶、蛋白质和亲水胶体，这些物质用来模拟面筋的黏弹特性。亲水凝胶包含有大量的水溶性多糖，这些多糖具有多种化学结构，能够提供一系列的功能属性，可用在食品工业中，满足不同的要求。亲水凝胶不仅能够在无面筋面包中代替面筋，它们还能够改善食品结构，减缓淀粉老化，增加保水性，提高产品的总体品质。

面筋是面粉中主要的结构蛋白，也是形成面包外壳和面包芯结构的主要成分，所以面筋的替代对食品科学家和技术人员是一个极大的挑战。把亲水胶体应用于无面筋面包，制作高品质的食品是很好的选择。

使用无面筋粉制作面包是相当困难的，因为面筋的缺失会影响面团气室的形成、面包芯和外皮的特征、面包的体积、孔隙度和许多质量参数。

尽管如此，在1954年Rotsch证明了在水中膨胀的物质可以代替面团中的面筋。自此使用不同的方法代替面筋制作的面包逐渐被人们所接受。在生产无面筋的原料中，淀粉、亲水胶体和酶的应用是最有前途的。

7.2.1 亲水胶体

添加剂在焙烤业中应用非常广泛，它们可以提高面团的属性，改善面包的品质，延长保质期。为了达到这些目的，可以使用不同化学成分的添加剂，如酶、合成氧化剂等。

亲水胶体作为一种添加剂广泛使用于食品工业中。这些胶体可以控制含水体系的流变特性和质地结构，从而保持悬浮液、泡沫和乳状胶体的稳定。它们由许多不同化学结构，且具有特殊功能的水溶性多糖组成。亲水凝胶能够改善淀粉的糊化特性、延长产品的保存期。此外，一些研究表明凝胶可以作为脂肪替代品。

亲水胶体和水之间的相互作用，可以减弱其扩散作用，增加稳定性。中性亲水胶体一般溶解度较小，聚合电解质凝胶有较大的溶解度，但是亲水胶体的水化动力学取决于很多的因素。黄原胶、瓜尔胶、羧甲基纤维素（CMC）能溶于冷水，而卡拉胶、刺槐豆胶、海藻酸盐等亲水性胶体需要在热水中才能水化。水能够通过氢键作用、水的结构化和分子内或分子间的空隙保留水分。水和亲水胶体的相互作用由氢键、温度和压力以及水分子簇决定。同样，在焓值增加和降低的过程中，凝胶化是有限制的，有可能不会形成最佳的网络结构。亲水胶体在溶解状态可以呈现出多种不同的构象，因为沿着聚合物连接处，在一定的势能范围内可以相对自由地旋转。那些大的，构象上坚硬的亲水胶体在水中更容易向外扩展。水结合可以影响加工属性，防止脱水收缩，具有可观的经济效益。亲水胶体不仅可以提供水增加食品中其他成分的塑性，还能影响冰晶的形成和生长，从而影响食品的冷冻特性。一些亲水胶体伴随着冻融循环能形成较强的凝胶，如刺槐胶、黄原胶等在冷冻过程中，由于水被迫以冰晶的形式被移除，造成不可逆的变化。

大部分亲水胶体在低浓度时，黏度增加，阻止沉淀、相分离、泡沫瓦解和结晶的发生，从而增加食品的稳定性。黏度会根据亲水胶体和材料的不同，随着浓度、温度和剪切速率发生改变。混合凝胶可能会因协同作用使黏度增加，也可能会因拮抗作用使黏度减小。

在焙烤工业中，亲水胶体用于各种用途。瓜尔胶因其可以改善冷冻面包团的体积和质构而被采用；羟丙基甲基纤维素（HPMC）可导致大体积面包的面包芯变软，提高感官品质并延长货架期，在研究0℃以下的面包储存性能时，发现HPMC也有相似的行为；黄原胶、HPMC和其他亲水胶体可作为面包的改良剂和防老化剂。这些凝胶都能够在储藏期间减少水分的流失和降低脱水速率，因此延缓了面包芯的硬化。

关于亲水胶体的作用原理目前还没有普遍的共识。研究发现，CMC优先绑定到面筋结构上，导致面筋蛋白结合的脂质被取代，但HPMC被绑定到淀粉颗粒外部，引起淀粉结合的脂质被取代。面包芯的显微结构揭示了HPMC和面包组分之间的相互作用，表明亲水胶体能包裹所有面包组分，从而抑制了面包各组分之间不良的相互作用。带电胶体和面筋蛋白之间存在离子间的相互吸引作用，导致了亲水复合体的形成，如卡拉胶、高甲氧基果胶。因此，在面包中的亲水胶体能和淀粉形成复合物或者相互缠绕对面包的结构产生影响。

亲水胶体是一类许可的食品添加剂。它在食品中使用的最大剂量与胶体种类和国家规定有关。FAO/WHO还未给出这几种亲水胶体的每日摄入量，如CMC、HPMC、果胶、瓜尔胶、刺槐豆胶、卡拉胶和黄原胶。从这个意义上讲，未给出最大摄入量意味着在现有数据的基础上，根据使用这种物质达到所期望的效果和在食物中的可接受量，物质的每日摄入量是不会危害健康的。因此不必建立可接受的每日摄入量。

在加拿大，FDA 制订了瓜尔胶、CMC、HPMC、果胶、黄原胶在焙烤食品中的良好生产规范，这些食品被称为标准化的食品。因此，这些亲水性胶体可以安全、合法地应用于无面筋面包中。

7.2.2 亲水胶体在无面筋面包中应用

Rotsch 证明了在水中具有膨胀能力的物质，能够模拟面团中面筋的性质，Kulp 报道了黄原胶和纯小麦淀粉混合在一起可以制作面包。此后，亲水胶体在无面筋面包中的使用增加。

研究发现，HPMC 是唯一一种能够在焙烤期间提供面团黏度并保留发酵气体的食品添加剂，同时它还能够提供导水作用使淀粉糊化。HPMC 掺入面包中可以使面包拥有很好的多孔结构和理想的体积。起酥油和表面活性剂可以提高小麦面包质量，但是在大米面包中有相反的效果。适量的植物油能使面包产生良好的体积、纹理和口感。

有报道称，亲水胶体作为黏合剂和面筋替代物添加到玉米淀粉面包中，分别添加黄原胶、瓜尔胶、刺槐胶等，对面包的体积和软硬程度进行评价调查。这些亲水胶体能够有效地代替面筋蛋白分散在无面筋系统中，使面包的体积和松软度显著增加。比较各种亲水胶体之间的影响，发现它们之间存在显著性差异，其中含有黄原胶的面包质量最好。

Gambus 等研究了凝胶混合物对无面筋面包的影响，用马铃薯淀粉、玉米淀粉、玉米粉与果胶、瓜尔胶、果胶 - 瓜尔胶（1:1）混合制作面包，发现添加瓜尔胶的面包在体积、含水率、焙烤效率以及焙烤损失方面，比添加果胶的面包能产生更好的质量。然而，使用瓜尔胶和果胶 1:1 混合可以消除多余的面包纹路，这些多余的纹路可以形成一个单向的水状胶质通道。在某种意义上，它们的性质被限制，如瓜尔胶面包的黏性和咀嚼性减小、果胶面包松脆性过度和弹性较低。此外，瓜尔胶果胶面包有最低的硬度，瓜尔胶面包通过果胶部分的代替水状胶质减少凝胶化程度，从而有效地减少面包硬化，而又不影响含水率。

据报道称，用复合粉（小麦粉:大米粉 50:50）制成的含面筋蛋白的面包中 HPMC 和 CMC 能更好地代替瓜尔胶。1.7% 的 HPMC 和 0.4% 的 CMC 比 0.7% 的瓜尔胶有更优的质量。随后，Cato 等人报道了，混合使用 0.8% 的 CMC 和 3.3% 的 HPMC 能生产出高质量的米粉面包。

Kobylanski 等人用 HPMC 和鸡蛋蛋白代替面筋蛋白，对玉米和木薯淀粉组成的面包面团进行差示热量扫描、热性能分析，结合响应面法对结果进行分析，此方法可以很好地应用于复杂体系，如无面筋面团；并阐明了面团中各组分之间的交互作用对热性能的影响。亲水胶体对淀粉初始糊化温度的影响取决于 HPMC 和水之间的相互作用。

米粉、玉米淀粉和木薯淀粉按照 45%、35% 和 20% 的比例混合做出来的无面筋面包有很高的接受度。在此配方中，加入 0.5% 的黄原胶，得到的面包气室分布均匀，有良好的气味和外观。同样，Cato 等人（2004）在米粉、马铃薯淀粉中分别加入 HPMC、瓜尔胶和 CMC 做出来的面包，同小麦/大米面包做比较，对面包体积、质感、外壳和颜色进行评估，HPMC 对面包的质量最有利，CMC 次之，瓜尔胶没有影响。此外，HPMC 和 CMC 混合的面团有最好的黏弹性，而且这种混合面团可以很好地保持发酵气体，形成均匀多孔的结构以及形成良好的体积。HPMC对大米面团和大米面包流变特性的影响表明，它的添加有利于无面筋面包的生产。流变特性测量的震荡测试和蠕变测试表明，1.5%和3.0% HPMC大米面团与小麦粉面团的流变特性相似。所以得出结论：大米粉适合用作面包生产。此外，确认了HPMC对大米面包的质量有利的影响，LeeandLee验证了添加3.5%的亲水胶体能够减少新鲜的和储藏的面包芯硬度。

对含有黄原胶和魔芋胶（1.25%∶1.5%或0.9%∶1.5%）的无面筋粉和面粉制成的面团、面糊和面包的组织结构进行比较，显示不添加凝胶的无面筋面包在经过2 d的储藏后都会变得易脆易碎，通过质构分析可知弹性、韧性、凝聚力减少。在配方中掺加乳制品蛋白质，发现一个连续的蛋白质相对提高无面筋面包的质量非常重要。

对其他无面筋面包配方的研究发现，在含有明胶（0.5%）的米粉和木薯淀粉中掺入大豆粉似乎可行。高粱面包中，在0.3%～1.2%范围内黄原胶的使用量越高，面包的比容越小。因此证实了黄原胶对高粱面包芯的结构有负面影响，而加入一定比例的玉米淀粉可以更好地改善面包的结构。

利用无面筋面包老化过程的微观结构分析与相关的感官和力学性质，证明了凝胶的有利影响。使用扫描电镜观察到含有大米、鸡蛋、乳品蛋白、黄原胶、HPMC的面包与淀粉形成连续的基质。因此，添加亲水胶体形成了一个类似面筋的结构。此外，无面筋蛋白大米面包在湿度和新鲜度方面都有最高的感官评分，这可能是因为黄原胶和HPMC的保水性质。

McCarthy等人使用响应面法优化基于大米粉、马铃薯淀粉、脱脂奶粉的无面筋面包配方中的HPMC和水的水平。响应面分析是一种统计技术，对于开发和优化谷物产品效果很好。在这项研究中，亲水胶体和水对气室的形成和结构有显著的相互作用。最佳成分水平是由统计建模和优化配方得到的，其包含2.2% HPMC和79%水、面。

为了将益生元化合物添加到玉米马铃薯淀粉面包中，Korus等证明了菊粉和低聚果糖对面包质量的影响。这些益生元的水平从3.5%到8%不等，而且所有的配方都含有瓜尔胶（1.5%）和果胶（1.5%）。当凝胶加入到配方中时，可获得高质量的加有益生元的无面筋面包。测试中，5%的菊粉添加量获得的面包质量最佳。

在无面筋面包中可以增加膳食纤维素的含量，添加新成分如β-葡聚糖作为亲水胶体被应用到配方中。连同果胶、CMC、琼脂胶、黄原胶，研究了β-葡聚糖在水平为1%和2%时对含有米粉、玉米淀粉和酪蛋白酸钠的面团流变特性和面包质量参数的影响。尽管β-葡聚糖没有起到像其他亲水胶体的作用，但证实了黄原胶、果胶和CMC作为面筋的替代品的潜能。

应用谷氨酰胺转氨酶的方法提高无面筋面包的结构是另一个创新方法。谷氨酰胺转氨酶能通过催化酰基转移使蛋白质交联。转谷酰胺酶在0～10单位酶/g水平对产品焙烤损失、体积、颜色、纹理、图像特征和总含水量产生影响。基于米粉、马铃薯淀粉、玉米粉、不同蛋白质水平（脱脂奶粉、大豆粉、鸡蛋粉）和1%的黄原胶制作的面包，通过共聚焦激光扫描显微镜和其他质量参数分析网络的形成，得出结论：在添加转谷酰胺酶的无面筋面包中形成蛋白质网络结构是可能的。这种酶的效率依赖蛋白质的来源和酶的浓度。

几种亲水胶体在无面筋面包中的应用见表7.1。在所有的亲水胶体中，黄原胶和HPMC似乎是最好的模拟面筋蛋白属性的胶体，因此是最常用的胶体。

表 7.1 亲水胶体在无面筋面包中的应用

面包的主要成分	凝胶	引用
小麦淀粉	黄原胶	Kulpetal（1974）
米粉	HPMC、瓜尔胶	Nishitaetal（1976）
玉米淀粉	黄原胶、瓜尔胶、刺槐豆胶	Acsetal（1997）
米粉	HPMC、刺槐豆胶、瓜尔胶、鹿角藻胶黄原胶	Kangetal（1997）
马铃薯淀粉、玉米淀粉、玉米面粉	果胶、瓜尔胶	Gambusetal（2001）
小麦面粉、米粉	HPMC、CMC、瓜尔胶	Catoetal（2001）
米粉	HPMC、CMC	Ganetal（2001）
米粉、马铃薯淀粉	HPMC、CMC、瓜尔胶	Catoetal（2004）
玉米淀粉、木薯淀粉	HPMC	Kobylanskietal（2004）
大米面粉、玉米淀粉、木薯淀粉	黄原胶	Lopezetal（2004）
大米面粉、乳制品蛋白质	黄原胶、魔芋胶	Mooreetal（2004）
大米面粉、木薯粉、黄豆粉	明胶	Ribottaetal（2004）
米粉	HPMC	Sivaramakrishnanetal（2004）
大米面粉、牛奶蛋白质、鸡蛋蛋白质	黄原胶、HPMC	Ahlbornetal（2005）
米粉、马铃薯淀粉、脱脂牛奶	HPMC	McCarthyetal（2005）
高粱	黄原胶	Schoberetal（2005）
玉米淀粉、马铃薯淀粉、菊粉、低聚果糖	瓜尔胶、果胶	Korusetal（2006）
米粉	HPMC	LeeandLee（2006）
米粉、马铃薯淀粉、玉米面粉	黄原胶	Mooreetal（2006）
大米面粉、玉米淀粉、酪蛋白酸钠	CMC、果胶、黄原胶、琼脂糖、葡聚糖	Lazaridouetal（2007）

黄原胶是一种微生物（野生黄杆菌属）发酵产生的胞外杂多糖。Lazaridou 等讨论了添加不同亲水胶体改善无面筋面团的黏弹性，黄原胶表现出最好的性能。这表明亲水胶体对无面筋面团的流变特性的影响可能与多糖的分子结构和链的构象有关，这些多糖决定聚合物分子链之间的联系（交叉连接或缠绕）。在 CMC、果胶、琼脂糖和葡聚糖中，黄原胶显示出最低的蠕变柔量值和最高的零剪切黏度，而且黄原胶还展现出最强的弹性性质，这可能是因为在低剪切速率下，其凝胶特性较弱，黏度较大。

HPMC 是一种纤维素醚，由碱处理纤维素与氯甲烷和环氧丙烷反应得到。它能保持均一性和稳定性，似乎与面团的水相和非水相亲和力有关。据报道，在无面筋面包中的 HPMC 导致淀粉颗粒相互粘连在一起，从而改变它们的流动性。这种效应导致面包的气室结构发生改变，体系将会有更大的空间保留更多的水分。淀粉初始糊化温度与 HPMC 和水的交互作用有关。HPMC 能够提升淀粉和 HPMC 凝胶之间的相位差，从而限制淀粉的膨胀和延迟凝胶化的开始，这可能是因为凝胶限制颗粒间的水分迁移导致。此外，HPMC 的羟基基团与淀粉之间的相互作用可能会促进其凝胶化。

随着亲水凝胶成功应用于无面筋面包，膳食纤维改善无面筋焙烤食品的品质前景可观。虽然膳食纤维和益生元不能代替凝胶，但是它们能增加食品的营养成分。因此，应该进一步研究用无面筋粉或是纤维对于生产无面筋产品的可行性。

7.3 无面筋蛋白产品中淀粉衍生物的应用

7.3.1 变性淀粉的应用

除了天然淀粉外，无面筋蛋白产品也含有作为食品添加剂的化学变性淀粉。在传统的烘焙产品中，可以用变性淀粉替代小麦淀粉，用量达到了 20%，最终产品质量没有明显的劣变。它们的添加影响面团的吸水性、流变特性、淀粉凝胶程度、面包的质构和老化。羟丙基淀粉有很强的抗老化性质，这与它的缓慢回生有关联。高直链玉米淀粉（HACS）、乙酰化双淀粉己二酸酯（ADA）和羟丙基二淀粉磷酸酯（HDP），应用在无面筋蛋白面包中导致面包体积的增大，其结构的改变与 ADA 和 HDP 的添加有关。化学变性淀粉一方面可以稳定面包芯的结构，减小可溶性淀粉葡聚糖的回生，从而延缓老化。另一方面交联淀粉添加过多会造成面包硬度的增加。

在无面筋蛋白产品的生产中也可以运用物理变性淀粉。与前者相比，它们作为食物成分与天然淀粉类似，因此有一个“清洁标签”被消费者认可。水热变性豆类淀粉添加到无面筋蛋白面包中，能大大地减小面包芯的硬度和回生热焓。加工时在米粉面包中把预糊化木薯淀粉作为一种结构形成剂，可以得到像糊状物的面团，受剪切影响更小。此外与空白相比，预糊化木薯淀粉对面包体积和面包芯的柔软度有积极的影响。预糊化木薯淀粉也可作为一种添加剂提高感官品质和无面筋蛋白面团的质构特性。

通过物理、化学或酶处理获得的低相对分子质量糊精/麦芽糊精能稳定面包的质构，延缓面包老化。向小麦面包中添加低相对分子质量的糊精，降低淀粉回生速率，但与面包硬度的减小无关。对淀粉凝胶模拟体系的研究表明，糊精的存在降低了淀粉凝胶化和回生热焓，降低凝胶硬度，因此在焙烤产品中低相对分子质量糊精是一种有效的抗老化剂。通过添加中等 DE 值（葡萄糖当量）的麦芽糊精可以延缓面包老化，对无面筋蛋白体系也有类似的作用。合适 DE 值的麦芽糊精能保持面包体积，延缓老化过程。麦芽糊精影响小麦面粉糊中淀粉的特性，降低峰值黏度和面粉的吸水性，塑化面团，面团的延展性和稳定性增加，加工操作时间延长。中等 DE 值的麦芽糊精使得面粉的吸水性增加，比含低 DE 值的麦芽糊精的面粉制作的面团延展性差。麦芽糊精，尤其是中等 DE 值的麦芽糊精，对面包的体积有很好地改善作用。不同 DE 值的麦芽糊精替换部分淀粉（玉米和马铃薯），增加了糊化温度，减小了糊化黏度，同时麦芽糊精的添加对面团的流变特性也有重要影响。低 DE 值麦芽糊精的添加造成面包体积的减小，面包品质差，有不规则的形状和气孔尺寸。分子链较短的麦芽糊精改善面包体积，延缓面包老化。具有最高 DE 值的麦芽糊精可以有效地减少支链淀粉的重结晶，在无面筋蛋白面包的生产中，具有高 DE 值的麦芽糊精能作为一种抗老化试剂使用。对水解淀粉进行研究发现，可以把酶变性（通过 α - 淀粉酶水解）米粉应用到婴儿无面筋蛋白配方食品中。

7.3.2 无面筋蛋白产品中的抗性淀粉

糊化淀粉经肠道可以完全消化，只有一些未经加工的颗粒淀粉受酶水解作用的影响，消化过程较慢，因此食品中的淀粉可以分为快速消化淀粉（RDS）和慢速消化淀粉（SDS）。淀粉未经消化的部分和部分水解的产品，在小肠中不吸收称为“抗性淀粉”（RS），可以分成四种类型。第一种类型的抗性淀粉（RS1）：淀粉存在于完整的细胞和组织中，对酶来说，物理处理是难以达到的；第二种（RS2）：一些植物的天然、无凝胶的淀粉，通过人造淀粉酶不能水解；第三种（RS3）：在淀粉凝胶的储存期间形成的老化淀粉；第四种类型（RS4）：包含所有的化学变性淀粉，由于结构的改变，酶无法接近并作用淀粉分子链。抗性淀粉有许多重要功能，比如保健作用。抗性减少了食物能量，增加了饱腹感；存在于食物中，对葡萄糖耐受性有有益影响，减少了饭后血液中葡萄糖的含量。离开小肠以后，抗性淀粉在直肠中发酵，产生短链脂肪酸，降低了 pH 值，并调节微生物群落的生长。作为一种益生元，抗性淀粉促进生长，提高益生菌活性，消除或减少有害微生物的数量。抗性淀粉与胆汁酸结合增加了固醇类的分泌，降低了血清中胆固醇和三酰基甘油的浓度。

在人们日常饮食中，面包和烘焙产品是淀粉的主要来源之一，增加抗性淀粉含量的作用是显而易见的。在小麦面包的配方中，老化的乙酰化淀粉（RS4）含量达到 10% 时，不会造成面包质量的明显劣变；增加抗性淀粉的含量，面粉品质降低，面包体积减小，但是对吸水性、面团的形成和面包的生产都有积极影响。RS3 和 RS4 对饼干面团影响的研究发现，抗性淀粉部分替换面粉对面团的流变特性有重要影响，面团弹性增加，尤其是在添加 15% 的 RS3 情况下。变性豌豆淀粉添加在小麦面粉中，造成了抗性淀粉含量的增加，20% 的浓度对面团的流变性和面包可接受性没有消极影响。此外，降低了支链淀粉回生的比率。

无面筋蛋白面包配方中使用玉米和木薯抗性淀粉代替玉米/马铃薯淀粉，造成了总膳食纤维的增加（增加量达到 89%），不溶性膳食纤维增加量达到 137%，可溶性膳食纤维增加量达到 18%，而且对面团的流变特性有重要影响。添加抗性淀粉的面包与原面包相比有更柔软的面包芯。化学变性淀粉的添加（增加 RS4 的含量）达到 15% 时，明显改变了面团的流变性，增大了面包体积，减小了面包芯的硬度，提高了面包弹性。然而，在添加了高直链玉米淀粉后，发现没有积极影响。添加抗性淀粉到米粉无面筋蛋白面包中，面包芯的坚固性没有影响，但是极大地提高了面包的弹性，尤其是在抗性淀粉的添加量为 15% 的情况下，通过添加豇豆粉，弹性可以得到进一步提升。抗性淀粉添加到无面筋米粉中，制得的蛋糕糊变稀，弹性变小，随着抗性淀粉含量的增加，蛋糕的比容增加，在抗性淀粉含量为 15% 时达到最大。对于面包而言，随着抗性淀粉浓度的增加，表面孔隙率和气孔数量减小，气孔的平均直径增加。在储存期间，随着配方中抗性淀粉含量的增加，面包芯保持柔软。由蛋糕的感官评价结果可知，所有的配方都是可接受的，含 20% 抗性淀粉的蛋糕则是最优的。抗性淀粉（RS4）对面团特性和传统米饼的质量的影响为，最终产品中膳食纤维含量增加，随着 RS4 的添加，膨胀力、溶解度、水合能力和所有的糊化黏度均减小。随着 RS4 的添加，面团和传统米饼的色泽和整体质量均提高，当 RS4 的添加量为 10% 时，面团和传统米饼整体质量最高。

在无面筋蛋白产品中，可以补充丰富的抗性淀粉和膳食纤维。荞麦粉以 30% 和 50% 的量添加到小麦粉中，蛋白质和矿物质含量增加，不被 α－淀粉酶水解的抗性淀粉含量也增加。把豆粉作为抗性淀粉的来源添加到无面筋意大利面条中以补充蛋白质、灰分和膳食纤维，尽管总淀粉、RDS 和 SDS 的含量降低，但是抗性淀粉含量大大提高，增加到大约 30%。此外豆粉的添加提高水合能力，延长最佳烹饪时间，而且不影响烹饪损失和质构特性。

8 玉米粉主食品质特性

8.1 玉米蛋糕的品质分析

8.1.1 玉米蛋糕流变特性

1. 玉米蛋糕糊黏度和密度

玉米粉、糖、鸡蛋等物质混合形成液固双相体系的蛋糕糊，在混合过程中伴有气体的充入。蛋糕糊的物理化学特性很大程度上决定蛋糕产品的品质。

蛋糕糊黏度会影响气泡在蛋糊内的移动和融合，所以对最终蛋糕的品质起关键性作用。在一定的剪切速率范围内，蛋糊剪切变稀并符合幂律方程：$\eta = k\ (\gamma)^n$，在这个公式里，k 为稠度系数；γ 表示剪切速率；n 表示流动性指数；η 表示表观黏度。

四种蛋糕糊均呈现剪切变稀的假塑性流体性质（图 8.1），即随着剪切速率的增加，蛋糕糊黏度下降。从图 8.1 中可以看出，碱化湿磨玉米面糊的黏度最大，这可能与碱化玉米粉中含有糊化淀粉有关。

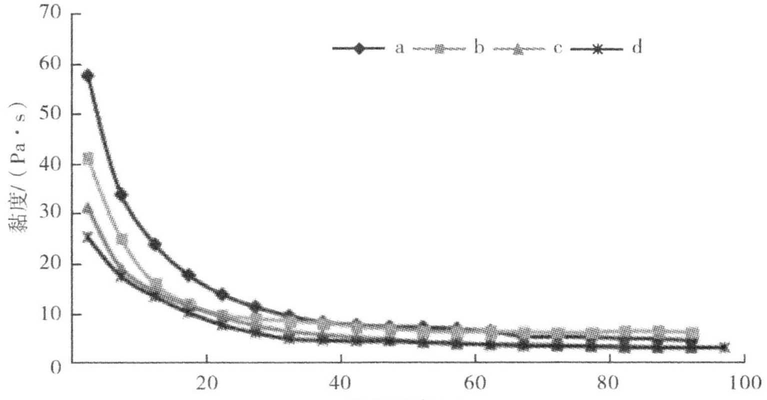

a：碱化湿磨玉米面糊；b：湿磨对照玉米面糊；c：市售玉米面糊；d：干磨对照玉米面糊

图 8.1 蛋糕糊黏度曲线

稠度系数和流动指数是由幂律方程拟合得到的，稠度系数反映的是样品黏度的大小，通常稠度系数越大，样品越黏稠；流动指数越偏离1，样品就越偏离流体理想状态，其剪切变稀的程度越大。从表中8.1可以看出，碱化湿磨玉米面糊的稠度系数显著高于其他三种样品（$P<0.05$），这与研究结果相符。

四种样品的流动指数变化范围为0.12～0.18，碱化湿磨玉米面糊与湿磨对照玉米面糊相等，并都显著低于干磨玉米面糊（$P<0.05$），说明碱化湿磨玉米面糊的黏度随剪切速率的变化程度大于干磨玉米面糊，而与湿磨对照玉米面糊相似。

表8.1 蛋糕糊流变学参数

面糊种类	稠度系数 k/（Pa·s）	流动指数 n	面糊密度/（g/cm^3）
碱化湿磨玉米面糊	66.13±0.33a	0.12±0.01b	0.49±0.01a
湿磨对照玉米面糊	52.69±0.55b	0.12±0.01b	0.47±0.01b
市售玉米面糊	47.49±0.74c	0.18±0.02a	0.46±0.01b
干磨对照玉米面糊	38.41±0.69d	0.18±0.02a	0.46±0.01b

注：同一列不同字母表示显著性差异（$P<0.05$），结果均是两次平行试验的平均值±标准偏差。

表8.1中也给出了四种玉米面糊的密度，湿磨对照面糊、干磨对照玉米面糊与市售面糊的密度无显著性差异，而碱化湿磨面糊的密度显著低于湿磨对照面糊（$P<0.05$），这可能是由于碱化处理使部分淀粉糊化，而预糊化淀粉易吸水，使密度增加，而市售玉米蛋糕糊、湿磨对照玉米蛋糕糊以及干磨对照玉米蛋糕糊内有大气泡，降低蛋糕糊密度。

2. 频率变化过程中玉米蛋糕糊的动态流变特性

动态流变的两个主要参数是储藏模量（G'）和损失模量（G''），G'表示样品在受到一个周期的正弦形变后所能恢复的能力，它代表的是样品的弹性特征，又称弹性模量；G''表示样品在受到一个周期的正弦形变后所损失的能量，它代表样品的黏性特征，又称为黏性模量。

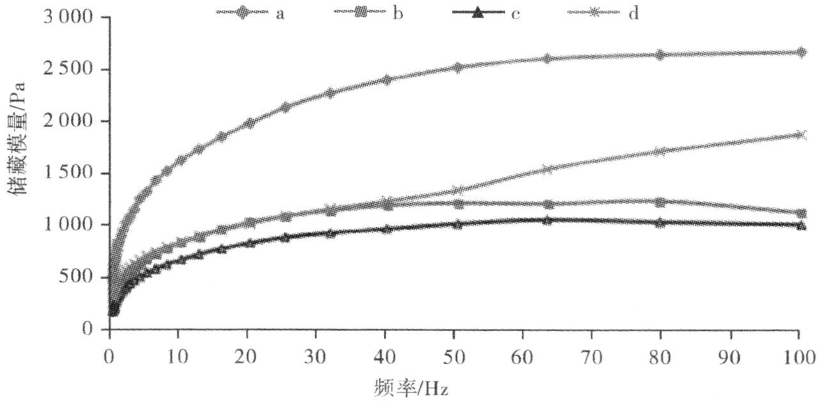

a：碱化湿磨玉米蛋糕糊；b：湿磨对照玉米蛋糕糊；c：市售玉米蛋糕糊；d：干磨对照玉米蛋糕糊

图8.2 玉米蛋糕糊在不同频率下的储藏模量

如图 8.2 所示，频率扫描过程中，四种玉米蛋糕糊的 G' 随频率的增加而增加。在 0.1 ~20 Hz之间时，样品体系的 G'迅速增加，当频率继续增加时，蛋糕糊的 G'变化很小，这就说明蛋糕糊的弹性受低频的影响较大，在高频下 G'变化较小。在相同频率下，蛋糕糊 G'的大小顺序是：碱化湿磨玉米蛋糕糊的 G' > 干磨对照玉米蛋糕糊的 G' > 湿磨对照玉米蛋糕糊的 G' > 市售玉米蛋糕糊的 G'，这可能是由于碱化处理使玉米蛋糕糊凝胶网络体系增强。

图 8.3 是不同频率下四种玉米粉的损失模量。随着频率的增加，四种玉米粉蛋糕糊的 G''均增加，且在低频（0.1 ~20 Hz）下快速增加，当频率继续增加时，蛋糕糊的损失模量变化较小，这就说明蛋糕糊的黏性受低频的影响较大，在高频下 G''变化相对较小。在相同频率下，蛋糕糊 G''的大小顺序是：碱化湿磨玉米蛋糕糊的 G'' > 湿磨对照玉米蛋糕糊的 G'' > 市售玉米蛋糕糊的 G'' > 干磨对照玉米蛋糕糊的 G''，这可能是由于碱化处理使部分淀粉发生糊化，增加了体系黏度。

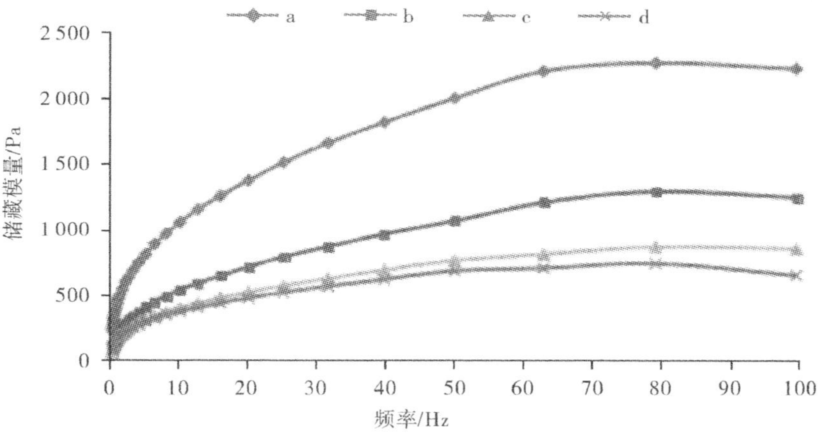

a：碱化湿磨玉米蛋糕糊；b：湿磨对照玉米蛋糕糊；c：市售玉米蛋糕糊；d：干磨对照玉米蛋糕糊

图 8.3 玉米蛋糕糊在不同频率下的损失模量

3. 升温过程中玉米蛋糕糊的动态流变特性

在升温过程中，蛋糕糊的 G'在 75 ~100 ℃之间出现峰值（图 8.4）。在 85 ℃时，G'的变化趋势为：湿磨对照玉米蛋糕糊 > 市售玉米蛋糕糊 > 干磨对照玉米蛋糕糊 > 碱化湿磨玉米蛋糕糊。Dreese 等人证明了在升温过程中，淀粉糊化是引起体系 G'增加的主要原因。有研究表示，直链淀粉分子镶嵌在膨胀淀粉颗粒内，增加了凝胶的网络结构，即增加凝胶强度。在 85 ℃时，湿磨对照玉米蛋糕糊体系里溶出的淀粉量最多，即参与熔融膨胀的淀粉量最多；而碱化湿磨玉米蛋糕糊的 G'最低，由于碱化处理加强了淀粉结构，因此增加了淀粉的熔融温度，这与 DSC 测试结果相一致。在 100 ℃时，碱化湿磨玉米蛋糕糊的 G'最高，这是由于淀粉膨胀糊化引起的，碱化淀粉糊化后能够形成强凝胶，增加体系 G'。

在升温过程中，蛋糕糊的损失模量在 85 ~100 ℃之间出现峰值（图 8.5）。在 85℃时，G''的变化趋势为：湿磨对照玉米蛋糕糊 > 市售玉米蛋糕糊 > 干磨对照玉米蛋糕糊 > 碱化湿磨玉米蛋糕糊。这是因为当温度增加到淀粉熔融点时，部分淀粉分子从淀粉粒中溶出，从而增加体系的黏度，即增加蛋糕糊的 G''。碱化湿磨玉米蛋糕糊的 G''开始最低，直到其他

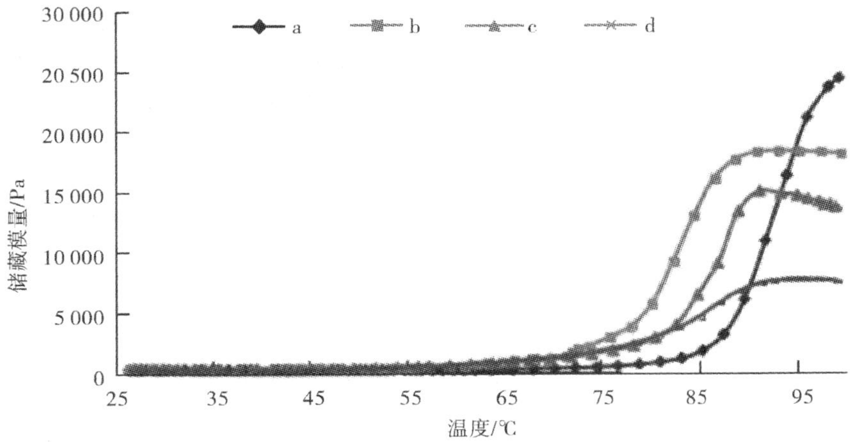

a：碱化湿磨玉米蛋糕糊；b：湿磨对照玉米蛋糕糊；c：市售玉米蛋糕糊；d：干磨对照玉米蛋糕糊

图 8.4　玉米蛋糕糊在升温过程中的储藏模量变化

三种样品的 G''达到峰值时，碱化样品的 G''才快速增加，这是因为碱化时淀粉与钙形成交联，增加了淀粉糊化温度，稳定了淀粉结构，同时也增强了糊化淀粉的凝胶强度，所以碱化湿磨玉米蛋糕糊糊化温度高，形成凝胶时间长，最终的凝胶强度高。

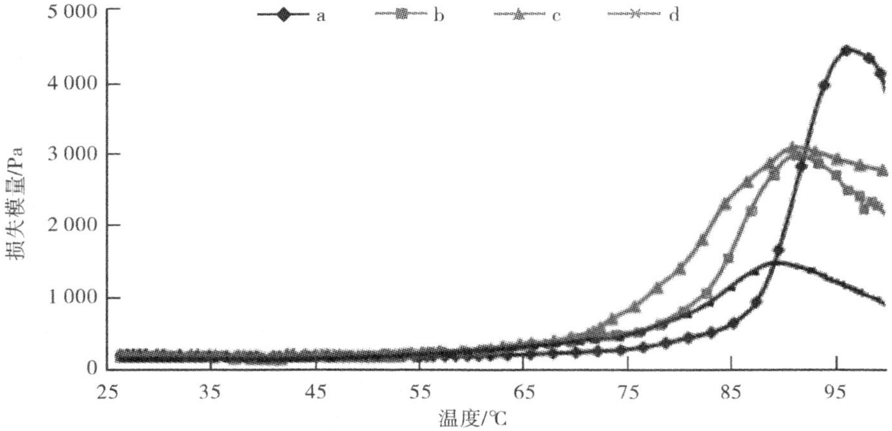

a：碱化湿磨玉米蛋糕糊；b：湿磨对照玉米蛋糕糊；c：市售玉米蛋糕糊；d：干磨对照玉米蛋糕糊

图 8.5　玉米蛋糕糊在升温过程中的损失模量变化

4. 降温过程中玉米蛋糕糊的动态流变特性

在降温过程中，直链淀粉重新排列，形成凝胶网络结构，增强体系的 G'。随着温度的降低，四种样品的 G''均增加（图 8.6），但是同一温度下，样品之间的 G'值、G''值（图 8.6、图 8.7）不相同，这主要跟蛋糕糊中的游离淀粉含量，以及直链和支链淀粉比例有关。碱化湿磨玉米蛋糕糊的 G'和 G''最高，主要由于碱化处理使部分淀粉发生糊化，钙与淀粉形成交联，这些原因都增加了样品的 G'和 G''。

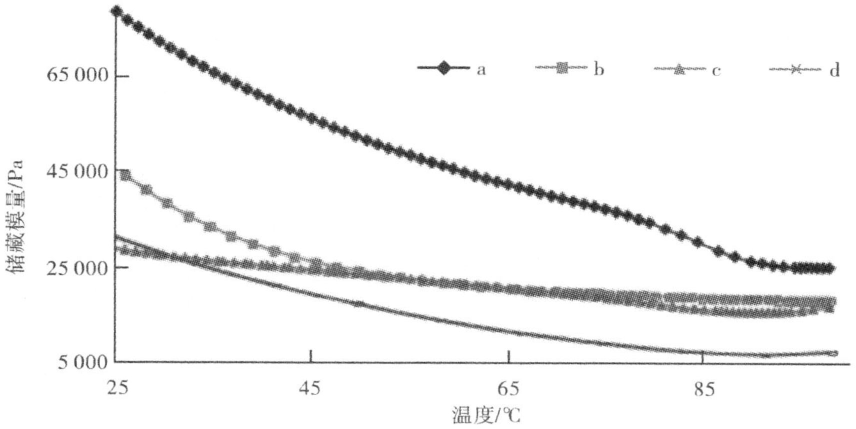

a：碱化湿磨玉米蛋糕糊；b：湿磨对照玉米蛋糕糊；c：市售玉米蛋糕糊；d：干磨对照玉米蛋糕糊

图 8.6 玉米蛋糕糊在降温过程中的储藏模量变化

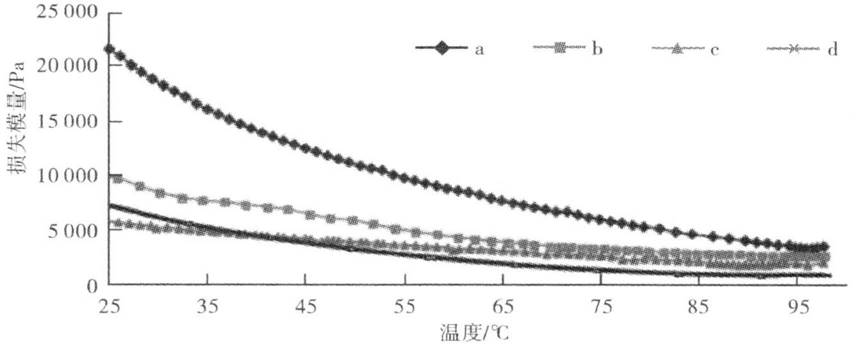

a：碱化湿磨玉米蛋糕糊；b：湿磨对照玉米蛋糕糊；c：市售玉米蛋糕糊；d：干磨对照玉米蛋糕糊

图 8.7 玉米蛋糕糊在降温过程中的损失模量变化

8.1.2 玉米蛋糕糊微观结构

在制作蛋糕过程中，由于连续搅拌作用，蛋液、糖、油会形成一个连续相的复杂混合物，同时伴随着大量气泡的产生，而这些气泡使面粉颗粒相互隔离。所以，蛋糕糊的重要组成之一就是气泡，可以通过蛋糊中的气泡平均大小、均一性以及分布对蛋糕糊的品质进行评价。

由图 8.8 可知，在四种蛋糊体系中，碱化湿磨玉米蛋糕糊样品的气泡细小且均匀；湿磨对照玉米蛋糕的较大的气泡数目有所增加；市售玉米蛋糕糊的大气泡明显增多，且分布不均，这主要是因为面糊黏度太低，加快了气体移动速率，使小气泡融合成大气泡；干磨对照玉米蛋糕的气泡与市售相似，气泡大且不均一，这与黏度结果相一致。

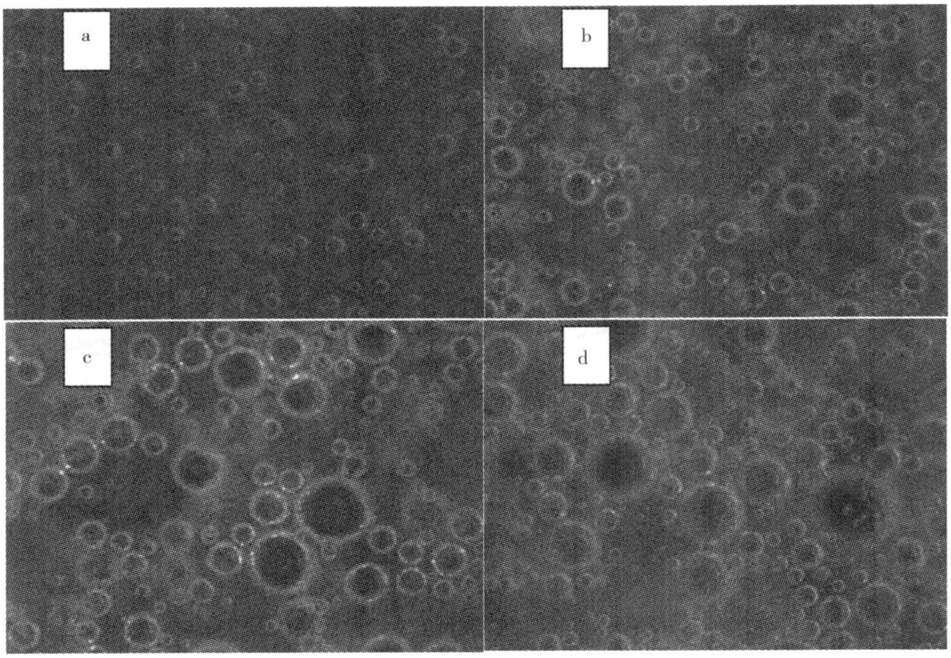

a：碱化湿磨玉米蛋糕组；b：湿磨对照玉米蛋糕组；c：市售玉米蛋糕组；d：干磨对照玉米蛋糕组

图 8.8 新鲜玉米蛋糕糊微观结构

8.1.3 玉米蛋糕糊热特性分析

蛋糕糊的热特性曲线见图 8.9，参数见表 8.2、表 8.3。在蛋糕体系里，蔗糖小分子会使水分子的流动受到阻碍，降低蛋糕体系的水分活度，此外蔗糖会与淀粉分子形成非化学键，使得淀粉糊化温度升高，淀粉糊化会阻碍面糊体系中气体的膨胀。蛋糕在烘焙过程中，淀粉糊化温度越高，气体膨胀所需的时间越长，膨胀体积就会相应增加，同时质地蓬松，感官特性较好。

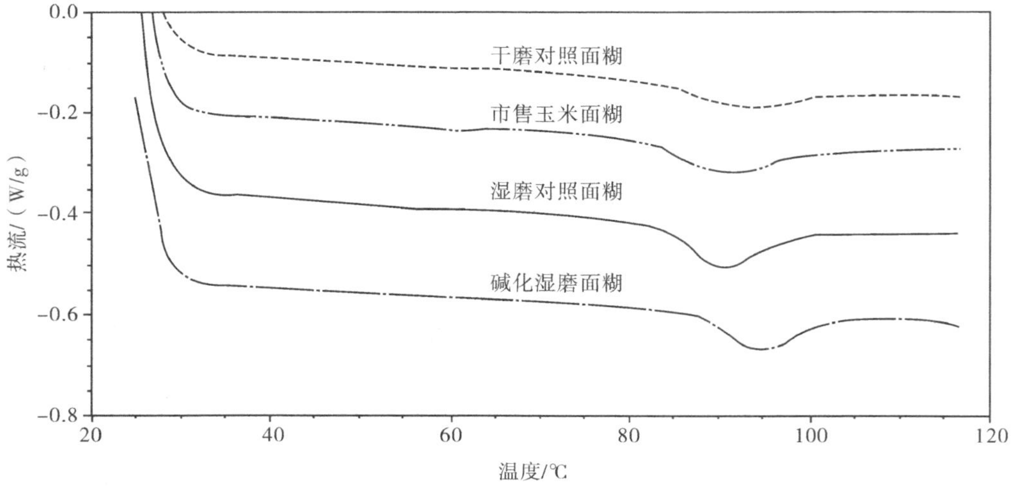

图 8.9 蛋糕糊 DSC 糊化

表 8.2　蛋糕糊 DSC 糊化扫描

样品	T_o/℃	T_p/℃	T_c/℃	ΔH/（J/g）
碱化湿磨玉米面糊	86.4 ± 0.45a	93.2 ± 0.47a	99.4 ± 0.24a	5.7 ± 0.12ab
湿磨对照玉米面糊	83.4 ± 1.01b	90.5 ± 1.01b	97.8 ± 0.56b	6.3 ± 0.21a
市售玉米面糊	82.3 ± 0.15bc	89.5 ± 0.12b	93.7 ± 0.78d	5.1 ± 0.25bc
干磨对照玉米面糊	81.8 ± 0.65c	90.9 ± 0.26b	96.1 ± 0.35c	4.7 ± 0.07c

注：同一列不同字母表示显著性差异（$P<0.05$），结果均是两次平行试验的平均值 ± 标准偏差。

表 8.3　蛋糕糊 DSC 老化（7d）扫描

样品	T_{o7}/℃	T_{p7}/℃	T_{c7}/℃	ΔH_7/（J/g）
碱化湿磨玉米面糊	47.2 ± 1.02a	56.4 ± 0.14a	64.5 ± 0.37c	1.5 ± 0.11ab
湿磨对照玉米面糊	47.8 ± 1.13a	55.4 ± 0.21b	65.6 ± 0.21ab	1.4 ± 0.21bc
市售玉米面糊	47.1 ± 0.21a	55.1 ± 0.11b	66.3 ± 0.15a	1.2 ± 0.08c
干磨对照玉米面糊	47.4 ± 0.81a	56.9 ± 0.72a	66.7 ± 0.42a	1.7 ± 0.12a

注：同一列不同字母表示显著性差异（$P<0.05$），结果均是两次平行试验的平均值 ± 标准偏差。

由表 8.2 可知，碱化湿磨玉米面糊的淀粉糊化温度显著高于湿磨对照玉米样、市售玉米样和干磨对照玉米样（$P<0.05$）；湿磨对照玉米面糊的糊化开始温度、峰值温度与市售玉米、干磨对照玉米无显著差异，但是糊化终止温度较高。从糊化焓结果可以看出，两种湿磨玉米面糊的糊化焓无显著性不同，且焓值比干磨玉米面糊大，说明这两种面糊中的淀粉糊化需要更多能量。由于市售玉米粉是粉质胚乳比例大，所以糊化焓低于商用玉米样。

表 8.3 是四种面糊老化 7 d 所测得的老化参数。四种蛋糕的熔融温度无显著性不同，而从老化焓可以看出，干磨对照玉米蛋糕的老化焓最高，碱化湿磨玉米蛋糕和湿磨对照玉米蛋糕次之，而市售玉米蛋糕最低。这也是跟胚乳类型，以及蛋白和淀粉的分离程度有关。

8.1.4　玉米蛋糕表观分析

碱化湿磨玉米蛋糕组的气孔较小且分布均匀，蛋糕组织也较细腻，有很好的蓬松性，而且颜色鲜亮（图 8.10）；干磨对照玉米蛋糕组的气孔较大且分布不均，而且组织较紧密，膨松度较差（图 8.11）。

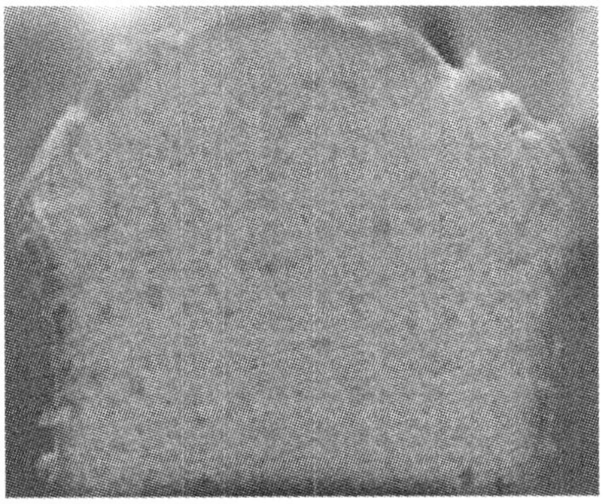

图 8.10　碱化湿磨玉米蛋糕的表观图片

图 8.11　干磨对照玉米蛋糕的表观图片

8.1.5 玉米蛋糕比容分析

碱化湿磨技术对蛋糕的比容产生一定的影响，碱化湿磨玉米蛋糕的比容显著高于湿磨对照玉米蛋糕、市售玉米蛋糕和干磨对照玉米蛋糕（$P<0.05$），且比市售玉米蛋糕高10%（图8.12）。而湿磨对照玉米蛋糕、市售玉米蛋糕和干磨对照玉米蛋糕的比容无显著性差异。

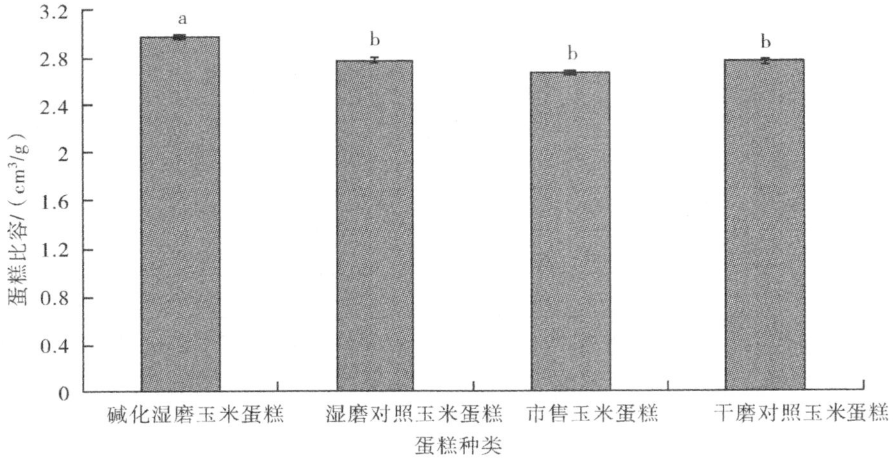

图8.12 玉米蛋糕的比容

碱化湿磨玉米蛋糕比容高的一个原因是面糊在烘焙过程中持气性较高，在烘焙初期蛋糊中的气泡由于浮力作用会上升，且与蛋糊黏度呈现负相关，蛋糊黏度高，气泡上升的速率低，因此减少气体的散失，蛋糕比容大。另一个原因是碱化湿磨玉米蛋糕的淀粉糊化温度较高，这就使蛋糊在温度较高时才会形成固化的网络结构，增加了蛋糕体积膨胀的时间，最终导致蛋糕体积增加。湿磨对照玉米蛋糕、市售玉米蛋糕和干磨对照玉米蛋糕的比容明显低于碱化湿磨玉米蛋糕的比容，主要原因是其黏度明显低于碱化湿磨蛋糕，蛋糕糊持气性较差，在烘焙过程中大量气体逸出，并且蛋糊中的淀粉糊化温度较低，形成网络状结构较早，蛋糕体积未能得到充分膨胀，最终导致这两种玉米蛋糕的体积较低。

8.1.6 玉米蛋糕质构分析

四种玉米蛋糕的硬度之间相比较为显著（$P<0.05$），且湿磨对照玉米蛋糕比碱化湿磨玉米蛋糕高出25.64%（表8.4）。蛋糕的弹性、黏聚性以及回复性都与蛋糕的质量呈现正相关，当弹性较大时，蛋糕就会具有较好的柔软性，并且吃起来爽口不粘牙；当黏聚性较大时，蛋糕的内部质地就会较柔软，并且具有较好的弹性以及劲道；回复性大表示当蛋糕受到外界压力后能够迅速回复变形的能力就越好。

表8.4 玉米蛋糕的质构特性

蛋糕	硬度	黏附性	弹性	黏聚性	胶着性	咀嚼性	回复性
碱化湿磨玉米蛋糕	775.58 ± 13.10c	−3.31 ± 0.76c	0.96 ± 0.01a	0.80 ± 0.00a	623.62 ± 15.86c	572.37 ± 8.09c	0.40 ± 0.00a

续表

蛋糕	硬度	黏附性	弹性	黏聚性	胶着性	咀嚼性	回复性
湿磨对照玉米蛋糕	1042.79 ± 10.30a	−12.92 ± 1.64a	0.96 ± 0.01a	0.77 ± 0.01b	800.03 ± 24.26a	775.65 ± 16.66a	0.36 ± 0.01b
市售玉米蛋糕	939.87 ± 9.80b	−6.91 ± 0.45b	0.97 ± 0.01a	0.80 ± 0.01a	748.59 ± 9.01b	725.72 ± 13.24b	0.41 ± 0.01a
干磨对照玉米蛋糕	1031.33 ± 20.57a	−1.19 ± 0.31d	0.95 ± 0.01a	0.74 ± 0.00c	794.16 ± 11.51a	765.37 ± 11.01a	0.35 ± 0.00b

注：同一列不同字母表示显著性差异（$P<0.05$），结果均是两次平行试验的平均值 ± 标准偏差。

四种蛋糕的弹性无显著性差异（$P>0.05$），碱化湿磨玉米粉和市售玉米粉的黏聚性以及回复性均较高（表 8.3），这就表明碱化湿磨玉米蛋糕的品质最好，市售玉米蛋糕次之，干磨对照玉米蛋糕最差。

8.1.7　玉米蛋糕色差分析

图 8.13、图 8.14 分别以干磨对照玉米蛋糕红黄色调线为参照，色调线以下部分表示蛋糕样品的红色调占主导，而线以上部分则是黄色调占主导。碱化湿磨玉米蛋糕芯和蛋糕皮的红黄色调与干磨对照玉米蛋糕的色调线相差最小，黄色相似，但却呈现淡绿色（图 8.13）。由蛋糕皮的色泽（图 8.14）可知，碱化湿磨玉米蛋糕与干磨对照玉米蛋糕相差最大，红色调低于干磨对照玉米蛋糕，色泽呈现亮黄色，这是因为相同的烘烤时间，碱化湿磨玉米蛋糕发生的焦糖化反应较少。

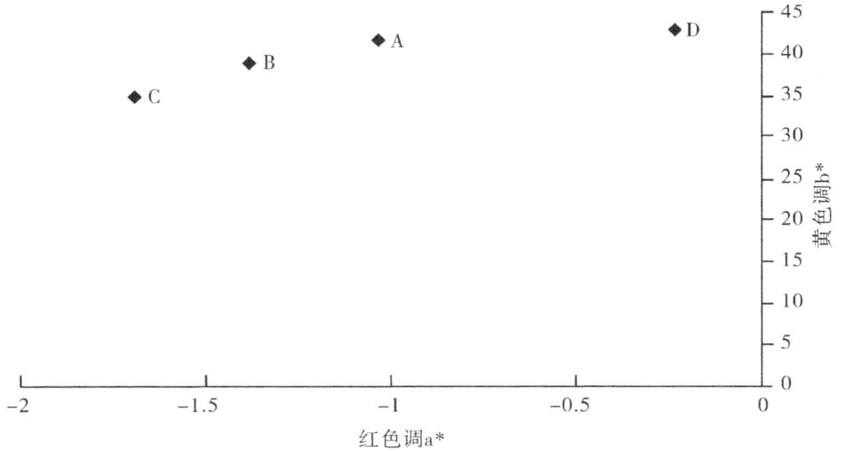

A：碱化湿磨玉米蛋糕；B：湿磨对照玉米蛋糕；C：市售玉米蛋糕；D：干磨对照玉米蛋糕

图 8.13　玉米蛋糕芯色泽红黄度分析

碱化湿磨玉米蛋糕皮的亮度要比湿磨对照蛋糕、干磨玉米蛋糕的高（图 8.15），可能是在烘焙过程中蛋糕表皮发生了美拉德反应和焦糖化反应，碱化处理使更多的蛋白与淀粉分离，这就促进了美拉德反应。市售玉米蛋糕在烘焙过程中不易发生美拉德反应，因此形成色泽的相关反应减弱。蛋糕芯亮度分析结果显示，湿磨对照玉米蛋糕、市售玉米蛋糕以

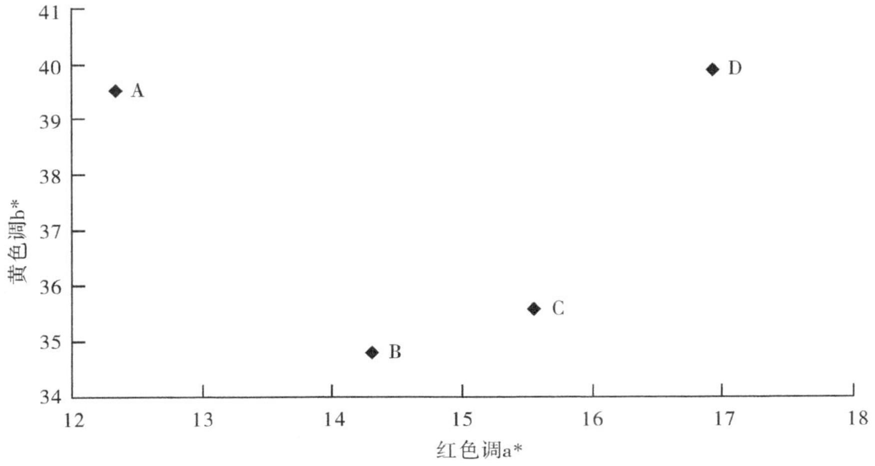

A：碱化湿磨玉米蛋糕；B：湿磨对照玉米蛋糕；C：市售玉米蛋糕；D：干磨对照玉米蛋糕

图 8.14　玉米蛋糕皮色泽红黄度分析

及干磨对照玉米蛋糕无显著性差异，而碱化湿磨玉米蛋糕芯的亮度较低，这主要是因为碱化处理使玉米粉内的部分淀粉成为预糊化淀粉，使蛋糕芯整体色泽亮度减弱。

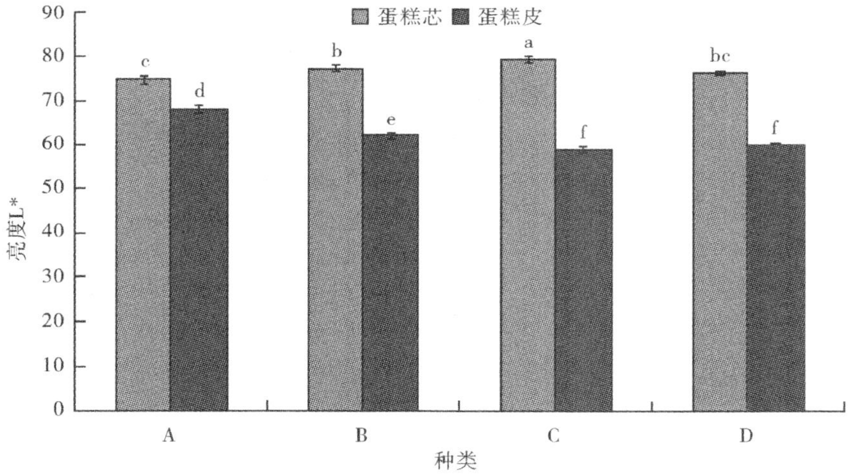

A：碱化湿磨玉米蛋糕；B：湿磨对照玉米蛋糕；C：市售玉米蛋糕；D：干磨对照玉米蛋糕

图 8.15　玉米蛋糕色泽亮度分析

8.1.8　玉米蛋糕 X 射线衍射图谱分析

玉米蛋糕的 X 射线衍射是属于老化淀粉，从衍射曲线（图 8.16）上可以看到，干磨对照玉米蛋糕在 2θ 为 19.664°，出现强烈的衍射峰，属于 V 型结晶。b 为市售玉米蛋糕的 X 射线衍射图图谱，市售玉米蛋糕在 2θ 为 19.821°，出现强烈的衍射峰。c 为碱化湿磨玉米蛋糕的 X 射线衍射图谱。由图中可知，碱化湿磨玉米蛋糕也是典型的 V 型晶体结构，碱化湿磨玉米蛋糕在 2θ 为 19. 820°呈现强烈的衍射峰。d 为湿磨对照玉米蛋糕的 X 射线衍射图谱；湿磨对照玉米蛋糕也是典型的 V 型晶体结构。

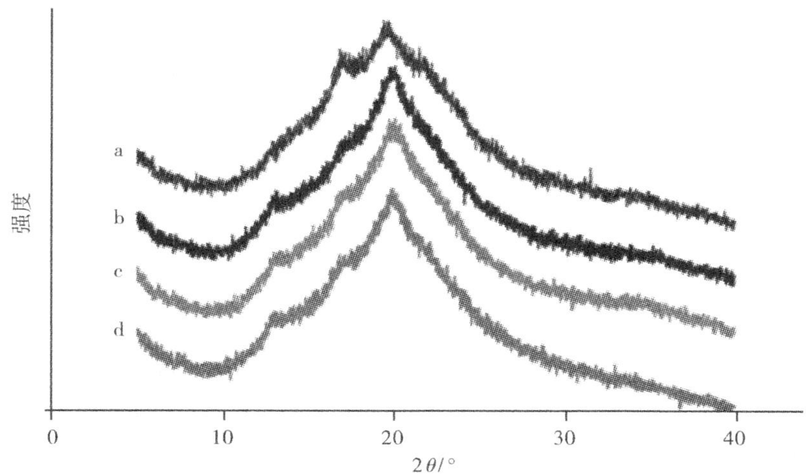

a：干磨对照玉米蛋糕；b：市售玉米蛋糕；c：碱化湿磨玉米蛋糕；d：湿磨对照玉米蛋糕

图 8. 16　玉米蛋糕的 X 射线衍射图谱

表 8. 5　玉米蛋糕的相对结晶度

样品	总面积/mm^2	结晶区面积/mm^2	结晶度/%
干磨对照玉米蛋糕	8 969	470	5. 24
市售玉米蛋糕	8 514	257	3. 02
碱化湿磨玉米蛋糕	12 648	339	3. 67
湿磨对照玉米蛋糕	9 215	382	4. 14

干磨对照玉米蛋糕、碱化湿磨玉米蛋糕和湿磨对照玉米蛋糕相比，碱化湿磨玉米蛋糕的结晶度最低，而干磨对照玉米蛋糕结晶度最高（表 8. 5），说明碱化湿磨玉米淀粉糊化完全。市售玉米蛋糕的结晶度在四个样中显示最低，这也是由于商用玉米和市售玉米粉的胚乳结构不同引起。

8. 1. 9　玉米蛋糕微观结构结果分析

碱化湿磨玉米蛋糕糊化度较高，明显改善了玉米食品淀粉糊化度低的问题（图 8. 17）。一般由于玉米蛋白质紧包裹着淀粉，水分难以进入胚乳内部，而使胚乳表面的淀粉发生糊化，内部淀粉未吸水溶胀，淀粉颗粒保持较完整，结构较紧密。从图 8. 17 可以看出，糊化的淀粉连在一起，并有空隙，结构较疏松。湿磨对照玉米蛋糕的微观结构也是较疏松，湿磨也可以使蛋白质与淀粉部分分离（图 8. 18）。图 8. 19、图 8. 20 分别是市售玉米蛋糕和干磨对照玉米蛋糕，由此图可知，结构较紧密，吃起来有颗粒感。

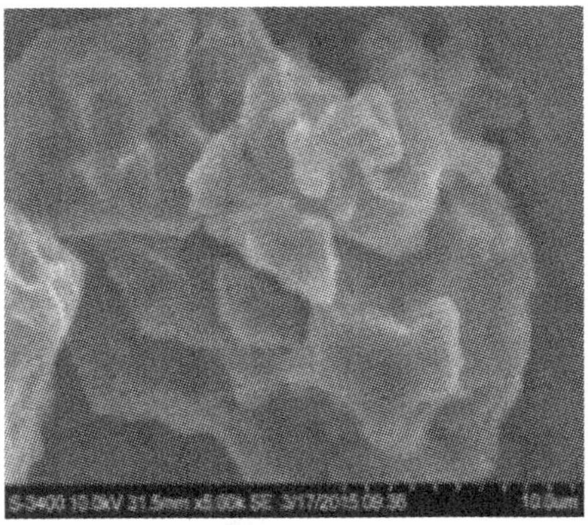

图 8.17　碱化湿磨玉米蛋糕电镜图

图 8.18　湿磨对照玉米蛋糕电镜图

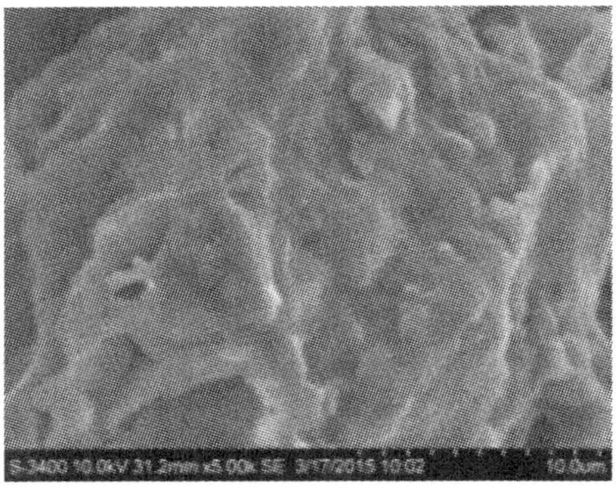

图 8.19　市售玉米蛋糕电镜图

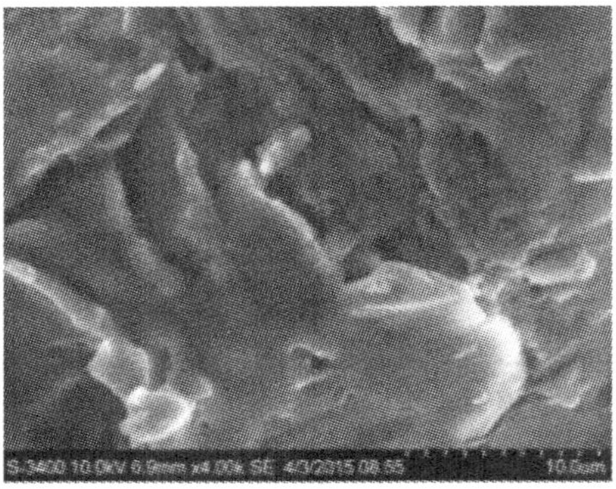

图 8.20　干磨对照玉米蛋糕电镜图

8.1.10　感官分析

通过感官评定探讨四种玉米蛋糕的品质。碱化湿磨玉米蛋糕的品质相对较高，色泽鲜亮，组织质地较均匀，有一定的膨松度，口感佳，给人的整体接受度较高（图 8.21），这是因为碱化处理改变了淀粉的性质，稳定了淀粉的结构，并且能够有效使胚乳内的淀粉与蛋白质分离；市售玉米蛋糕的表皮暗淡无光，质地以及口感极差，这是由于在烘焙过程中胚乳内的淀粉未能完全糊化，减弱了凝胶结构，减少了蛋糕的弹性，同时熟化度低。

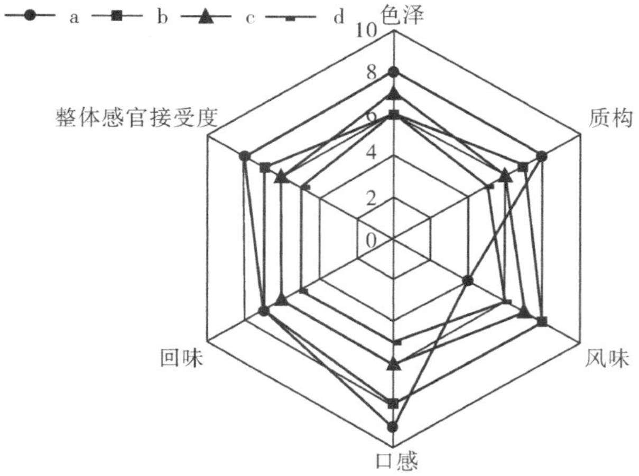

a：干磨对照玉米蛋糕；b：市售玉米蛋糕；
c：碱化湿磨玉米蛋糕；d：湿磨对照玉米蛋糕

图 8.21　玉米蛋糕感官评定指标

8.2　玉米饼的品质分析

选取酶法玉米粉和干法玉米粉（玉米经垂直旋风磨研磨后，过100目分样筛后的筛下物）为基础粉，采用不同玉米饼配料的配比制备玉米饼，对配方粉的糊化特性、配方粉凝胶的流变特性及玉米饼的微观结构、质构特性、流变特性和感官评价测定，研究玉米粉与食品配料之间相互作用及玉米粉与主食玉米饼之间关系。

8.2.1　配方粉的糊化特性

四种配方粉的糊化曲线和糊化特征值见图8.22和表8.6，黄原胶和木薯淀粉的添加对玉米粉的 *PV*、*TV*、*BV*、*FV*、*SV* 和 P_{time} 有极显著的影响（$P<0.01$），对 P_{temp} 有显著影响（$P<0.05$）。关于基础粉的糊化特性（2号样与4号样比较），酶法玉米粉优于干法玉米粉，结合酶法玉米粉与干法玉米粉特性分析可知，在糊化过程中，玉米粉颗粒大小、颗粒中淀粉与蛋白质的结合程度影响玉米粉颗粒的水结合力、颗粒溶胀、直链淀粉的溶出及在冷却阶段直链淀粉间重新排列结合。

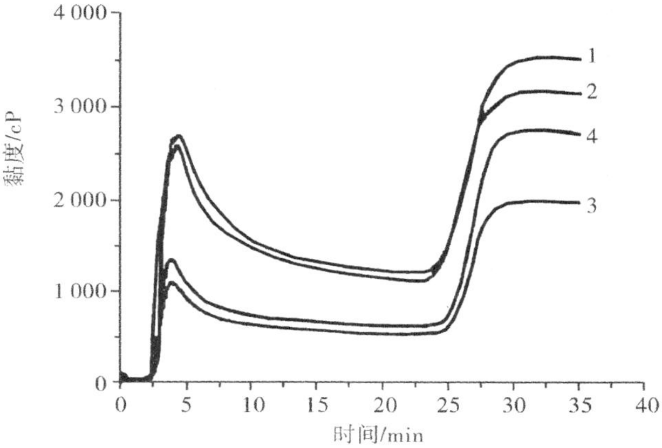

图8.22　玉米粉的糊化曲线

1. 酶法玉米粉+0.5%黄原胶+5%木薯淀粉　2. 酶法玉米粉
3. 干法玉米粉+0.5%黄原胶+5%木薯淀粉　4. 干法玉米粉

表8.6　玉米粉的糊化特征值（均值）

序号	*PV*/cP	*TV*/cP	*BV*/cP	*FV*/cP	*SV*/cP	P_{time}/min	P_{temp}/℃
1	2693a	1389a	1305a	3475a	2086a	4.23a	82.55a
2	2591b	1353a	1238a	3120b	1767b	4.27a	78.90b
3	1065d	608c	457c	1924d	1316c	3.90b	80.25b
4	1328c	705b	624b	2715c	2011a	3.73b	80.45b

注：1－酶法玉米粉+0.5%黄原胶+5%木薯淀粉；2－酶法玉米粉；3－干法玉米粉+0.5%黄原胶+5%木薯淀粉；4－干法玉米粉。

关于添加配料对基础粉糊化特性的影响，1号样与2号样相比可知，1号样的 *PV*（2693cP）、*FV*（3475cP）、*SV*（2086cP）和 P_{temp}（82.55 ℃）均高于2号样的 *PV*（2591cP）、*FV*（3120cP）、*SV*（1767cP）和 P_{temp}（78.90 ℃）（$P<0.05$，表8.5）。添加黄原胶和木薯淀粉后，1号样的 *FV*（3475cP）、*SV*（2086cP）高于2号样的 *FV*（3120cP）、*SV*（1767cP）（$P<0.05$），表明直链淀粉与黄原胶分子之间相互作用，聚合物分子链可能通过分子架桥和排斥促使胶体粒子间的相互连接。黄原胶和木薯淀粉添加后，

1 号样的 P_{temp}（82.55 ℃）高于 2 号样的 P_{temp}（78.90 ℃），可能是黏稠样品的加热速率和水分扩散率低，限制酶法玉米粉颗粒的溶胀。

3 号样与 4 号样相比，3 号样品的 *PV*（1065cP）、*TV*（608cP）、*BV*（457cP）、*FV*（1924cP）、*SV*（1316cP）均低于 4 号样品的 *PV*（1328cP）、*TV*（705cP）、*BV*（624cP）、*FV*（2715cP）、*SV*（2011cP）（$P<0.05$，表 8.5）。4 号样（干法玉米粉）的颗粒较大，且颗粒中淀粉与蛋白质结合程度强，自身的糊化特性弱，黄原胶添加后，在糊化过程中，黄原胶可能覆盖部分淀粉颗粒，限制了颗粒的溶胀，影响玉米粉糊化，导致 3 号样品的糊化特性低于 4 号样品（$P<0.05$）。

8.2.2 配方粉凝胶的动态流变特性

四种样品凝胶（质量分数为 10%）的频率扫描见图 8.23，四种样品的 G' 均高于 G''，表现弹性性质，样品形成典型的生物多聚体的凝胶网络结构。在 0.1 ~ 100 rad/s 频率范围内，四种样品的 G' 随着频率的增加变化不大，但 G'' 随频率的增加而增加（图 8.23），说明四种样品 G'' 对频率依赖性较高，样品较强的频率依赖性表明样品凝胶结构中存在分子缠绕。

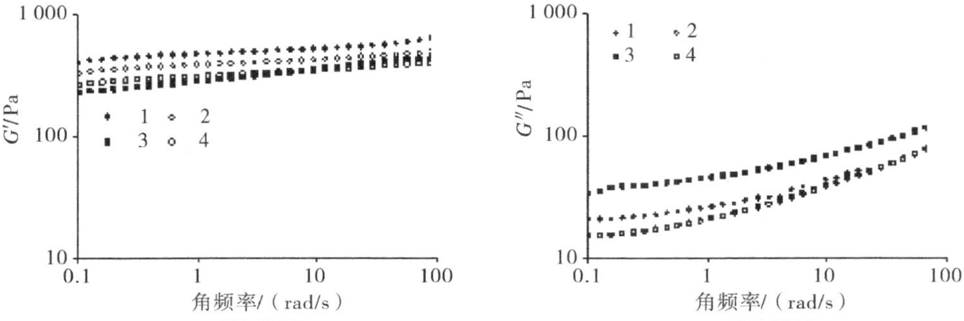

a. 弹性模量 G'　　b. 黏性模量 G''

图 8.23　配方粉凝胶的频率扫描

1. 酶法玉米粉 +0.5% 黄原胶 +5% 木薯淀粉　2. 酶法玉米粉
3. 干法玉米粉 +0.5% 黄原胶 +5% 木薯淀粉　4. 干法玉米粉

关于添加配料对样品凝胶结构的影响，由 1 号样与 2 号样可知，1 号样品的 G' 高于 2 号样品，表明配料的添加强化酶法玉米粉的凝胶结构。由图 8.23a 可知，1 号样品的 G' 高于 3 号样品，两种样品中的基础玉米粉的粉质特性差异明显，导致 1 号样品的糊化特性优于 3 号样品（图 8.22），进而 1 号样品形成凝胶结构优于 3 号样品形成的凝胶结构。3 号样品与 4 号样品的 G' 相当，表明 3 号样品与 4 号样品形成凝胶结构相当。

由图 8.23b 可知，3 号样的 G'' 最大，1 号样的 G'' 稍高于 2 号样，2 号样与 4 号样的 G'' 差别不明显。由配方粉的糊化特性分析（图 8.22、表 8.5）可知，3 号样的 *FV*（1924cP）、*SV*（1361cP）最低，形成凝胶时，3 号样的黏性最大。

8.2.3 玉米饼的动态流变特性

在 0.1 ~ 100 rad/s 频率范围内，四种样品的 G' 高于 G''（图 8.24），表明玉米饼具有固体弹性的性质；四种样品的 G'' 随着频率的增加而增加，表明样品的 G'' 对频率具有依赖性，这种频率依赖性在高频率下较明显。

关于基础粉对玉米饼流变特性的影响，1 号样与 3 号样相比，3 号样的 G'、G''均高于 1 号样品的 G'、G''；2 号样与 4 号样相比，4 号样的 G'、G''均高于 2 号样品的 G'、G''，这些结果表明以干法玉米粉为基础粉制备的玉米饼较硬，以酶法玉米粉为基础粉制备的玉米饼较软。

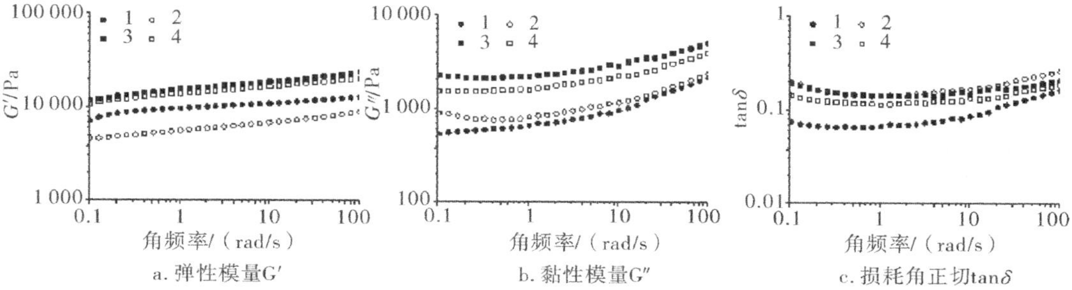

图 8.24　玉米饼的频率扫描

1. 酶法玉米粉 +0.5% 黄原胶 +5% 木薯淀粉　2. 酶法玉米粉

3. 干法玉米粉 +0.5% 黄原胶 +5% 木薯淀粉　4. 干法玉米粉

关于配料对玉米饼的影响，1 号样与 2 号样相比，1 号样的 G'高于 2 号样品的 G'（图 8.24a），且 1 号样的 G''、$\tan\delta$ 最小（图 8.24b、c），在剪切力作用下，1 号样的黏性小，表明黄原胶和木薯淀粉的添加，强化玉米饼的凝胶结构，这可能是玉米粉与黄原胶的协同相互作用形成共聚物的网络结构。

8.2.4　玉米饼的硬度

四种玉米饼的硬度见图 8.25，玉米饼的硬度存在极显著的差异（$P<0.01$），4 号样（101.99 g）>3 号样（66.29 g）>1 号样（40.17 g）>2 号样（21.99 g）。在玉米饼制备过程中，玉米粉的颗粒大小及颗粒中淀粉与蛋白质的结合影响玉米粉的糊化和蛋白质的聚集，进一步影响玉米饼的结构。

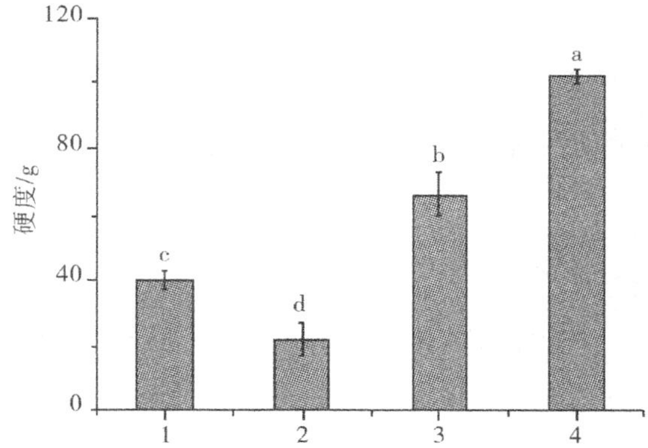

图 8.25　玉米饼的硬度

1. 酶法玉米粉 +0.5% 黄原胶 +5% 木薯淀粉　2. 酶法玉米粉

3. 干法玉米粉 +0.5% 黄原胶 +5% 木薯淀粉　4. 干法玉米粉

1 号样与 3 号样相比，1 号样品的硬度低于 3 号样的硬度，玉米饼熟制过程中，黄原胶的添加有利于玉米饼的三维网状组织的形成，糊化的玉米粉与木薯淀粉填充其中，酶法玉米粉与干法玉米粉间特性的差异影响玉米饼的硬度。

8.2.5　玉米饼的微观结构

玉米饼制备时，玉米粉与黄原胶、木薯淀粉形成的糊为两相系统，亲水胶体形成连续相，玉米粉与木薯淀粉分散其中。玉米饼熟制时，加热使淀粉糊化、黄原胶、蛋白质聚集不可逆地导致结构的变化。配方粉（图 8. 26 中样品 E、F）中基础粉与配料分布不均匀，配方粉中基础粉（酶法玉米粉和干法玉米粉）存在最多，配料（黄原胶 a 和木薯淀粉 b）少量存在，然而，配方粉制备玉米饼时，配料中黄原胶形成的连续相能较好地包容玉米粉和木薯淀粉，玉米饼熟制后，配料的添加有利于形成均匀的网络结构（图 8. 26 中样品 A）。

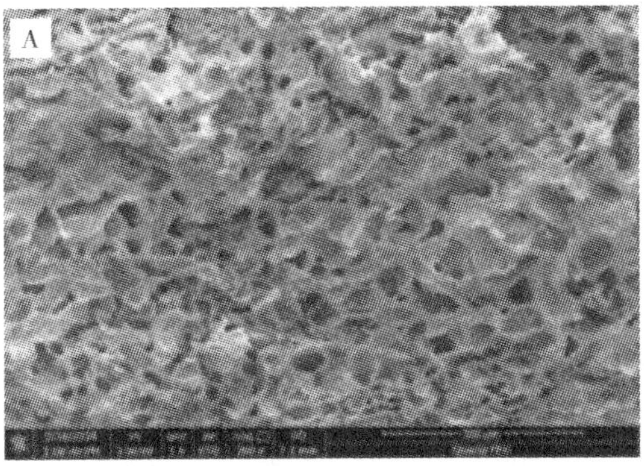

a. 酶法玉米粉+0.5%黄原胶+5%木薯淀粉

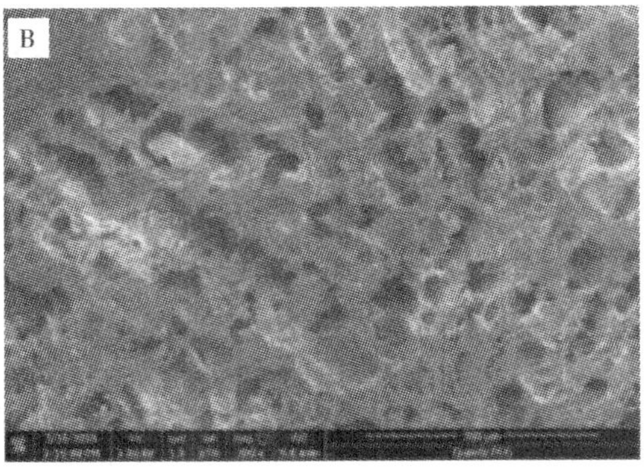

b. 酶法玉米粉

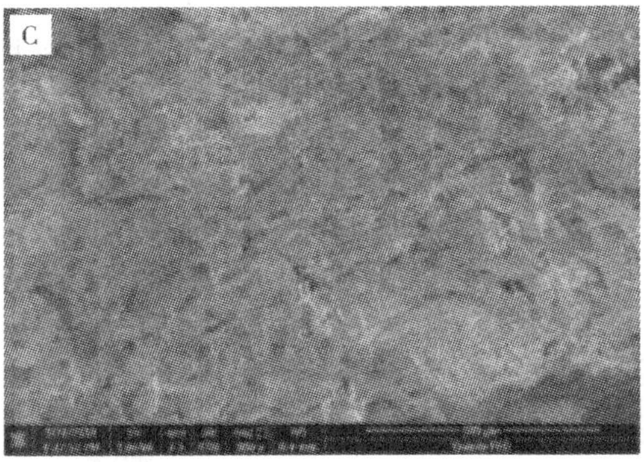

c. 干法玉米粉+0.5%黄原胶+5%木薯淀粉

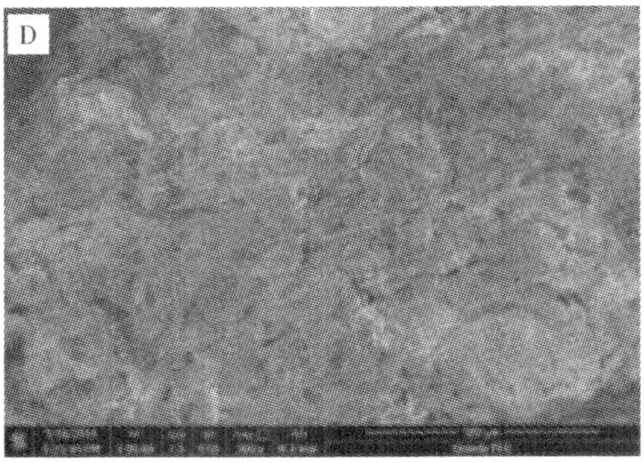

d. 干法玉米粉

e. 酶法玉米粉+黄原胶+木薯淀粉

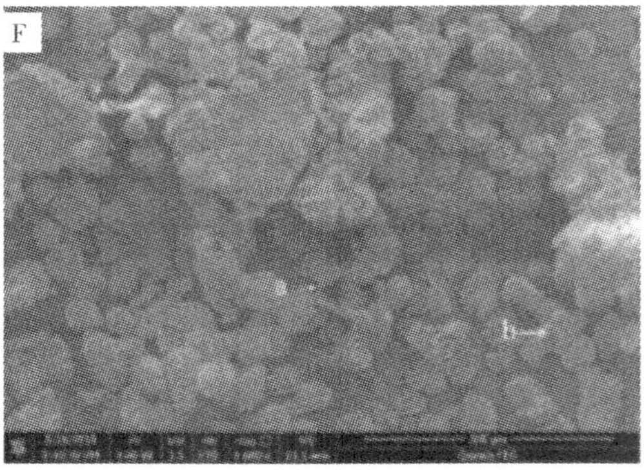

f. 干法玉米粉+黄原胶+木薯淀粉

图 8. 26　玉米饼横截面的扫描电镜图

关于基础粉进行对比，酶法玉米粉制备的玉米饼中气孔多，且分布均匀（图 8. 26 中样品 A、B)；干法玉米粉制备的玉米饼中气孔少，且凝胶结构密实（图 8.26 中样品 C、D)。黄原胶和木薯淀粉添加后，酶法玉米粉制备的玉米饼气孔多且大（图 8.26 中样品 A)；然而，对于干法玉米粉来讲，黄原胶和木薯淀粉的添加不能有效地改善玉米饼的凝胶结构（图 8.26 中样品 C)。玉米饼凝胶结构的差异与配方粉中玉米粉糊化、直链淀粉的溶出及蛋白质和黄原胶的聚集有关。对于玉米粉来讲，酶法玉米粉特性优于干法玉米粉特性。玉米粉与黄原胶、木薯淀粉搅打成糊时，酶法玉米粉和木薯淀粉能均匀分布在黄原胶形成的连续相中；受热糊化后，形成的玉米饼的凝胶结构要优于以干法玉米粉为基础粉制备的玉米饼。

8.2.6 玉米饼的感官评价

柔韧性、富有弹性、香味和色泽是人们喜爱的玉米饼的感观品质，对玉米饼（图 8.27）进行感官评价。整体感官接受度的最优顺序为：1 号样、3 号样、2 号样、4 号样；弹韧性的最优顺序为：1 号样、2 号样、3 号样、4 号样；硬度的最优顺序为：2 号、1 号、3 号、4 号；1 号玉米饼的口感最好（图 8.28)。

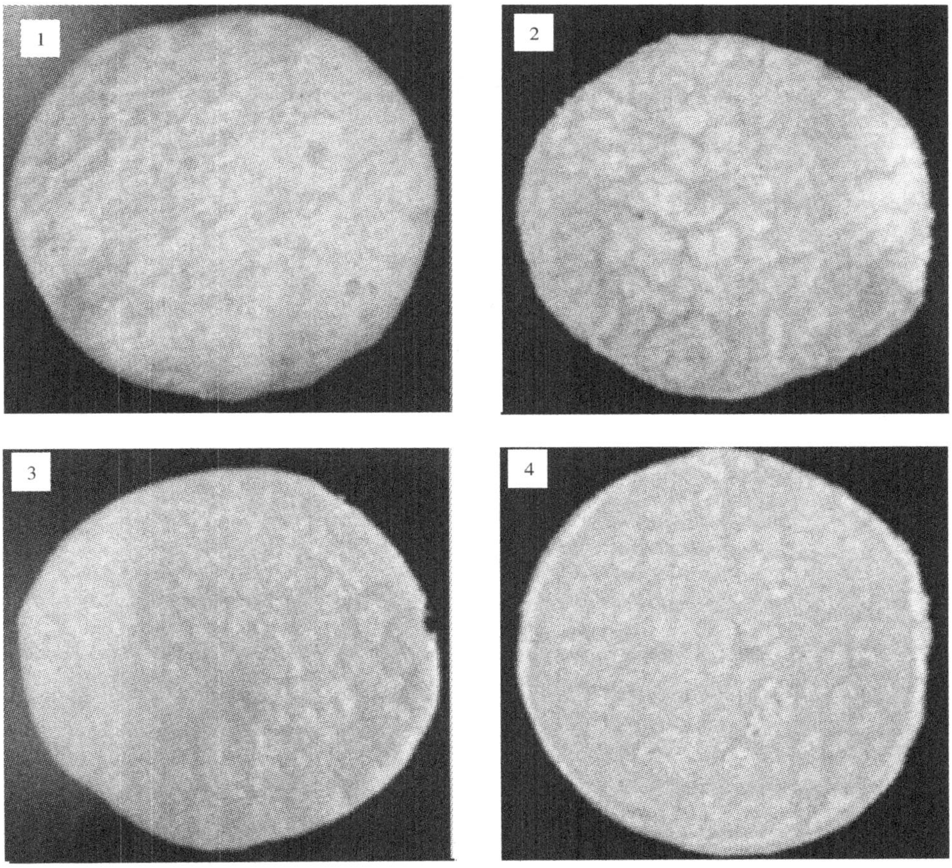

图 8.27 玉米饼的照片

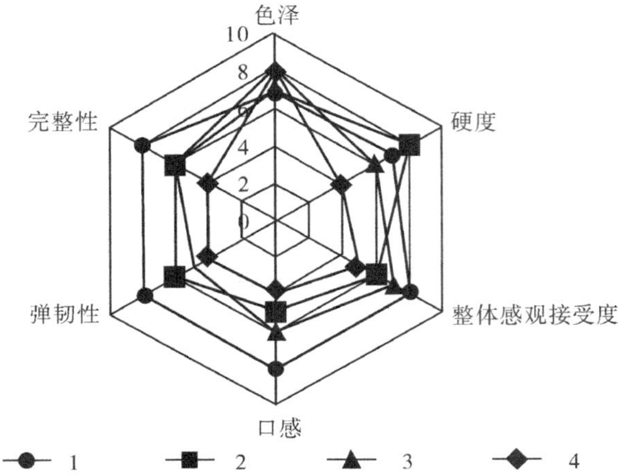

图 8.28　玉米饼的感观评价

1. 酶法玉米粉 +0.5% 黄原胶 +5% 木薯淀粉　2. 酶法玉米粉

3. 干法玉米粉 +0.5% 黄原胶 +5% 木薯淀粉　4. 干法玉米粉

8.3　玉米面条的制备与品质分析

8.3.1　玉米面条的制备

目前人们对食品的营养价值有了新认识，意识到粗粮对身体的保健作用，而玉米是杂粮中营养价值最高的，深受大家喜爱。图 8.29 为改性后的玉米粉经面条机压制成的玉米面条，外表鲜亮，表面光滑。煮熟后的玉米面条没有出现断条，并保持良好的色泽，有黄金面条之美誉。

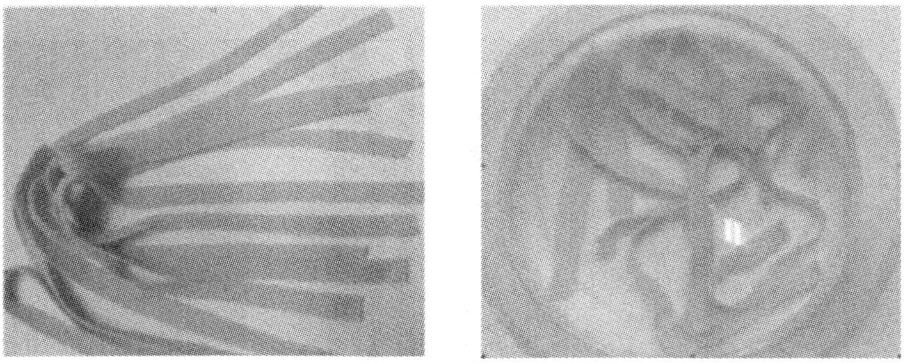

生玉米面条　　煮后的玉米面条

图 8.29　煮熟前后玉米面条

1. 不同特性玉米粉的制备

取四份玉米粉分别进行如下处理：

（1）接种量为10%，发酵时间6 h，发酵温度37 ℃，pH值为6.5，进行改性处理。

（2）接种量为10%，发酵时间12 h，发酵温度为40 ℃，pH值为6.5，进行改性处理。

（3）接种量为15%，发酵时间18 h，发酵温度40 ℃，pH值为6.5，进行改性处理。

（4）接种量为15%，再加入0.5%的蛋白酶，发酵温度为40 ℃，pH值为6.5，进行复合改性处理。

将处理完成后的玉米粉进行抽滤，用蒸馏水清洗三遍，去除异味，然后放入50℃的干燥箱中热风干燥8 h，水分为10%左右，再用高速万能粉碎机粉碎，过80目筛，备用。

2. 配粉

玉米面条的配方为：玉米粉82.2%、谷朊粉8%、木薯淀粉8%、黄原胶0.3%、瓜尔豆胶0.3%、聚丙烯酸钠0.2%、碳酸钠0.3%、三偏磷酸钠0.3%、食盐0.4%，加水量为混合粉总量的60%。

3. 和面

将上述配方混合均匀，取50 g制作面条，为了使玉米粉中的淀粉吸水充分，和面时间定为10 min。

4. 轧片、切条

将和好的面团放入30 ℃的培养箱中醒发10 min，使面团中的淀粉吸水更充分，膨胀更充分。然后将面团放入面条机中开始轧片、切条。过三道压辊，每道过10次，最后面条的厚度为8 mm，然后切条，每根面条宽度为1.3 mm。

5. 蒸面

将切好的面条放入压力锅中，在0.1 MPa的压力下保持5 min。

6. 干燥

取出蒸好的面条放入微波炉中，干燥至水分为12%左右。

8.3.2　玉米面条的品质分析

1. 淀粉含量对玉米面条质构的影响分析

淀粉是面粉的主要成分，赋予面条弹性，对面条的色泽和光滑度影响较大，所以淀粉特性的优劣很大程度上决定了面条品质。在玉米粉中由于没有面筋蛋白，所以玉米面条的弹性、韧性都取决于淀粉的凝胶特性，因此决定玉米面条品质好坏的关键就是淀粉特性的优劣，淀粉的总量对淀粉品质也有很大的影响。

随着淀粉含量的升高，玉米面条的硬度逐渐增加，弹性、胶着性、咀嚼性和回复性都呈增加的趋势（表8.6），质构特性的提高表明随着淀粉含量的提高，玉米面条的凝胶强度变得更大，凝胶特性变得更好，玉米面条的品质得到改善。弹性、咀嚼性及回复性的增强说明玉米面条变得更加有嚼劲，玉米面条的适口性也得到改善。

表8.6　不同淀粉含量的玉米面条的质构特性

实验	淀粉含量/%	硬度	黏附性	弹性	黏聚性	胶着性	咀嚼性	回复性
1	79.68	15 912.221	−97.914	0.906	0.883	14 012.715	12 964.228	0.62
2	81.86	16 625.798	−95.708	0.917	0.866	14 391.351	13 203.074	0.661

续表

实验	淀粉含量/%	硬度	黏附性	弹性	黏聚性	胶着性	咀嚼性	回复性
3	82.97	16 821.324	-154.410	0.937	0.891	14 984.419	14 040.401	0.685
4	84.50	17 373.380	-126.858	0.971	0.869	15 456.907	15 006.706	0.706

2. 直链淀粉含量对玉米面条质构的影响分析

直、支链淀粉含量与淀粉的品质特性有很大的关系，与淀粉的糊化和膨胀特性关系密切，对淀粉凝胶的强度影响很大，直链淀粉含量高，形成的凝胶强度较强，也是影响淀粉老化的重要因素，因此，对玉米淀粉产品的口感、质地等有很大的影响，直链淀粉含量是影响面条品质的重要因素。

表 8.7 不同直链淀粉含量的玉米面条的质构特性

实验	淀粉含量/%	硬度	黏附性	弹性	黏聚性	胶着性	咀嚼性	回复性
1	17.36	15 912.221	-93.914	0.906	0.883	14 012.715	12 964.228	0.620
2	18.82	16 625.798	-91.708	0.917	0.866	14 391.351	13 203.074	0.661
3	20.97	16 821.324	-149.410	0.937	0.891	14 984.419	14 040.401	0.685
4	22.05	17 783.380	-121.858	0.971	0.869	15 456.907	15 006.706	0.706

随着直链淀粉含量的升高，玉米面条的硬度逐渐增加，弹性、胶着性、咀嚼性和回复性都呈增加的趋势（表 8.7），说明直链淀粉含量高的玉米面条在蒸煮之后形成的凝胶强度较大。

直链淀粉含量的增加，一方面是由于发酵和酶的作用，使玉米粉中的蛋白质和脂肪的含量降低，直链淀粉的含量相对增加；另一方面是因为发酵对淀粉中支链淀粉的长链还有降解作用，从而生成更多的直链淀粉。由于在处理过程中，直链淀粉的聚合度的适度降低，分子的动力性增强，更有利于直链淀粉的交联缠绕，形成更强的凝胶，对凝胶质构的改善有贡献。这就使得糊化后形成的凝胶的强度和弹性增加，表现为玉米面条的硬度、弹性和回复性的增强，咀嚼性提高，使面条质构得到改善。随着直链淀粉含量的增加，玉米面条的弹性也稍有增加，这可能与直链淀粉分子所形成网状结构的交联点数量和交联点密度以及直链淀粉的平均聚合度变化有关。

3. 玉米粉糊化特性对玉米面条质构的影响分析

淀粉的糊化特性对淀粉基食品的加工品质关系密切，玉米面条中淀粉的含量占到了80%以上，所以淀粉特性的好坏是玉米面条品质优劣的关键。淀粉的糊化特性是淀粉特性中最重要的性质，也是与面条食用品质关系最大的因素。

随着峰值黏度、崩解值的增加，玉米面条的硬度有所提高，面条的弹性、咀嚼性也是逐渐加强的（图 8.30、表 8.8、表 8.9），说明玉米面条的凝胶特性也是逐渐改善，面条的品质得到改良。Konik 测量了澳大利亚麦粉的淀粉糊化特性与食用结构的关系，结果发现面条的食用品质（柔度和弹性）与糊化温度、高峰黏度、崩解值高度正相关。高的糊化峰值、低的糊化温度、高的崩解值等与优良的面条食用品质相关。这与本研究的结果一致，因此，玉米粉的峰值黏度越高，崩解值越大，所制成的面条的品质越优良。

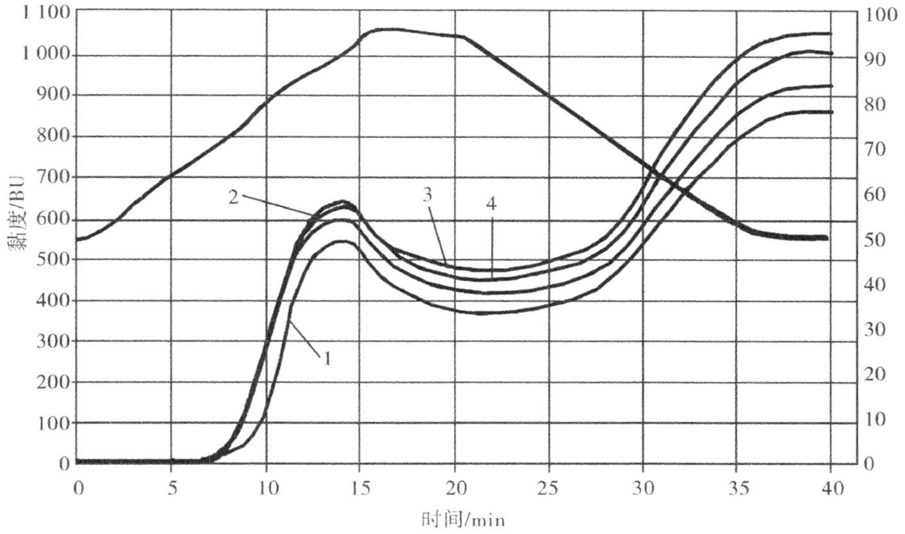

图 8.30　不同处理玉米粉的糊化曲线

表 8.8　不同处理玉米粉的糊化特性指标

实验	糊化温度/℃	峰值黏度/BU	最低黏度/BU	最终黏度/BU	崩解值/BU	回生值/BU
1	72.0	546	389	796	157	417
2	70.5	593	422	851	171	474
3	70.3	629	481	1008	148	527
4	70.5	643	460	1049	183	589

表 8.9　不同处理的玉米面条的质构特性

实验	硬度	黏附性	弹性	黏聚性	胶着性	咀嚼性	回复性
1	16 780.374	-106.858	0.891	0.869	14 582.145	12 992.691	0.656
2	16 979.870	-115.850	0.925	0.878	14 908.326	13 790.201	0.68
3	17 115.519	-98.894	0.958	0.895	15 318.390	14 675.018	0.725
4	17 227.083	-101.623	0.974	0.887	15 280.423	14 883.132	0.732

4. 玉米面条微观结构结果分析

生玉米面条中玉米粉颗粒通过各种食用胶（聚丙烯酸钠、瓜尔豆胶、黄原胶）以及谷朊粉的作用连接在一起（图 8.31），玉米粉颗粒也会吸水膨胀产生凝聚力和黏性，冷冻干燥后看得不是特别的明显。此时，生面条中各种大分子或颗粒之间的黏结力主要是由谷朊粉和食用胶提供，从图 8.31 中可以看出，玉米粉颗粒外面包裹着一层胶状物质。

经过蒸煮以后，玉米面条中的淀粉完全糊化，淀粉颗粒膨胀破裂，彼此连接融合在一起（图 8.32），淀粉可以形成较强的凝胶，此时玉米面条中各成分的结合力就是由淀粉糊化后形成的凝胶来提供。玉米淀粉完全糊化，面条的适口性提高，使面条的弹性更好，更有嚼劲。

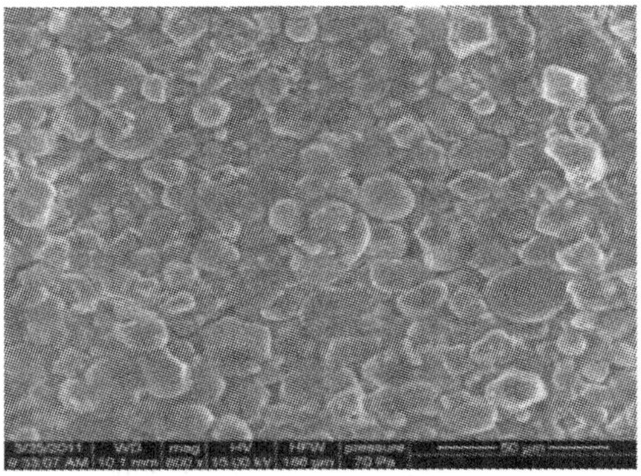

图 8.31　生玉米面条扫描电镜图

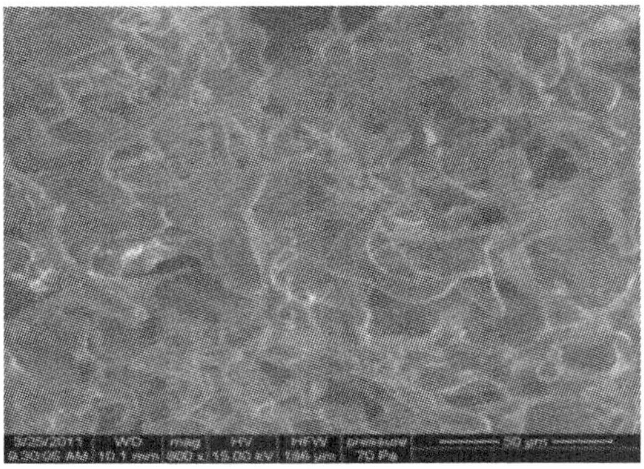

图 8.32　煮熟后玉米面条扫描电镜图

5. 玉米面条老化特性分析

差示扫描量热（DSC）是检测物质在热力作用下的物理化学变化的分析技术。DSC 可用于淀粉的糊化、老化及相变化的定量分析，不同的淀粉其组成不同，其糊化、老化峰的起始温度（T_0）、峰值温度（T_p）、终止温度（T_c）及热焓（ΔH）是不同的，糊化的淀粉经储存后发生不同程度的老化，在 DSC 曲线上可以对老化程度进行定量分析，因此 DSC 是研究淀粉糊化及老化的重要手段。

图 8.33、图 8.34 分别是干燥后放置了 5 d 和 10 d 的玉米面条的 DSC 图谱，放置了 5 d 和 10 d 的玉米面条 DSC 曲线上没有出现明显的吸热峰，分别在 126.88 ℃ 和 121.66 ℃ 出现了很小的吸热峰，说明在放置过程中，面条的老化现象不明显。

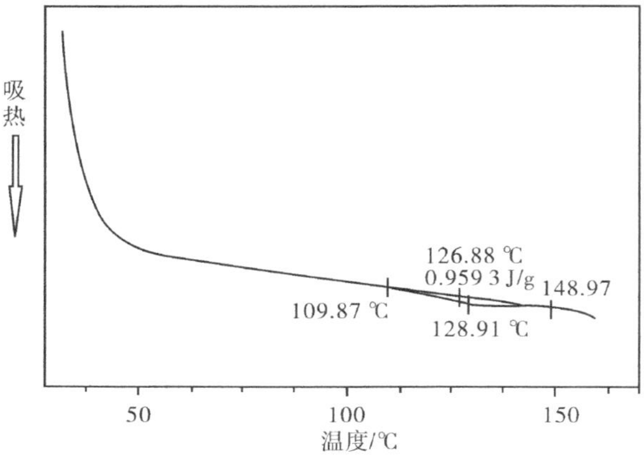

图 8.33　室温下放置 5 d 的玉米面条

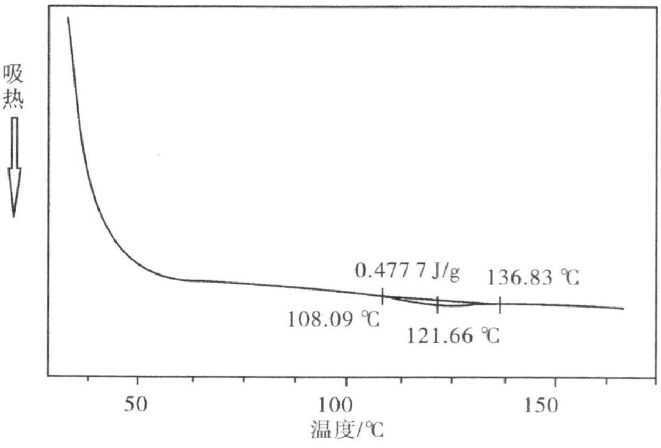

图 8.34　室温下放置 10 d 的玉米面条

9 国外传统玉米粉食品及加工技术

在拉丁美洲、亚洲、非洲以及巴尔干半岛等都消费大量的玉米。在拉丁美洲，玉米被加工成墨西哥薄饼（tortilla）、哥伦比亚玉米饼（arepas）、玉米粥（polenta）和不同的甜品以及稀饭。在亚洲和非洲，玉米一般是用干法加工成颗粒粉、粗粉以及细粉，用于生产各种各样的食品，例如，泰国煎饼（roti）、玉米面包、未发酵和发酵过的粥、汽蒸食品、休闲食品，以及乙醇和非乙醇饮料等。

在墨西哥、美国、委内瑞拉、哥伦比亚，玉米饼都是人们最主要的玉米食品。在墨西哥将近52%的玉米用作人类食品，其中主要是碱煮浸泡产品。

把玉米加工成墨西哥玉米饼的传统方法称为碱化湿磨法。用热碱蒸煮玉米粒，然后反复用水冲洗以洗去碱化玉米颗粒里多余的碱和皮层组织，添加少量水，在石磨机或磨盘上磨碎，制成马萨玉米面团。把马萨玉米面团制成为扁平圆盘形，在烤盘上每一面焙烤30～60 s即可制成墨西哥玉米饼。不同地区的墨西哥玉米饼有所差异，在墨西哥，墨西哥薄饼比较薄且在焙烤期间会膨胀；而在中美洲，大多墨西哥玉米饼较厚且在焙烤期间不会膨胀。墨西哥玉米饼一般配着豆类、各种肉、奶酪以及蔬菜食用。

委内瑞拉和哥伦比亚（拉丁美洲国家）的民族特色玉米饼（arepas）由白玉米粉制成。玉米颗粒经过润湿、水煮以及破碎研磨制成面团，生面团制成直径约7.5 cm、厚1 cm的扁平圆形，在烤箱里焙烤至玉米饼为褐色。把arepas切成两半，里面可以塞入肉、奶酪、黄油、果胶以及其他的填料，还可以把塞满填料的arepas用油煎成委内瑞拉芭蕉粽（hallacas）、肉馅卷饼（empanadas）及其他食品。非油炸的arepas含水58%～64%、蛋白4%、脂肪0.7%、碳水化合物38%、粗纤维0.2%、灰分1%。由黄玉米制成的arepas有很强的芳香风味，在焙烤和油炸期间，类胡萝卜素降低。在一些地方黄玉米arepas较受欢迎，但一般白色的玉米更为普遍。

在墨西哥、中美洲和美国的霍皮地区，在热石或烤盘上加热玉米直到颗粒部分膨胀，形成棕色或有焙烤风味。玉米烤过后研磨破碎，可以做成粥和其他产品。糖炒玉米粉（pinole）是一种用香料（肉桂皮、茴香）和棕色糖制成的，可以作为美味的早餐粥。食用时把玉米粉与水或奶混合起来，煮沸几分钟即可食用。

美国西南部的霍皮印第安人仍然食用传统的玉米食品，涉及12～14个不同的玉米品种及70种不同的制备工艺。蓝色玉米产品有特殊的风味和颜色，许多玉米制品是用蓝玉米加工制成的，这种玉米的糊粉层里含有花青素。在一些餐馆、有机食品商店以及一些超市都出售有蓝玉米薄饼、蓝色玉米薄片、蓝色玉米肉汤（pozole）及其他的特殊产品。

早期北美洲的移民用碱液或木灰碱蒸煮玉米来生产玉米粥（hominy）。美国印第安人最先使用这种方法有效去除玉米皮，随后又教会移民怎样使用木灰。这种方法不仅可以加强玉米粒的可口性和营养价值，还可以把硬的玉米颗粒转变成软的、可咀嚼的产品，而且产品储存也相当安全。在美国，罐装的玉米粥是黄、白玉米利用碱液加工制成的，这与用石灰制成的玉米粥风味不同。在墨西哥，玉米粥（石灰蒸煮的）通常用于玉米肉汤的制作。在非洲和亚洲，一般用玉米制作扁平的面包、饮料、发酵或未发酵的浓的和稀的粥。用发酵或发芽的玉米制备许多传统食品，这种玉米可以提高维生素含量、矿物质生物可利用率以及蛋白质含量。例如南非的高粱啤酒常比高粱麦芽酒含有更多的粗粒。此外，半流质食物、玉米粥等在南非也是很受欢迎的玉米粥品，同样深受各国人民的喜爱。在南非白玉米适合于生产极白的玉米粉。在大多数非洲国家，黄玉米食品并不受欢迎，但是巴西（拉丁美洲国家）和其他一些国家的人们较喜欢黄玉米。

9.1 干法加工玉米粉及食品

9.1.1 玉米粉

玉米颗粒粉（粗磨粉）是穿过1.41 mm的筛网留存于0.60 mm的筛网上的胚乳颗粒，其中纤维含量低，脂肪少于1%。粗粒和其他的胚乳颗粒在休闲食品、谷物早餐以及酿酒工业中的应用很广泛。在美国南部，人们喜欢将玉米粗粒在沸水里煮10～25 min，然后用黄油、人造奶油调味。即食的或预煮的玉米粗粒很受欢迎，因为加工时间短（只需煮5 min），既省时间又较大限度地保留了其原有的营养和风味。在汽蒸、蒸煮以及干燥的工艺制作中常通过破碎粗粒增加吸水量，但是如果物料太细或粗粒蒸煮过度，就会黏结成块。

1. 玉米粗粉

玉米粗粉是比玉米颗粒粉小的颗粒物（1.41～0.191 mm），富含维生素B_1、烟酸、维生素C、铁和锌。粗粉用于生产有机膨化食品和油炸食品，例如玉米面包、小松饼、薄烤饼、玉米棒、油煎饼、油炸玉米饼以及蛋奶软糕。玉米粗粉与水混合时，玉米蛋白不会形成面筋，因此大多数玉米面包配方中都包含小麦粉。但是如果小麦粉太多就会减少“玉米”风味，在美国南部，尤其注重保留玉米原有风味。

大多数玉米配方中包含小麦粉、有机膨松剂（碳酸氢钠、酸性磷酸钙）、糖、盐、奶粉以及其他配料。例如，油炸玉米饼是由含酵母的面团制成的，它含有粗玉米粉、小麦粉、鸡蛋、奶、盐、洋葱以及西红柿。玉米粗粉还可作为蛋白强化产品的媒介物。习惯上，把玉米粗粉与大豆粉和大豆颗粒粉或干奶粉混合，增加蛋白含量并获得一种价格便宜的食物。

2. 玉米细粉

玉米细粉常被用作薄煎饼、小松饼、油炸圈饼、裹粉以及裹浆的原料，它是由小于0.191 mm的细胚乳组成的。玉米细粉被用在早餐食品和休闲食品里，并且在肉类食品以及其他食品里作为一种黏合剂。另外，工业产品中被用作一种黏合剂，例如煤球、壁纸、铸模等。

3. 粗玉米片

粗玉米片是由 3.35 ~ 4.77 mm 的胚乳块组成的，用来生产玉米片、爆米花。一般用具有未裂开的角质胚乳、颗粒大小均匀的黄玉米制作粗玉米片。这种粗磨粉没有胚芽和玉米皮，每粒粗磨粉都可以独立成片。由于大多数玉米是人工干燥，导致产量减少，因此选择能生产高产量粗磨粉的玉米比较困难。干法加工时选择适当干燥的玉米避免龟裂，增加粗玉米片的产量。

9.1.2 早餐谷物

玉米常被单独食用或是与其他的谷物和原料混合食用，作为快捷早餐谷物。煮玉米颗粒粉、粗粉或者细粉，使淀粉糊化，蛋白变性，然后加工成片状、细条型、颗粒状、松饼型或者其他形式的面团。通过烘烤或添加香料、水果和坚果来获得理想的风味、香气和结构。

通过短时高温高压挤压熟化和膨化的方式，可以生产出许多种类的早餐和休闲食品。加湿玉米细粉或粗粉与其他的谷类、淀粉、调味料和着色剂混合制备一系列产品。挤压膨化能够赋予产品不同的特性。原料配方、颗粒大小、添加剂和挤压机工作条件（温度、停留时间、辊身长度、pH、水分含量、转速、螺旋方式、模具特征）决定了产品的类型及特性。通过改变模具和刀片速度可以得到不同外形和大小的产品。挤压膨胀后的食品需要经过干燥、烘烤、涂层等处理。

挤压喷射式膨化谷物是最受欢迎的快捷早餐谷物食品之一。把玉米细粉、粗粉或小颗粒粉与其他谷类、甜味剂、增味剂以及着色剂混合煮成面团，利用模具将面团切成最终形状。喷射膨化之前，需要把挤压物干燥到最佳水分含量。膨化枪是一个直径将近 15.2 cm、长约 1.5 m 的压力容器，有进气口、泄压阀以及加热器。这个容器有平衡、密封、加热的功能。温度（260 ~ 427 ℃）和压力（7.03 ~ 14.06 t/m^2）不同，膨化度也不同。突然释放压力，从枪里喷射物料，这个过程需要 5 ~ 7 min，物料膨胀 10 ~ 16 倍。

一般低膨胀度的产品都是炉膨化。物料在传送带上接受辐射加热或者在旋转圆筒里翻转进行膨化，物料膨胀 3 ~ 4 倍。炉膨化操作时，需要水分含量和炉温之间适当的平衡，以获得理想的膨化效果。这个循环通常耗时 90 s。

1. 玉米片产品

对于玉米片产品来说，粒度均一、具有非龟裂的角质胚乳的黄玉米优于白玉米，因为烘烤后它的香味强烈、颜色鲜黄。片状颗粒在旋转炉里以 4 312 ~ 6 566 kPa 的压力蒸煮 1 ~ 2 h，加入糖浆、糖、非糖化麦芽、盐以及水等配料。适当蒸煮后，玉米颗粒含 28% ~ 33% 的水分，出现透明状。蒸煮期间淀粉糊化，但是由于可利用的水有限，导致颗粒溶胀受限。蒸煮循环完成后，颗粒被输送带传递到特定设备，把黏在一起的颗粒分开。散开的颗粒被输送到逆向干燥机里。设定温度、停留时间以及条件，使干燥后的颗粒水分达到 19% ~ 20%。然后，稳定颗粒 6 ~ 24 h，保持水平衡，减少处理期间玉米片破裂。通过对向旋转辊把颗粒压成薄片，在 2.29×10^7 kPa 的压力下，在旋转的燃气炉里于 302 ℃ 烘烤 50 s 或在 288℃ 下烘烤 2 ~ 3 min，薄片水分含量接近 2%。烘烤使得薄片脱水、形成松脆的质构、呈棕色、拥有独特的风味。冷却后，在薄片上喷射营养物并稳定。

2. 挤压膨化休闲食品

挤压膨化休闲食品是在玉米休闲食品市场的基础上快速发展起来的。通过挤压蒸煮膨化技术可以把玉米粗粉或颗粒加工成螺旋状食品、泡芙以及丸子。模具、操作温度、切刀速度以及其他因素决定了挤压膨化物的形状。挤压物的膨胀度与产品结构紧密相关，受材料的黏弹特性以及通过挤压机模具时水分含量的影响。挤压物的膨化是由于物料中的水瞬间汽化，并快速脱离挤压物，进入大气造成的结果。最终的产品还需要对挤压物进行烘焙或油炸、加味、包装。传统的工艺方法可以生产环状物或者半成品，例如通心粉压制机或是用两种挤压机的组合。第一种挤压机是用来蒸煮原料，第二种是用来冷却挤压物，并使挤压物以一定的外形、大小形成紧密的环状物，环状物经过干燥、稳定然后烘焙或油炸成为最终产品（被称为“第三代甜点”）。焙烤的环状甜点松脆适口，咀嚼时会发出发嘎吱嘎吱的声音。粗粉的预挤压产品的水分含量决定着产品的结构和特性。随着水分含量增加，挤压蒸煮温度降低，得到高密度、低膨胀的产品。一般油炸硬的、密度大的产品；低水分含量的粗粉用于生产膨化的挤压产品，一般经焙烤形成轻巧的、质地粗糙、结构疏松的点心。糯玉米（高支链淀粉）比一般的玉米倾向于生产多脆、密度小的挤压产品。玉米的硬度、颗粒大小分布、含油量以及其他因素都会影响物料的挤压特性。用快速黏度分析仪（RVA）或其他仪器可以预测水合作用、蒸煮的速率。大多休闲食品打包时水分含量都少于2%。

9.2 碱蒸煮产品

在美国用于生产墨西哥玉米片和墨西哥民族特色食品的玉米数量快速增加，由于对玉米片的需求增加，其他许多国家对玉米的需求量也在增加。碱蒸煮玉米片和许多其他产品在餐馆、熟食店、游乐园、便利店、大型特许经营店都有销售，玉米片和墨西哥玉米片在世界各地越来越受欢迎。在英国、西班牙、法国、澳大利亚、巴西、中国、韩国等国家都已经开始建立相关工厂。

9.2.1 墨西哥玉米饼的工业化生产

现代碱液蒸煮方法与传统方法的原理相同，但是现代的设备和步骤适合于特定的产品。例如，蒸煮处理制备玉米片的玉米与制备墨西哥玉米片的玉米不同；为了有最好的食用品质，墨西哥玉米饼与墨西哥软玉米饼需要完全不同的加工条件。

石灰蒸煮给予墨西哥玉米饼特殊的香气，利于去除玉米皮，控制微生物活性，加强水吸收，增加淀粉颗粒的糊化以及提高营养价值。浸泡使水分和石灰进入玉米颗粒内，研磨起到非常重要的作用，因为它使溶胀的淀粉破裂并且使未糊化的玉米胚乳周围的淀粉与蛋白分开形成马萨（Masa）。

蒸煮和研磨程度都会影响马萨的类型。细磨制得的马萨适合墨西哥玉米饼，粗马萨适合油炸食品。制备墨西哥玉米饼的马萨通常比制备墨西哥玉米片的马萨有更强的水合作用（55%～58%与51%～53%）。

原玉米的特性决定了粗玉米粉的质量。最好的玉米粒应该是无损、没有裂缝或破裂、颗粒大小均一、中等硬度的角质胚乳。破损颗粒含量多的玉米很容易蒸煮过度，干物质损失较高，形成的马萨较黏，黏度高的马萨在加工期间难以处理。粗玉米粉的颜色是玉米籽粒和玉米胚乳的颜色、蒸煮期间的石灰用量、冲洗程度、玉米皮去除程度以及最终 pH 共同作用的结果。

蒸煮时间、温度、石灰种类及浓度、搅动以及蒸煮设备的类型（尺寸和加热系统）是重要的影响因素。蒸煮玉米的工业设备有三种，第一种是敞开的桶状结构，应用在美国小型加工厂，但在墨西哥是一种最普遍的设备类型。这种方法不仅效率低且劳动强度大，由于蒸煮桶是敞开的，混合物料需要手动搅拌。加热由燃气炉完成，蒸汽喷射管代替燃烧器可以提高蒸煮效率，这些容器一般能容纳 180 ~ 900 kg 玉米。其余两种先进的设备是蒸汽锅和立式蒸锅。蒸汽锅是通过蒸汽和机械搅动直接加热玉米，在接近煮沸温度时蒸煮玉米，随后立即转入浸泡箱中。立式蒸锅是用蒸汽喷射的方式加热、搅动玉米和石灰溶液，这种罐可以集蒸煮和浸泡于一体。压缩空气也可以用于搅动，这个系统蒸煮时间一般比蒸汽锅长。蒸汽锅和立式蒸锅的容量不同（分别是 136 ~ 270 kg 和 1 360 ~ 2 730 kg）。两种系统都可以控制温度，得到相同的处理效果且效率高。

一般用水和石灰（玉米的 1%，范围为 0.8% ~ 5%）的混合液蒸煮玉米。蒸煮时间从几分钟到 1.5 h，通常为 15 ~ 45 min。一般，蒸煮需要 68 ℃以上的温度。蒸煮品质由玉米的特性和蒸煮温度、时间、石灰浓度、蒸煮容量的大小以及搅动频率及其相互作用共同决定。通过估算玉米皮去除度、颗粒软化度以及玉米粒的外观决定最佳蒸煮时间和浸泡时间。RVA 是测定玉米蒸煮度的有效手段。对于墨西哥玉米饼来说，需要较长的蒸煮时间。制备一般玉米片和墨西哥玉米片的玉米蒸煮程度较小，可以减少蒸煮时间或通过添加冷水把浸泡液调整到温度低于 68 ℃。

浸泡后，将玉米和浸泡液泵入或落入机械洗涤器里。大多商业洗涤器是用加压的水冲洗旋转筒中的玉米。玉米皮和过量的石灰从玉米上洗脱下来，冲洗会增加玉米中干物质的损失，尤其是低品质的玉米。

使用带有一对磨盘的研磨装置破碎清理过的玉米，一个定盘，一个以 500 ~ 700 r/min 转速转动的动盘。根据需要产品的不同，凹槽的数量、设计以及深度不同。例如，制作墨西哥玉米饼的磨盘含有较多浅的凹槽，适合生产精细马萨。制作一般玉米片和墨西哥玉米片的磨盘上有少量较深的凹槽。玉米从磨盘中心进入磨盘中间空隙，经过切割、揉混以及捣碎，形成具有黏性和弹性的马萨。研磨过程中添加的水能够冷却磨石、避免过多的磨损、降低马萨温度以及增加马萨面团中的水分含量。

其他的研磨方法包括赫歇尔研磨机和不锈钢破碎机。赫歇尔研磨机把玉米切成可调控的颗粒尺寸，但是煮过的玉米必须进一步在研磨装置里研磨成马萨。不锈钢研磨机高容量、低维护，但是制成的马萨与用石磨磨成的马萨特性不同。

马萨颗粒尺寸受几个因素的影响：①蒸煮度；②石磨石的切削；③磨石之间的压力；④研磨期间的加水量；⑤玉米类型。马萨的产量由所用的磨石、研磨机容量以及生产的马萨类型决定。质构仪可以测定马萨的黏附性、内聚力、硬度、弹性以及其他参数，这项技术可以有效控制产品质量，受碱蒸煮度、马萨颗粒大小、其他的加工条件、胶体等添加剂的影响。

在墨西哥以外的国家，马萨通过由两个旋转辊组成的装置压制形成玉米薄饼，这对辊自动把马萨压成薄片。两辊之间的空隙决定了产品的质量和重量。由马萨制成的薄片被前辊下面的配件切割，然后流进传送带，送进烤箱。不同的切刀配置和轧辊适用于生产不同的产品。在墨西哥，大多墨西哥玉米饼都是由 Celorio 机器生产，这个机器包括混合机、挤压机和模具。挤压机系统压着马萨穿过底部的槽，出入口控制着出口和马萨产品的形状和大小。Celorio 非常适合于墨西哥玉米饼的生产，需要含水量为 55% ~60% 的细磨马萨。烘焙期间用 Celorio 挤压和成型的玉米饼膨胀效果好，能长久保持它们的结构特性。形成的马萨片在三回程的燃气烤箱上以 280 ~302 ℃的温度烘烤 20 ~40 s，通过一系列开放层冷却焙烤过的玉米饼 3 ~5 min，然后送到打包区，称量、包装于聚乙烯袋子里。

9.2.2 油炸休闲食品

在美国，大多数碱蒸煮产品是以油炸休闲食品的形式食用的。由粗马萨加工的玉米片和墨西哥玉米片非常受欢迎。对一般玉米片和墨西哥玉米片来说，需要用玉米蒸煮度小、煮后立即冷却、研磨成粗粉、水分含量少的马萨。对于玉米片，形成马萨后立即油炸。对于墨西哥玉米片，马萨油炸之前先进行烘烤。油炸机可设到特定的温度，生产带有适宜颜色和水分含量（ <2.5%）低的产品。大多商业油炸机是连续的，带有直接或间接的加热元件。油炸温度和产品停留时间由产品类型决定。来源于黄玉米的马萨需要的油炸温度比白玉米和黄玉米混合物的温度低，因为油炸期间类胡萝卜素降解产生强烈的气味。

一般玉米片比墨西哥玉米片含油量多（32% ~38% 与 21% ~26%）。最大的不同之处是油炸食品的水分含量。用于做一般玉米片的马萨含水量低于 48% ~50%，制作墨西哥玉米片的马萨含水量 38% ~42%。脆皮玉米饼（tacoshells）、炸玉米粉圆饼以及相关产品，是由粗马萨制得墨西哥玉米饼，用特殊的成形设备塑造成理想的外形之后经油炸制得。

油炸后，用装有料粉分配器和喷雾系统的旋转柱或圆桶，把盐和增味剂添加到墨西哥玉米片上。由于薄片容易吸收水分，脆性降低，易于氧化，因此油炸产品需要快速打包装进内有惰性气体的防潮袋子里（如镀铝材料）。

9.2.3 干马萨粉

由于干马萨粉的方便性，其使用范围越来越广。目前，在墨西哥将近 40% 的墨西哥玉米饼是用干马萨粉制作的；其余的是用湿马萨粉制作。在墨西哥，干马萨被称作玉米粉，美国的粗玉米行业也是如此。干法研磨制得的玉米粉通常没有经过碱处理。

干马萨粉避免了冗长的加工过程，以及蒸煮、洗涤、研磨、浸泡和蒸煮造成的废水处理问题。另外，加工者不需要考虑选取适当的玉米以及在蒸煮方面的投资。但是，干马萨粉花费较高，同时没有湿马萨粉的香气。工业上的干马萨粉通过碱蒸煮、冲洗以及研磨，干燥、过筛、再研磨，过筛、分类、混合来满足特定的要求。生产马萨粉有连续的和间歇的两种蒸煮工序。在连续蒸煮工序中，石灰（玉米重量的 0.5% ~1%）与同等量的水与玉米在装有蒸汽喷射的螺旋输送机里混合，玉米在输送时被蒸煮。洗去粉浆中玉米皮和多余的石灰，用石磨或粉碎机研磨。磨碎的颗粒被干燥、筛选，大颗粒被再次研磨成小颗粒，大小颗粒混合后满足应用需要。在间歇蒸煮工序中，玉米与碱混合、蒸煮、冲洗，用石磨或粉碎机研磨，干燥并筛选。大颗粒被重新研磨、筛选并制成干马萨粉。在墨西哥，一些干马萨粉富含维生素 B_1、维生素 B_2、烟酸、维生素 C、铁、锌。

特别设计的马萨粉可以满足白色或黄色的墨西哥玉米饼、餐厅用玉米片、墨西哥玉米片以及粉蒸肉的生产需求。一些公司提供 25 余种不同的马萨粉，可以满足不同颜色、pH

值、颗粒大小、吸水性、黏性要求。一般而言，对于点心、脆皮玉米饼以及炸玉米圆饼来说，需要粗颗粒玉米粉，因为油炸期间蒸汽需要从气孔中排出。为了强化墨西哥玉米饼的结构及延长货架期，在许多马萨粉里添加了不同的添加剂，例如胶、酸味剂、防腐剂。

干马萨粉与水重新混合，适量的水与恰当的混合时间是获得最佳马萨粉特性的关键因素。干马萨粉与水以缓慢、温和的方式混合，推荐的混合速度是 15 ~ 25 r/min，最适当的混合配件是 sigma 桨叶，混合时间是 5 ~ 10 min。对于墨西哥玉米饼来说，干马萨粉所需的水量是 1.1 ~ 1.3 L/kg。墨西哥玉米片的马萨粉一般仅需水 0.9 ~ 1.1 L/kg。由于水分含量和活性低，干马萨粉货架期长，但长期储存仍会发生化学和物理变化。

目前有多种可供选择的生产马萨的方法。这些方法的目的是连续、高效生产干马萨粉，有效地减少废水处理、劳力、精力以及占地面积。挤压蒸煮是这些方法中的一个。通过控制粒度和水分含量、螺杆构型、速度、热量，避免淀粉糊化以及挤压膨化过度。一般而言，玉米粗粒与 0.2% ~0.3% 的碱和水混合达到 34% 的含水量，连续把混合物喂进挤压机，出来时水分接近 18% ~20%，在 65℃下连续干燥去除 10% 的水分，把含 10% 的挤出物粉碎成粉，根据颗粒粒度分类，然后重新混合。一些研究人员尝试着用挤压方法生产干马萨粉，但这种产品质量差，与传统方法制得的干马萨质量相差太远。

9.2.4 玉米粥

玉米粥的工业制备是使用 NaOH 软化除去玉米皮，添加含碱 0.86% 的热水溶液浸没玉米，煮沸 25 ~40 min。然后用水洗去玉米粒里的玉米片和微量的碱。玉米粥常用盐腌且罐装起来，在汤、沙拉里作为一种配方，也作为一种蔬菜。尽管白玉米粒更受欢迎，但是黄玉米和白玉米都可以做成玉米粥。玉米混合物适合于碱蒸煮，加工大而硬的胚乳颗粒。裂缝的玉米颗粒加工性差，这是由于在蒸煮、冲洗、装罐期间它们会破裂开。用于生产玉米粥的玉米不应该有破裂现象，在田地里自然干燥的硬玉米较好。

玉米粥的香气与西班牙风味的玉米粥不同，西班牙风味的玉米是用石灰而非 NaOH 或碱液生产。粉质胚乳的大玉米颗粒在石灰中蒸煮，经洗涤后用于制作肉汤。

9.2.5 油炸玉米及相关产品

玉米颗粒在碱里加热，洗去玉米皮，制成玉米仁。剥皮后，碱煮玉米被送进浸泡罐，在罐中的温水浸泡几小时。含水玉米颗粒经油炸形成特异的质构、香气以及颜色，最终产品含油 14%。除掉不合质量要求的玉米仁，颗粒被赋予香气，最后进行包装。最近，与玉米仁相似的几种产品已经在市场上出售，这是用不同的玉米和处理方式制得的。另外，经过剥皮、热处理过的颗粒、膨胀或部分膨胀生产不同的产品。Marning 是一种传统的点心，在印度尼西亚是由碱蒸煮玉米、洗涤、部分干燥后在油中深炸制得。这些产品经过变革后制成的软的粉状玉米颗粒更受喜爱，而且其能够避免过硬而产生破碎。

9.2.6 石灰蒸煮期间玉米颗粒结构的变化

在碱蒸煮、浸泡以及加工期间玉米颗粒发生改变。颗粒吸收水和碱，改变细胞壁的结构，导致淀粉水合以及部分糊化、蛋白溶解，水洗时能容易地把玉米皮去除掉。一般蒸煮首先发生在玉米皮、胚芽以及粉质胚乳区域，逐渐向角质胚乳作用。碱能够部分溶解和弱化玉米皮，在水洗粉浆时全部或部分洗去玉米皮。皮层的横细胞和管状细胞通常破裂，糊粉层细胞依然完好无损并且有效地阻碍水分和石灰进入胚乳。因此，经过蒸煮的玉米颗粒由部分糊化的淀粉颗粒和水合蛋白基质组成，由石磨研磨时可以形成生面团。石磨能够使溶胀的淀粉颗粒和水合蛋白基质分开，形成马萨。

马萨是由胚乳微粒、残余的玉米皮，以及糊化的淀粉颗粒、蛋白基质、乳化脂质形成的胶体组成的。直链淀粉、支链淀粉以及蛋白质形成连续相，未糊化的淀粉和胚乳微粒黏聚在连续的基质中形成黏性面团。因此，蒸煮不足的玉米需要增加水和研磨时磨盘之间的压力。煮得过久的玉米由于淀粉糊化过度，形成的马萨过于黏稠。

将经过焙烤的薄片浸没在油锅里时，油立即覆盖在薄片表面并且粘在表面上，开始进入薄片。油炸 15 s 后，薄片的水分含量由 30% 降到 10% ~ 11%，油含量从 2% 上升到 21%。油炸 1 min，薄片形成最佳的质构。与淀粉糊化有关的水分蒸发，水分减少到 < 2.5%。温度升高，水分蒸发，留下海绵状的网状结构，其间充满了油。薄片表面仍然存在具有双折射的淀粉颗粒，薄片里面的淀粉颗粒双折射现象消失。

9.3 国外玉米粉食品介绍

国外玉米粉及其加工流程见表 9.1、图 9.1、图 9.2、图 9.3。

表 9.1 国外玉米粉食品一览表

国外玉米粉食品名称	地区	制作工艺
		全谷物
chico	美国西南部	未成熟蓝玉米颗粒带皮蒸煮并且干燥或烘烤。一般做出来的 chicos 和豆、辣椒以及葱一块蒸煮或用于炖汤
hominy（玉米糁儿）	美国	用碱液蒸煮玉米软化籽粒，增加可口性
pozole posole	墨西哥、中美洲	石灰蒸煮或碱液蒸煮的玉米颗粒用来制备麻辣烫，包含猪肉或其他肉。menudo 与其相似，不同的是 menudo 用的是牛肚
nixtamal	墨西哥、中美洲	玉米在石灰或灰烬里蒸煮，浸泡 8 ~ 16h 并且用水洗去皮层。nixtamal 可以用于制汤，在大多情况下，研磨制成面团或 masa，这是最基本的用于生产 nixtamalized 食品的产品（tortillas、chips、tamales、atoles 等）
		Thinporridges（稀粥）
atole	墨西哥、中美洲	生玉米磨成粉或是用石灰或水蒸煮生产 masa。筛去干粉或湿 masa 里的粗颗粒。煮研磨液 15 ~ 20 min 并且与牛奶、糖、肉桂以及其他的增味剂混合。Atole 颜色是乳白色
pinole	墨西哥、中美洲	与 atole 一样，但是颗粒首先在烘烤盘里烤 3 ~ 15 min。产品具有粒状结构及很强烈的风味
chichamorada	南美洲、秘鲁	蓝玉米和糖在水中蒸煮几小时，过滤混合物，将紫色液体与果汁混合制成饮料

续表

国外玉米粉食品名称	地区	制作工艺
mingau	巴西	玉米颗粒粉被捣碎或者在水中蒸煮未成熟的颗粒，与 atole 相似的粥
canjica，munguca	巴西	与糖和奶一起蒸煮去胚芽的玉米颗粒，一般作为一种餐后休闲食品或早餐谷物食用
pamonha	巴西	利用未成熟玉米的研磨液制备，玉米是包裹在皮层里蒸煮的
	浓粥	
chaqueque	美国西南	在一个热的烤盘上烘烤蓝玉米，然后磨成粗粉。粗粉被制成浓粥。花青素给予特殊的风味和芳香
hanchi	南美洲	玉米粗粒在含有糖、桃脯以及梅子的水里蒸煮 1 h。蒸煮期间，添加柠檬汁。Hanchi 是甜的黄色布丁
mazamorra	南美洲	整夜浸泡白玉米，然后在水或牛奶里煮 2 h。煮过的玉米粒看起来像 hominy，但是未经碱煮，未经冲洗。蒸煮期间添加糖强化风味，冷却以后食用
humita	南美洲	将嫩玉米从玉米芯上脱落下来、磨碎与黄油、盐和香料混合。将面团一小部分平铺在新鲜的苞叶上，填满奶酪或肉，被鲜苞叶包起来并且水煮 20~40 min
to，tuwo，asida，ugali，sadza，pap，（玉米粉浓汤）	非洲	在水中蒸煮玉米粗粉直到完全糊化。把粥放置在葫芦里，冷却 1 h，并且用手指蘸着调味汁吃。将酸性物质（酸豆、柠檬）、起发酵作用或者碱性物质（木灰）添加到正在沸腾的水里生产酸性和碱性粥。粉的颗粒、成分、调味汁的类型以及最终稠度在各国之间是不同的
polenta	南美洲、意大利	将去胚芽的玉米颗粒在水里蒸煮直到糊化，与番茄汁、奶酪、肉等混合，并且烘烤
fingerbread	美国西南	煮沸蓝玉米粗粉直到浓稠然后冷却
	休闲食品	
popcorn	全世界	将特殊的具有玻璃态胚乳的硬粒玉米在油、热空气或一个热的表面爆开
tosatdas，totopos	中或北美洲	将吃剩的墨西哥玉米饼切成片并且油炸，结构硬且油腻
	蒸煮食品	
couscous，cuzcuz	非洲、巴西	磨碎的玉米与水揉捏直到硬穿过一个粗筛网时能形成面粉团，蒸煮颗粒。couscous 要不时移开、重筛并且再回到蒸锅里。这个蒸煮的产品与调味汁一起食用。如果它将要被干燥或作为一种方便食品食用，那么汽蒸的最后一阶段期间 couscous 要与磨碎的猴面包树叶、花生酱、洋葱等混合起来

续表

国外玉米粉食品名称	地区	制作工艺
tamales	拉丁美洲	将石灰蒸煮的玉米磨碎成面团，混合猪油、盐、鸡汤、发酵粉以及香料。将面团展开在玉米皮上或者香蕉叶上，填满豆类、肉类、鱼或者奶酪。将 tamales 包裹在叶子里并且汽蒸 60～90 min
未发酵的面包		
rosquillos，rosquetes，quesadillas	中美洲、墨西哥	将含有奶酪、起酥油或猪油以及酸奶油的 masa 制成棒状物并且在 300 ℃下烘烤 60 min
tortillas，tacos，enchiladas，sopes，joroch，gorditas，papusas，等	墨西哥、中美洲	将玉米在石灰（玉米的 1%）水里蒸煮 15～60 min，在接近沸腾的温度下，浸泡 12～16 h 并且研磨成 masa。小块被手工成型为小圆片并且在一个热的烤盘上烘烤
arepas	维多利亚、哥伦比亚	将湿玉米用一个研棒在一个木质砂浆里被脱皮和部分去胚。粗粉在沸水里蒸煮并且磨碎成 masa。Arepas 是用手动制成的扁平圆片（7.5 cm 直径、1 cm 厚）。在黏土或金属烤盘上每一面烘烤 2 min。塞满了肉、奶酪、黄油、果胶以及其他的填充剂
piki	美国（霍皮人）	piki 是由一个蓝玉米粗粉、灰分以及水的糊状物制成的。这种糊状物在热的、扁平的石头上蒸煮生产像羊皮纸样的产品。Piki 可以被粉碎、盐腌、烘烤，并且像薄片那样以便食用
bivilviki	美国（霍皮人）	与 piki 原料相同，将面团球用手成型并且在沸水中蒸煮，与沸水一起食用
someviki	美国（霍皮人）	将含糖蓝玉米粗粉与灰分混合并且制成面团，包裹在玉米皮里蒸煮
roti，chapati	印第安	用高粱、小米、小麦或玉米加工成的印第安民族特色面包。将与热水混合的玉米粉被揉和成面团，手工成型为直径 20～25 cm的薄圆片，并且在 210 ℃的烤盘上烘烤 25 s 或者直到它膨胀
玉米面包	全世界	将单独的玉米粗粉或者是与小麦粉混合的玉米粗粉与水或牛奶制成面团并且烘焙。化学发酵剂和增味剂（如糖、盐）在许多配方里都有使用，这是为了获得更好的结构、体积以及风味。全世界有许多类型的玉米面包
发酵的面包		
injera	埃塞俄比亚	将玉米粉与水混合并且批量生产。稀的湿面糊发酵 17～72 h（第一次发酵）。一份糊状物与三份水混合并且煮沸，再形成面糊，发酵 0.5～2 h。经过发酵的酸性面糊在覆盖黏土的烤盘上烘烤 2～3 min。Injera 稍微发亮、软以及有弹性，在表面上有均匀分布的气泡（鱼眼）

续表

国外玉米粉食品名称	地区	制作工艺
		发酵的面团
kenkey	加纳、西非	将玉米在水中浸泡 12 ~ 48 h，把水排掉并且磨碎。将面团用水加湿发酵 2 ~ 3 d。发酵后，将一部分发酵玉米半蒸煮与还没有蒸煮的玉米混合。经腌制，塑造成球形，包起来并且煮沸直到完全煮好。Kenkey 是酸面团，用于生产许多相似的产品
pozol akasa	墨西哥、中美洲	将石灰蒸煮玉米制得的 masa 塑造成球形，包裹在香蕉叶里发酵 1 ~ 14 d。发酵的面团用于生产粥

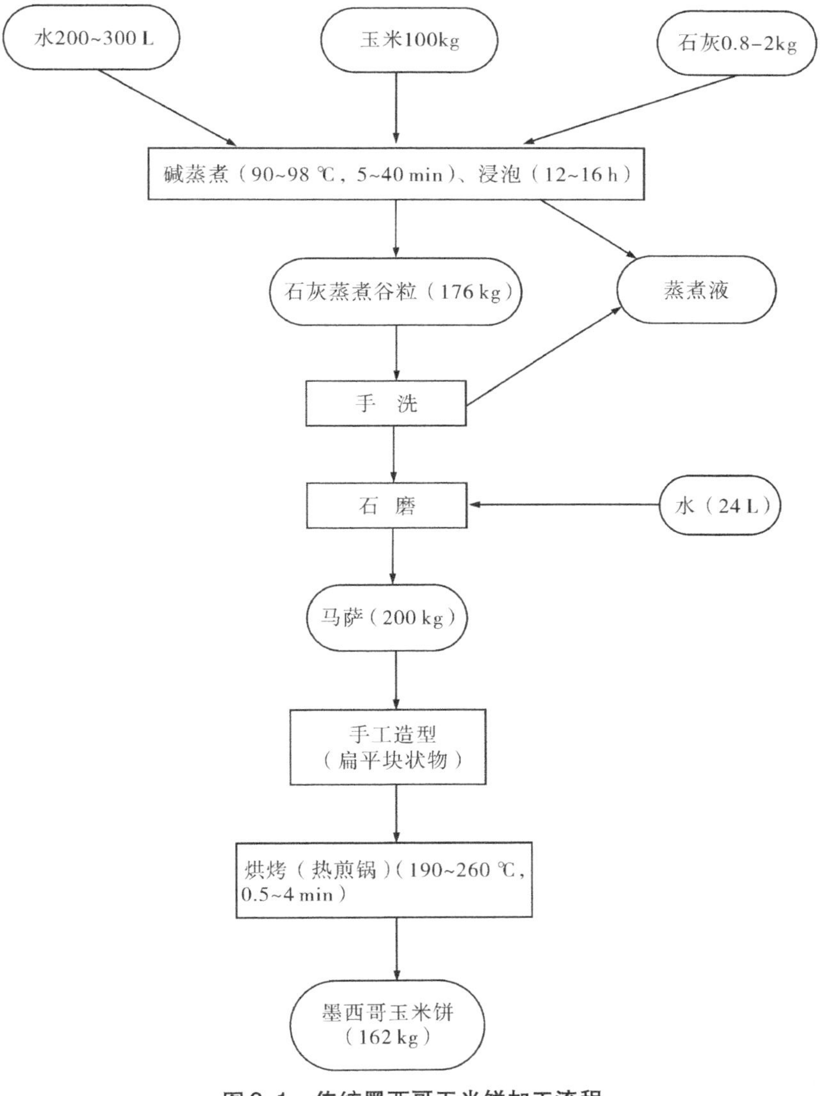

图 9.1　传统墨西哥玉米饼加工流程

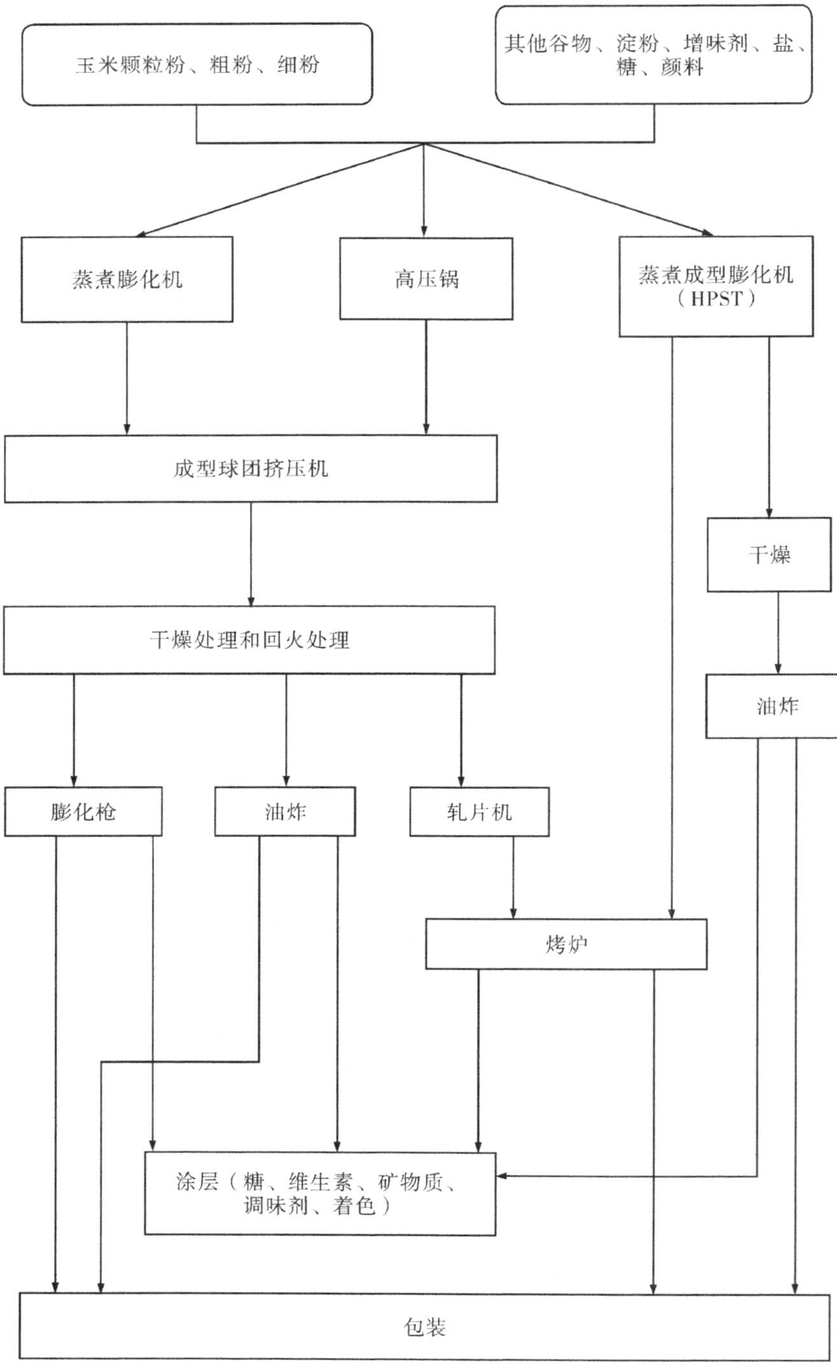

图 9.2　通过挤压蒸煮生产早餐谷物和休闲食品的一般工序

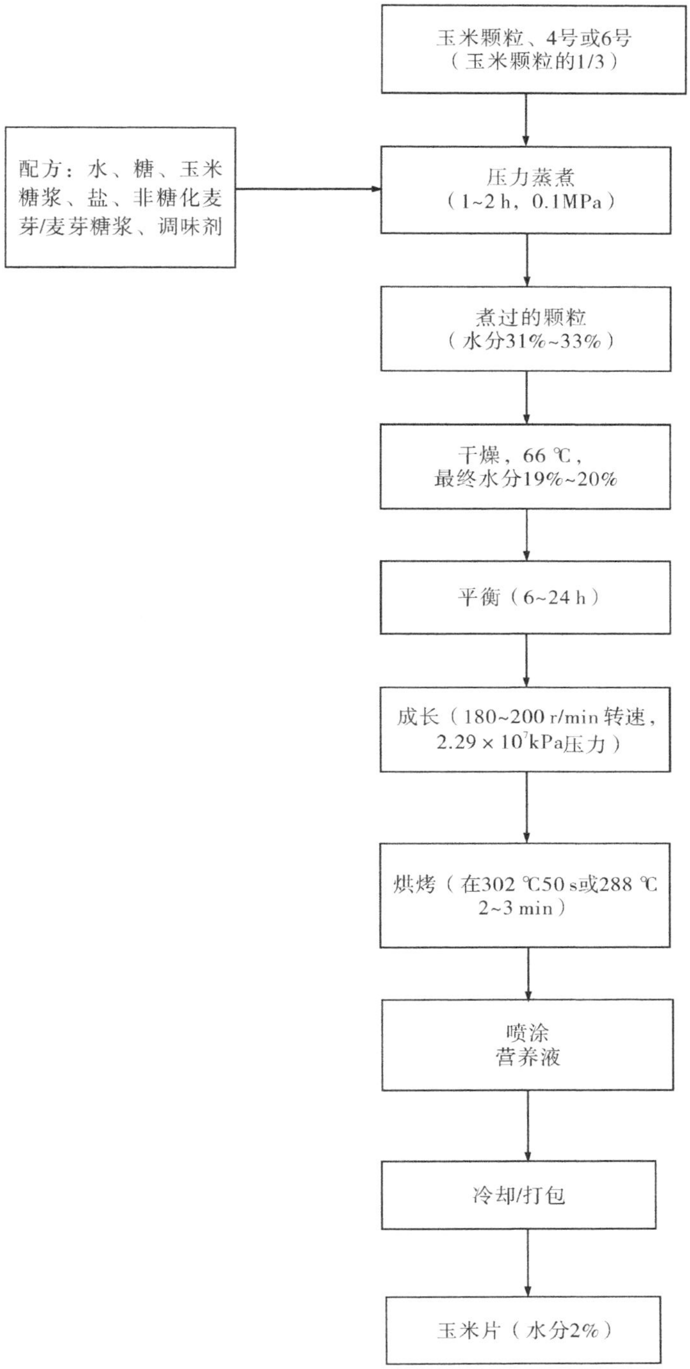

图 9.3　玉米片工业加工流程

参考文献

[1] Lawless H T, Heymann H. 食品感官评价原理与技术［M］. 王栋，李崎，华兆哲，等译. 北京：中国轻工业出版社，2001.
[2] 包小玲. 干法制木薯淀粉磷酸酯及其反应机理研究［D］. 南宁：广西大学，2004.
[3] 曾洁，张首玉，高海燕，等. 不同粒度玉米粉的性质研究［J］. 食品工业科技，2009，05：134－137.
[4] 陈东升，张艳，何中虎. 北方馒头品质评价方法的比较［J］. 中国农业科学，2010，43（11）：2 325－2 333.
[5] 高振忠，孙伟圣. 激光粒度分析仪在玉米淀粉水解研究中的应用［C］. 全国分子光谱学学术会议，2008.
[6] 顾正彪. DSC 在淀粉研究中的应用［J］. 食品与生物技术学报，1996（2）：179－182.
[7] 黄峻榕，许亚伦. 淀粉黏度性质研究最新进展［J］. 食品与机械，2011，27（06）：7－11.
[8] 黄丽. 利用发酵法和酶法综合技术改进玉米淀粉加工工艺的研究［D］. 长春：吉林大学，2007.
[9] 李坚斌，温雪馨，李琳，等. 超声场对马铃薯淀粉颗粒形貌与结晶结构的影响［J］. 农业工程学报，2008，24（4）：284－286.
[10] 李云飞，殷涌光，徐树来，等. 食品物性学［M］. 北京：中国轻工业出版社，2010.
[11] 廖娜，谭鹤群. 不同微细化程度玉米粉的淀粉糊化度研究［J］. 饲料工业，2007，28（21）：27－30.
[12] 凌家煜. 快速黏度分析仪及其应用［J］. 粮油食品科技，2002，10（3）：35－38.
[13] 刘晓峰. 玉米面条淀粉特性研究［D］. 河南工业大学，2011.
[14] 刘亚伟，阮少兰，王宏雁，等. 淀粉 α 化常压修饰技术研究Ⅲ. 颗粒 α 化修饰淀粉结晶特性研究［J］. 河南工业大学学报（自然科学版），2003，24（2）：42－44.
[15] 刘亚伟. 淀粉生产及其深加工技术［M］. 北京：中国轻工业出版社，2001.
[16] 刘亚伟. 玉米淀粉生产及转化技术［M］. 北京：化学工业出版社，2003.
[17] 刘振海. 热分析简明教程［M］. 北京：科学出版社，2012.
[18] 陆丹梅，潘远凤，廖丹葵，等. 半干法制备高结合磷淀粉磷酸酯的研究［J］. 广西大学学报：自然科学版，2003，28（3）：186－189.

[19] 吕玉光. 仪器分析 [M]. 北京：中国医药科技出版社，2016.
[20] 马涛. 玉米深加工 [M]. 北京，化学工业出版社，2008，6.
[21] 沙坤，鲁战会，张泽俊，等. TA，DSC，DMTA 应用于馒头硬化机理的研究 [J]. 中国粮油学报，2008，23 (6)：37-40.
[22] 沈明浩，谢主兰. 食品感官评定 [M]. 郑州：郑州大学出版社，2011.
[23] 石海信，熊拯，方怀义. 淀粉物态性质分析中 DSC 的应用 [J]. 广东化工，2009，36 (3)：13-15.
[24] 孙素琴，周群，陈建波. ATC009 红外光谱分析技术 [M]. 北京：中国质检出版社，2013.
[25] 汤晓娟，王凤，贾春利，等. 含 Olestra 低脂休闲蛋糕体系的流变学、微结构与烘焙特性 [J]. 食品科学，2013，34 (1)：1-7.
[26] 屠一锋，严吉林，龙玉梅，等. 现代仪器分析 [M]. 北京：科学出版社，2011.
[27] 王奕娇，张庆桂，朱金明. 我国玉米深加工的现状及发展建议 [J]. 农机化研究，2010 (9)：245-248.
[28] 吴俊，谢守和. 玉米淀粉的粒度效应及其糊化行为影响研究 [J]. 中国粮油学报，2006，21 (1)：51-54.
[29] 熊善柏，赵思明，冯醒桥，等. 淀粉在过量水分下糊化机理研究 [J]. 粮食与油脂，2001 (9)：2-4.
[30] 徐忠，缪铭. 高分子物理近代分析方法在淀粉研究中的应用 [J]. 食品工业科技，2006，27 (4)：197-200.
[31] 许智婷. 玉米淀粉与多糖混合体系的糊化及流变学特性的研究 [D]. 无锡：江南大学，2012.
[32] 张本山，张友全，杨连生，等. 淀粉多晶体系的亚微晶结构研究 [J]. 华南理工大学学报：自然科学版，2001，29 (6)：27-30.
[33] 祖元刚. 原子力显微镜在大分子研究中的应用 [M]. 北京：科学出版社，2013.
[34] Abu-Jdayil B. Modelling the time-dependent rheological behavior of semisolid foodstuffs [J]. Journal of Food Engineering, 2003, 57 (1): 97-102.
[35] Achayuthakan I., Suphantharika M. Pasting and Rheological Properties of Waxy Corn Starch as affected by Guar Gum and Xanthan Gum [J]. Carbohydrate Polymers, 2008, 71 (1): 9-17.
[36] Dokic L, Dapcevic T, Krstonosic V, et al. Rheological Characterization of Corn Starch I-solated by Alkali Method [J]. Food Hydrocolloids, 2010, 24 (2-3): 172-177.
[37] Addo K, Xiong Y L, Blanchard S P. Thermal and dynamic rheological properties of wheat flour fractions [J]. Food Research International, 2001, 34 (4): 329-335.
[38] Altay F, Gunasekaran S. Influence of Drying Temperature, Water Content, and Heating Rate on Gelatinization of Corn Starches [J]. Journal of Agriculture Food Chemisity, 2006, 54 (12): 4 235-4 245.
[39] Awad T S, Moharram H A, Shaltout O E, et al. Applications of ultrasound in analysis, processing and quality control of food: a review [J]. Food Research International, 2012,

48, 410 - 427.

[40] Bell B M, Daniels D G H, Fisher N. Vacuum expansion of mechanically developed doughs at proof temperature: effect of shortening [J]. Cereal Chemistry, 1992, 58: 182 - 186.

[41] Benmoussa M, Hamaker B R. Rapid Small - Scale Starch Isolation Using A Combination of Ultrasonmic Sonication and Sucrose Density Separation [J]. Starch/ Stärke, 2011, 63 (6): 333 - 339.

[42] Biliaderis C G. Chapter 8 - Structural Transitions and Related Physical Properties of Starch [A], Starch: Chemistry and Technology, Third Edition [J]. Nederland, Elsevier Inc, 2009, 293 - 372.

[43] Blazek J, Copeland L. Pasting and Swelling Properties of Wheat Flour and Starch in Relation to Amylose Content [J]. Carbohydrate Polymers, 2008, 71 (3): 380 - 387.

[44] Bressani, R. Chemistry, technology, and nutritive value of maize tortillas [J]. Foods Rev. Int. 1990, 62: 225 - 264.

[45] Chen C H, Kuo W S, Lai L S. Rheological and Physical Characterization of Film - Forming Solutions and Edible Films from Tapioca Starch/Decolorized Hsian - Tsao Leaf Gum [J]. Food Hydrocolloids, 2009, 23 (8): 2132 - 2140.

[46] Chesterton A K S, Abreu D A P D, Moggridge G D, et al. Evolution of cake batter bubble structure and rheology during planetary mixing [J]. Food & Bioproducts Processing Transactions of the Institution O, 2013, 32 (3): 192 - 206.

[47] Collar C, Conte P, Fadda C, et al. Gluten - Free Dough - Making of Specialty Breads: Significance of Blended Starchs, Flours and Ddditives on Dough Behaviour [J]. Food science and technology International, 2015, 21 (7): 1 - 14.

[48] Contreras - Jiménez B, Gaytán - Martínez M, Figueroa - Cárdenas J D D, et al. Effect of Steeping Time and Calcium Hydroxide Concentration on the Water Absorption and Pasting Profile of Corn Grits [J]. Journal of Food Engineering, 2014, 122: 72 - 77.

[49] Eckhoff S R, Singh S K, Zehr B E, et al. A 100 - g Laboratory Corn Wet - Milling Procedure [J]. Cereal Chemistry, 1996, 73 (1): 54 - 57.

[50] Eckhoff S R, Watson S A Chapter 9 - Corm and Sorghum: Produvtion [A]. Starch: Chemistry and Technology, Third Edition [J], Nederland, Elsevier Inc, 2009: 373 - 439.

[51] Farris C. Influence of pH and hydrocolloids addition on yam (Dioscorea alata) starch pastes stability [J]. Lebensmittel - Wissenschaft und - Technologie, 2003, 36 (5): 475 - 481.

[52] Fernandezmunoz J L, Rojasmolina I, Gonzalezdavalos M L, et al. Study of calcium ion diffusion in components of maize kernels during traditional nixtamalization process [J]. Cereal Chemistry, 2004, 81 (1): 65 - 69.

[53] Figueroa J D D, Medina J J V, Landaverde M A H, et al. Effect of Annealing from Traditional Nixtamalisation Process on the Microstructural, Thermal, and Rheological Proper-

ties of starch and quality of pozole [J]. Journal of Cereal Science, 2013, 58 (3): 457 -464.

[54] Gimeno E, Moraru C I, Kokini J L. Effect of xanthan gum and CMC on the structure and texture of corn flour pellets expanded by microwave heating [J]. Cereal Chemistry, 2004, 81 (1): 100 -107.

[55] Gutiérrez - Cortez E, Rojas - Molina I, Rojas A, et al. Microstructural changes in the maize kernel pericarp during cooking stage in nixtamalization process [J]. Journal of Cereal Science, 2010, 51 (51): 81 -88.

[56] Guzmán A Q, Flores M E J, Feria J S, et al. Rheological and thermal properties of masa as related to changes in corn protein during nixtamalization [J]. Journal of Cereal Science, 2011, 53 (53): 139 -147.

[57] Han J, Khan K. Physicochemical studies of pin - milled and air - classified dry edible bean fractions [J]. Cereal Chem, 1990, 67: 384 -390.

[58] Hansen L, Rose M S. Sensory acceptability is inversely related to development of fat rancidity in bread made from stored flour [J]. Dietetic Assoc. 1996, 96: 792 -793.

[59] Holser R A, Carriere C J, Park J S, et al. Rheological Characterization of Jet - Cooked Lesquerella Fendleri Seed Gum and Corn Starch Solutions [J]. Industrial Crops and Products, 2000, 11 (2 -3): 243 -247.

[60] Ji Y, Seetharaman K, White P J. Optimizing A Small - Scale Corn - Starch Extraction Method for Use in the Laboratory [J]. Cereal Chemistry, 2004, 81 (1): 55 -58.

[61] Kaur M, Singh N. Studies on Functional, Thermal and Pasting Properties of Flours from Different Chickpea (Cicer Arietinum L.) Cultivars [J]. Food Chemistry, 2005, 91 (3), 403 -411.

[62] Khatkar B S, Bell A E, Schofield J D. The dynamic rheological properties of glutens and gluten sub - fractions from wheats of good and poor bread making quality [J]. Journal of Cereal Science, 2014, 22 (1): 29 -44.

[63] Kim C S, Walker C E. Effects of sugars and emulsifiers on starch gelatinization evaluated by differential scanning calorimetry [J]. Cereal Chemistry, 1992, 69 (2): 212 -217.

[64] Kim J M, Shin, M. Effects of particle size distributions of rice flour on the quality of gluten - free rice cupcakes [J]. LWT Food Sci. Technol, 2014, 59 (2): 526 -532.

[65] Konik C M, Miskelly D M, Gras P W. Contribution of starch and non - starch parameters to the eating quality 01 Japanese white salted noodles [J]. Journal of the Science of Food & Agriculture, 1992, 58 (3): 403 -406.

[66] Laca A, Sáenz M C, Paredes B, et al. Rheological properties, stability and sensory evaluation of low - cholesterol mayonnaises prepared using egg yolk granules as emulsifying agent [J]. Journal of Food Engineering, 2010, 97 (2): 243 -252.

[67] Landerito N A, Wang Y J. Preparation and properties of starch phosphates using waxy, common, and high - amylose starches. I. Oven - heating method [J]. Cereal chemistry, 2005, 82 (3) : 264 -270.

[69] Li E P, Dhital S, Hasjim J. Effects of Grain Milling on Starch Structure and Flours/Starch Properties [J]. Starch/Starke, 2014, 66 (1 -2): 15 -27.

[70] Li J, Berke T G, Glover D V. Variation for thermal properties of starch in tropical maize germ plasm. [J]. Cereal Chemistry, 1994, 71 (1): 87 -90.

[71] Manisha G, Soumya C, Indrani D. Studies on interaction between stevioside, liquid sorbitol, hydrocolloids and emulsifiers for replacement of sugar in cakes [J]. Food Hydrocolloids, 2012, 29 (2): 363 -373.

[72] Mc Pherson A E, Jane J. Comparison of Waxy Potato with Other Root and Tuber Starches [J]. Carbohydrate Polymers, 1999, 40 (1): 57 -70.

[73] Méndez - Montealvo G, García - Suárez F J, Paredes - López O, et al. Effect of nixtamalization on morphological and rheological characteristics of maize starch [J]. Journal of Cereal Science, 2008, 48 (2): 420 -425.

[74] Mensah P, Tomkins A M, Drasar B S, et al. Antimicrobial effect of fermented Ghanaian maize dough [J]. Journal of Applied Bacteriology, 1991, 70 (3): 203 -210.

[75] Mondragón M, Bello - Pérez L A, Agama - Acevedo E, et al. Effect of Cooking Time, Steeping and Lime Concentration on Starch Gelatinization of Corn During Nixtamalization [J]. Starch - Starke, 2004, 56 (56): 248 -253.

[76] Mondragón M, Mendoza - Martínez A M, Bello - Pérez L A, et al. Viscoelastic behavior of nixtamalized maize starch gels [J]. Carbohydrate Polymers, 2006, 65 (3): 314 -320.

[77] Ojeda C A, Tolaba M P, Suarez C. Modeling starch gelatinization kinetics of milled rice flour [J]. Cereal Chemistry, 2000, 77 (2): 145 -147.

[78] Perez O E, Haros M, Suarez C. Corn Steeping: Influence of Time and Lactic Acid on Isolation and Thermal Properties of Starch [J]. Journal of Food Engineering, 2001, 48 (3): 251 -256.

[79] Perez O H, Haros M, Suarez C, et al. Effect of Steeping Time on the Starch Properties from Ground Corn [J]. Journal of Food Engineering, 2003, 60 (3): 281 -287.

[79] Pérez S, Baldwin P M, Gallant D J Chapter 5 - Structural Features of Starch Granules I [M]. Starch: Chemistry and Technology, Third Edition, Nederland , Elsevier Inc, 2009: 149 -192.

[80] Psimouli V, Oreopoulou V. The effect of alternative sweeteners on batter rheology and cake properties [J]. Journal of the Science of Food & Agriculture, 2012, 92 (1): 99 -105.

[81] Sanchez H D, Osella C A, de la Torre M A. Use of response surface methodology to optimize glutenfree bread fortified with soy flour and dry milk [J]. Food Sci Technol Int, 2004, 10: 5 -9.

[82] Schirmer M, Jekle M, Arendt E, et al. Physicochemical interactions of polydextrose for sucrose replacement in pound cake [J]. Food Research International, 2012, 48 (1): 291 -298.

[83] Schober T J, Messerschmidt M, Bean S R, et al. Gluten – free bread from sorghum: quality differences among hybrids [J]. Cereal Chem, 2005, 82: 394 –404.

[84] Shelke K, Faubion J M, Hoseney R C. The dynamics of cake baking as studied by a combination of viscometry and electrical resistance oven heating [J]. Cereal Chemistry, 1991, 67 (6): 575 –580.

[85] Singh J, Kaur L, Mc Carthy O J. Factors Influencing the Physico – Chemical, Morphological, Thermal and Rheological Properties of Some Chemically Modified Starches for Food Applications – A Review [J]. Food Hydrocolloids, 2007, 21 (1): 1 –22.

[86] Singh N, Eckhoff S R. Wet Milling of Corn A Review of Laboratory – Scale and Pilot Plant – Scale Procedures [J]. Cereal Chemistry, 1996, 73 (6): 659 –667.

[87] Singh S K, Singh N, Singh M N. Some Properties of Corn Grains and Their Flours I: Physicochemical, Functional and Chapati – Making Properties of Flours [J]. Food Chemistry, 2007, 101 (3): 938 –946.

[88] Singh S K, Singh N. Some Properties of Corn Starches II: Physicochemical, Gelatinization, Retrogradation, Pasting and Gel Textural Properties [J]. Food Chemistry, 2007, 101 (4): 1 499 –1 507.

[89] Singh V, Johnston D B. Pasting Properties and Surface Characteristics of Starch Obtained from an Enzymatic Corn Wet – Milling Process [J]. Cereal Chemistry, 2002, 79 (4): 523 –527.

[90] Sitohy M Z, Labib S M, El – Saadany S S, et al. Optimising the Conditions for Starch Dry Phosphorylation with Sodium Mono – and Dihydrogen Orthophosphate under Heat and Vacuum [J]. STARCH – STUTTGART –, 2000, 52 (4): 95 –100.

[91] Taboada – Gaytan O, Pollak L M, Johnson L A, et al. Wet – Milling Characteristics of 10 Lines from Germplasm Enhancement of Maize Project Compared with Five Corn Belt Lines [J]. Cereal Chemistry, 2009, 86 (2): 204 –209.

[92] Tharanathan R N, Mahadevamma S. A review: Grain legumes a boon to human nutrition [J]. Trends Food Sci Technol, 2003, 14: 507 –518.

[93] Thompson T. Folate, iron and dietary fibre contents of the gluten – free diet [J]. Am Diet Assoc, 2000, 1000: 1 389 –1 396.

[94] Vignaux N, Fox S R, Johnson L A. A 10 – g Laboratory Wet – Milling Procedure for Maize and Comparison with Larger Scale Laboratory Procedures [J]. Cereal Chemistry, 2006, 83 (5): 482 –490.

[95] Wang B, Wang L J, Li D, et al. Shear – Thickening Properties of Waxy Maize Starch Dispersions [J]. Journal of Food Engineering, 2011, 107 (3 – 4): 415 –423.

[96] Wang Y, Wang L J, Li D, et al. Effect of Flaxseed Gum Addition on Rheological Properties of Native Maize Starch [J]. Journal of Food Engineering, 2008, 89 (1): 87 –92.